U0045571

台灣人文出版社30家

封德屏◎主編

前言

封德屏

在社會文化的發展遞嬗上，出版一項，往往扮演著動見觀瞻的關鍵角色。它不僅具結人類智慧的結晶，更能反應時代脈動，更可能化身爲導航者，走在潮流的前端，牽引文化的走向，進而掀起或大或小的影響力。

也因此，出版歷史與現象的整理觀察，不啻爲文化研究裡相當重要的一環；尤其在人文領域上，出版的整體趨勢與個別內容，更是不可或缺的觀照面向。然而，遲至現今，台灣出版史料的蒐羅、個別出版社經營脈絡的整理與探究、整體出版版圖的重構與再現、時代性發展的更迭與影響等，皆仍付之闕如，實爲相當可惜。

二〇〇〇年歲末，由中國大陸國家出版署的辛廣偉先生執筆、河北教育出版社發行的《台灣出版史》，以堂堂四百六十頁的規模，呈現在我們的眼前。面對著談了許久卻遲遲沒人動筆、自己的出版史，由中國大陸的學者先完成，心中五味雜陳。辛廣偉在該書〈跋〉中敘述寫此書的緣起：一九九四年來台灣蒐集出版相關資訊與書籍，觀察到「台灣出版業雖較發達，但出版研究尚有缺憾」，對自己費時三年，辛苦蒐集資料、訪尋、撰述的大作，也十分謙虛的說：「然隔岸觀景，霧裡看花，畫貓類虎，自是必然。惟一人之思，一身而爲，一家之言，雖或大謬，亦無大礙。引玉之磚而已。」

《文訊》自創刊以來，即以專題、專欄方式，彙整出版史料，觀察出版現象，報導出版訊息。其中「出版史話」、「文學新書」、「書評書介」等專欄，幾乎和《文訊》創刊的歷史相當。此外，還有數十個與出版史料、現況、研究相關的專題報導，呈現作爲一個文學傳播媒體對出版持續的觀察與關心。

也許辛廣偉的《台灣出版史》給了我們刺激與提醒，也給我們很好的參照與思考。發覺唯有先建立各個重要的出版社歷史，我們才有可能連結整個台灣的出版發展史。我們計畫從逐漸散逸的，已停業的，或已有三十年歷史的資深出版社做起，於是有了「資深人文出版社系列報導」的構想。

《文訊》自二〇〇五年一月起，迄二〇〇八年六月，計三年半的時間，以「資深人文出版社系列報導」專欄爲名，分三個階段，對總計三十家資深人文出版社，進行深入的蒐羅、探訪與報導，並陸續刊載於雜誌上。

所探觸的三十家資深人文出版社，包括：廣文書局、志文出版社、藝文印書館、光啓文化事業公司、東方出版社、台灣學生書局、幼獅文化事業公司、皇冠文化集團、成文出版社、純文學出版社、五南文化事業機構、南天書局、商務印書館與臺灣商務印書館、道聲出版社、世界書局、三民書局、爾雅出版社、聯經出版公司、大地出版社、文史哲出版社，洪範書店、時報文化出版公司、黎明文化出版公司、遠流出版公司、九歌出版公司、遠景出版公司、書林出版公司、藝術家出版社、漢聲雜誌社、晨星出版公司。

此三十家絕對值得我們給予敬重與關切的出版社，雖皆可以「人文」之名冠之，然而卻又各自具備了獨一無二的出版面貌與指標性。例如志文出版社的新潮文庫，曾經是多少文藝青年必讀的啓蒙書系；東方出版社的少年小說曾經帶領我們馳騁在故事的魔宮裡；有「五小」之稱的純文學、爾雅、大地、洪範、九歌，迄今仍是許多文學人津津樂道的文學聖境；又如藝文印書館與商務印書館所出版的古典文獻與新注新譯，更是學子們不可或缺的重要讀物；此外，漢聲雜誌社對民俗藝術上的著力、藝術家在藝術範疇上別有用心；時報、遠流、聯經、晨星等出版社各領風騷，出版領域愈來愈寬廣多元。

而在此項長達三年半的計畫中，《文訊》編輯與撰稿者，包括黃端陽、高永謀、巫維珍、吳栢青、葉雅玲、汪淑珍、顧敏耀、徐開塵、蘇惠昭、石德華等人，逐一深入探勘每家資深人文出版社的發展與現況。

在方向籌謀與內容規畫上，我們希望能涵蓋出版社的創社因緣、成立宗旨、歷史演變、靈魂人物、重要書系、發展特色、時代新局，以及對學術領域、文化發展的影響等；並佐以主要人物小傳、綜合性報導、珍貴歷史照片、重要出版品書影等。

我們自期記錄下的，是第一手且具基礎認識意義的資料，是兼括總體發展與出版細節的，期能呈現台灣出版的歷史軌跡，突顯出版事業與社會脈動、文化發展間牢密不可分的交鋒互動，爲台灣出版軌跡留下具實而全面性的紀錄。

然而，在實際執行過程中，我們往往必須克服諸多問題，例如，必須四處蒐羅較早時期的人文出版社的相關史料，實地探訪相關耆老，請益當年經營情形與出版細目；面對多家迄今猶蓬勃發展的出版社，亦須自琳瑯滿目的出版書系與書籍中，勾勒出一具時間脈絡與文化意義的圖象。

這三十家資深人文出版社，成立迄今俱已近三十年，其中或有的已不再經營並出版著作，有的迄今仍在台灣出版領域上奮力不懈、貢獻心力，並且持續勇毅的面對現今被目爲寒冬時節的文化環境、出版市場。然而它們在台灣文化史上所代表的，俱爲參與台灣出版走向、影響文化發展、見證時代社會至深且鉅的主要角色。

於今，我們將內容結集出版，亦是希望將台灣出版歷史與現象觀察成果，做出更爲集中的整理匯編，延長此專題的整體效益，利於之後的研究者、文化評論者、出版相關業者參考；並爲後繼研究者與文化人留下紮實的資料紀錄，期待能對日後更詳實的、更宏觀的《台灣出版史》巨大工程，貢獻棉薄。

藉此，我們特地感謝多位值得敬重的出版人，提供許多珍貴的史料，他們俱是建構台灣文化資產的重要人物；十位辛苦的執筆人，他們在蒐羅資料、採訪整理、反覆修正補充上付出不少心力；以及「資深人文出版社系列報導」推出後，受到多位史料學家如張錦郎先生等的指正意見，在此致上誠摯的謝意。

「資深人文出版社系列報導」專欄的執行及結集出版，承蒙台北市政府文化局贊助，特此申謝。

目錄

要把金針度與人

廣文書局

◎黃端陽

廣文書局正門，兩側對聯為創辦人王道榮手書。

王道榮

1929年生，籍貫安徽合肥，台灣師範大學國文系畢業。曾任教於北一女中，1955年創辦廣文書局，與當時學界徐復觀、唐君毅教授私交甚篤，多年來固守傳統經典保存、史料整理之精神，始終屹立於出版崗位上，至今已出版書籍一萬餘種。近年來因年事已高，健康情況不佳，書局業務多移交資深同仁負責。

王道榮（左三）與東海大學首任校長曾約農（右）合照。左一為北一女中教務主任邵夢蘭，左二為曾國藩孫女曾寶孫。

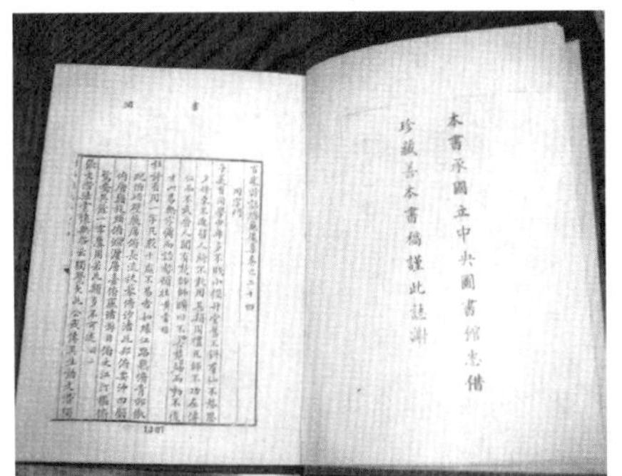
本書承國立中央圖書館惠借
珍藏善本書稿謹此誌謝

廣文書局影印自中央圖書館（今國家圖書館）珍藏善本書的內頁說明。圖為《百家詩話總龜》。

廣文書局最具特色的書目類出版品一隅。

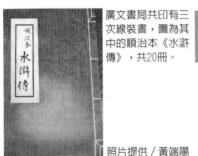

廣文書局共印有三次線裝書，圖為其中的順治本《水滸傳》，共20冊。

照片提供／黃端陽

約1975年，王道榮（右）贈市價十萬元書籍予王雲五圖書館。圖為與館長王雲五（左）合照。

時間正是民國九十三年二月二十八日，早晨十點鐘的中和市街似乎躲在幾棵斑駁錯落的行道樹間，幾隻呱噪的麻雀沿著傾頹的高壓纜線兀自鳴叫著，這便是緊臨華夏工專旁的華新街一一三巷內唯一的生意。一樓略顯陳舊的牆垣蜷聚著暗苔，屋眉上赭紅的匾額有著楊亮功先生手書「廣文書局」四個大字，兩旁張貼著創辦人王道榮先生親題「廣交天下友，文振百年心」的春聯，對他來說，逢年過節總要換上一副自己設想的佳聯妙對，畢竟桃符除舊，這已是創辦於民國四十四年的廣文書局在台的近五十個年頭。

視發揚固有文化為職志

民國四十一年，畢業於國立台灣師範大學國文系的王道榮先生，被分發至台北市立第一女子高級中學任教。有鑑於國家局勢仍見險峻，文化教育領域普遍存著無書可讀的窘況，對於一向喜好閱讀的王道榮先生而言，便興起創辦書局的念頭。然而當時物價波動甚巨，勉強籌得的現金僅能購買紙張，復因印刷圖書實非所長，雖有滿腔熱情，仍不敢貿然從事。其間籌畫兩年，首批標識廣文書局之印書方於民國四十八年出版。他把從牯嶺街尋得或自己覺得不錯的好書，如熊十力《新唯識論》等哲學書籍，小量印製並暫存親戚家中，再透過師友同學口耳相傳，藉以經銷；此外，又親自送書至書店託售，費盡唇舌，方允安置於書架一角，至於當時流行在報章雜誌刊登廣告，亦援例從俗，然而廣告費卻毫無把握收回，所謂創業維艱，由此可見。之後，他在桂林路租了一間木板搭蓋的小樓房，並在附近覓得一間地下室作為倉庫，無奈台灣夏秋多有颱風，半夜隻身頂著風雨、捲起褲管挽救存書的畫面，便成爲王道榮先生難忘的記憶。然而，廣文書局終究是在風雨飄搖中掛牌運作了。

對書局經營者而言，出版書籍的揀擇是很重要的一件事。當時坊間書籍多以營利爲主，迎合讀者心理成爲書局主事者最重要的考量，因此，荒謬怪誕、淫晦庸俗的小說書刊應運而生。視發揚固有文化爲職志的王道榮先生，本著整理國故、介紹新知的精神，首先是舊有古籍的出版，禮聘如前政大教授喬衍琯先生等參與選書的工作，同時成立廣文編譯所。如民國五十三年九月《宋本六臣註文選》、六十年十月《十三經注疏》外，於四十九年十月出版之《重校宋本廣韻》，另加入筆畫索引；五十年十月出版之《音注中原音韻》，並經許世瑛教授審校，由此可見編譯所整理國故便於讀者的用心。其次是推介近人深具價值之著作，如章太炎先生《國故論衡》、劉師培先生《國學發微》、譚正璧先生編《國學概論新編》，又翻譯日本佚名編《宋元學案人名索引》、彙編《中國歷代名人年譜》六十一冊共一百種，譜前並加各譜主傳略，使讀者想見其爲人，以上莫不有益於治學；而民國四十九年五月出版熊十力先生《讀經示要》、五十一年六月出版《十力語要》，之後陸續有《因明大疏刪注》、《佛家名相通釋》等，足見主事者對熊十力先生於學界之肯定與推崇。

民國七十年代以前有其特殊的政治氛圍，因此書籍作者便有各種不同的示人面目，如民國六十六、六十八年出版之《復性書院講錄》、《爾雅臺答問》，作者皆作「馬浮」，至民國八十一年十二月出版《馬一浮遺稿編》，作者始正名爲「馬一浮」。時代的政治敏感與版權觀念淡泊，使得諸如鄭振鐸搖身一變成爲鄭振、鄭長樂、西諦；王力、朱謙之分別改作王協、朱晴園。至於宋代李昉編的《文苑英華》，彷彿乾坤大挪移地成爲彭叔夏撰，都不免令讀者兀自搖頭；至於同業間的隨意剽竊亦成爲不可輕忽的元凶。往往他局的暢銷書多加個前序或後序，甚至作者改成佚名或直接省略，也就成爲屢見不鮮的手法。對王道榮先生而言，憑藉著專業知識披沙揀金所出版的好書，如果能讓讀者獲得知識上的力量，它的價值也就凌駕於遭人盜印時的那點悵然，反映在廣文所出版的書籍封面，永遠是素面平裝加上簡單的書名排字，內頁封底冠上「版權所有，不准翻印」的字樣，至於封面，如果是精裝便再點染幾抹燙金的題簽，怕是要蓋過書本裡的字字珠璣，因而帶點侷促與謹慎了。

即令如此，廣文書局對當時漢學研究仍產生極爲深遠的影響，如《重校宋本廣韻》，即附有編製經年的筆劃索引，稍後出版的《說文解字》，不僅附有索引，且有眉標，教育部更進而核准兩書之專有版權，是以各大學中文系延作教本，銷路與影響日增，日前台灣出版古籍多延聘專家校訂整理，實源於廣文首開風氣之先。又廣文出版之叢書亦有可觀，如「小方壺齋輿地叢鈔」合正、補、再補三編，共收書一千五百種；清朝藩屬輿地叢書二十八種、河海叢書十二種、筆記叢書一〇四種等。除版本精良、資料蒐集完備外，售價上採取分售亦屬創舉。知名學者梁容若先生在〈論臺灣的出版事業〉中說：「叢書應倡導分售，不同性質書不宜合訂精裝。最近有些書店注意到翻印叢書了，我國的叢書，有的收同性質的書，如小學彙函、史學叢書、棟亭五種、武經七書之類是。也有的收各種性質不同的書，包羅萬象，玉石雜糅，如商務印書館昔年印叢書集成，已經分成若干門類，較便檢查，似仍不能分售。」[1] 廣文書局的分售策略，不僅使研究者得以就其實際所需加以購藏，於圖書館亦避免成套叢書常有重覆購置的不便，對於學術的普及實居功厥偉。至於與國立故宮博物院合作刊行《故宮文獻季刊》，每期內容除載有論著外，並影印若干文獻，採彩色套印，漆布精裝，在雜誌印刷史中堪稱獨步，雖僅發行周年便因所費不貲，終至放棄，然而對近代史之研究頗見幫助。

影印古籍出版

廣文所出版的書籍並非僅限國學領域，如民國五十一年八月發行陸寶千《中國史地綜論》，即爲一例。除早期編譯所的《中西文學年表》、《中西文學辭典》外，民國六十八年五月更出版美人房龍所撰《我們的世界》、七十年十二月出版英人赫德森撰寫的《小說研究》；在自然科學領域中，民國五十六年十月印行由郭修甲、王國璲譯《電子之父湯姆生傳》、民國五十八年一月出版全套四冊之《自然科學發展史》，這類書籍固然擔負介紹新知的重責大任，但往往淪於叫好不叫座的下場，也就有點無可奈何的感喟。然而憑藉王道榮先生與喬衍琯教授等人的專業與人脈，廣文書局從中央圖書館（今國家圖書館）與中央研究院以一頁三元的代價影印古籍出版[2]，其依據乃在於書的價值與版本的優劣，其中版本選擇除依據善本書認定的標準外，亦多主木刻。蓋耗資較鉅，刻工於刊刻之際每每反覆習讀，因而訛誤較少之故，這也是廣文某些書籍至今長賣的原因。其次，廣文在書目的出版上具有重要的貢獻，民國五十六年至六十一年間，由喬衍琯教授編《書目叢編》、《續編》、《三編》、《四編》、《五編》，並作敘錄，用以介紹編者或收藏者的生平，藏書聚散的情形，以及該書目的價值特色和傳鈔的狀況；又影印發行公藏、私藏目錄，並兼及江南圖書館、江蘇省立國學圖書館圖書總目。書目的功能本是「條其篇目，撮其指意」，且能「辨章學術，考鏡源流」，誠爲學者一窺學術堂奧的鎖鑰，則廣文書局執事者的先知卓見，亦由此可見。[3]

此外，廣文在書籍的出版上頗具次第，如民國六十年輯印《古今詩話叢編》，首頁緣起有「昔何文煥輯《歷代詩話》，丁福保輯《歷代詩話》及《清詩話》，集藝苑之奇珍，久膾炙於人口。然竊觀古今詩話之作，未經二氏收錄而有甚大價值者，尚屬不少……。蒐求東壁，得《容齋詩話》等三十三種，皆深於箇中三昧之精言，有得於作者之所用心。」故合此三十三種爲一編，影印行世。其後更因叢編廣受海內外學者歡迎，又囊括唐代迄清朝諸家論詩傑作，選輯三十六種，復編印《古今詩話續編》，則從事文學批評之研究者，於資料的取得更顯正確與完整；又如於《宋本六臣註文選》影印刊行之後，於民國五十五年四月編印《選學叢書》，此套叢書據〈序〉中所言，乃「特聘飽學通儒，選取有清以來學者專著，編纂選學叢書，都爲十種，凡有關名理、史實、章句、訓詁、考異、箋證諸端，皆可得而詳。」[4]民國八十八年筆者因台灣師大主辦「文心雕龍國際研討會」，會中選學名家穆克宏教授即垂詢此套叢書，以其難得且對《文選》研究甚具裨益之故。又有關《易經》之研究由《叢編》、《續編》而至《三編》共收書達六十一種；又有映庵輯《彙輯宋人詞話》，乃續補唐圭璋《詞話叢編》之不足。證諸今日書局在擬訂出版計畫時，多不能從學術發展的宏觀角度出發，常以市場導向爲主要的考量，這其中固然頗多緣由，然而揆諸王道榮先生的出版事業，恐怕欠缺王先生的學識與執著，亦是主要的原因吧！

新世紀愈形艱困的挑戰

廣文書局歷經幾次搬遷，從最初的桂林路八七號，然後是南昌路、羅斯福路二段、三段而至今日的中和華新街。它逐漸在高昂的租金中退出精華地段，像是離群索居的君子，卻又不得不在文化學術的旗幟下，戒慎地爲五斗米折腰。回想那個有商務印書館的王雲五、世界書局的楊家駱、台灣中華書局的陸費逵，以及廣文書局的王道榮諸先生的時代，他們把書局當成一生的志業，把自己的心腸捧給天下人看，也因此當我偶然發現廣文所出版民國董康《書舶庸譚》爲四卷本，與現存廣爲流行的九卷本不同；又廣文版清紀曉嵐《閱微草堂筆記》文前附圖八幀，亦爲今日通行版所無。我興味當年國防部長俞大維流連廣文的情形，甚至臨終前把一生藏書託給王道榮先生，另裝相同色系的封面，然後全部轉贈台大；財政部長尹仲容、經濟部長李國鼎及台大政治系教授薩孟武皆爲常客。這些名人雅士皆曾顯赫一時，書本所給與他們的啓發和涵養，也曾深深影響中國近現代的歷史。然而哲人已遠，倘若有天他們半夜訪舊，不僅來途已杳，那錯落而又灰暗的書架不若當年風光，他們又如何翻閱自己熾熱的心腸？

然而，時代鑄成的篩子仍不斷淘洗著五十年來的國學研究，在台灣意識成爲沛然難禦的風潮，以及大陸簡體書透過仲介商排山倒海而來的情況，廣文的另一個五十年又是怎樣的面目？眼前的情況是，即使是中文系的學生，對於版本的判斷卻付之闕如，而是否重新排印並善加句讀，便成爲買書的唯一參考。甚至把書籍裝幀及插圖精美視作圭臬者亦大有人在，於是書籍的價值便與一盤色香味俱全的東坡燒肉等量齊觀，這對重視版本、不在包裝上喧賓奪主的廣文書局而言，似乎是未來愈形艱困的挑戰。正如王道榮先生自號爲「不求聞達齋主人」般，國學陶鑄而成的金針，也只能度給那些真正研究學問的人吧！

（本文承蒙任職廣文書局數十年的資深員工楊文端小姐惠予提供口述與相關資料，在此表達謝忱。）

註釋：

1 見梁容若、王天昌主編《書和人》第一六〇期，民國六十年五月一日。

2 其來源必詳載於是書內頁。如民國六十二年九月影印出版明葉廷秀《詩譚》即有：「本書承國立中央圖書館惠借珍藏善本書稿謹此誌謝」；民國六十六年一月影印出版之《國學珍籍彙編》中，以清梁章鉅《南浦詩話》爲例，有「本書承國立中央研究院惠借影印書稿謹此致謝」云云。

3 如喬衍琯教授於《書目叢編》輯印緣起中，即引清王鳴盛《十七史商榷》語：「目錄之學，學中第一緊要事，必從此問途，方能得其門而入。」因此可見目錄類圖書的重要性。

4 選學叢書共計十種，即：汪師韓《文選理學權輿》、孫志祖《文學理學權輿補》、《文選考異》、《文選李注補正》、張雲璈《選學膠言》、朱蘭坡《文學集釋》、胡紹煐《文學箋證》、梁章鉅《文學旁證》、許巽行《文選筆記》與高步瀛《文選李注義疏》。

原發表於二〇〇五年一月《文訊》二三一期

出版界最後的本格派

志文出版社

◎高永謀

志文出版社成立於1967年。

張清吉

1927年生於苗栗後龍，公學校畢業，爾後憑藉自學不倦創辦長榮書店、志文出版社。志文自1967年迄今已出版六百多本書，不僅是1970、80年代知識青年思想辯詰的原鄉，張清吉也因而被稱爲「出版界的唐吉訶德」。張清吉每年都會赴日本旅行，主要是蒐集資料，考察日本出版社的經營方針、風格和手法。

新潮文庫主力譯者吳旺財（筆名蕭逢年、齊霞飛、吳憶帆）與張清吉、主編曹永洋（由左至右）合影。

志文出版社為台灣讀者引進無數西方文學家和思想家。圖為部分書籍。

林衡哲翻譯的《羅素回憶集》、《羅素傳》，為志文出版社「新潮文庫」系列的第一號、第二號。

新潮大學叢書是大學生及研究生重要的教本及參考書。

鑑於文本閱讀會改變人生未來的藍圖，志文延續「新潮文庫」的體例和宗旨，針對國小、國中生編輯「新潮少年文庫」。

部分照片提供／志文出版社

在有線電視尚未占據人們大部分空閒前，在網際網路還沒水銀洩地淹漫全台前，其實就在記憶猶新的十幾年前，讀書還是種高貴的志趣與物超所值的娛樂，女孩子總用男孩子家中所擁有的志文出版社書籍數量，來衡量他的文化水平高低，檢視他的知識企圖寬隘，於是男孩子只好囫圇吞棗地背誦志文書籍的導讀，或在情書中大量引用志文書籍的書名。

力爭上游，綠意遍野

在其他出版社尚未大量刊印文哲書籍前，在網路書店還未拉近城鄉巨大差距前，其實就在伸手可觸的一九八〇年代，蝸居於鄉間的文藝青年總抱怨鎮上僅有的兩家書店，書架上陳列的志文書籍比他家中所藏還少，總痛苦於鎮上沒有其他人可與之討論尼采、佛洛伊德，於是一心急著想逃離困住他靈魂的文化沙漠，到城市尋覓其他志文的書迷同志。

然而，到了有線電視、網際網路取代書籍成爲資訊主要來源的二十一世紀，到了托拉斯出版集團壟斷書市的當下，志文出版社依然扛著知識啓蒙、思想自由的大旗，依然安步當車、徐緩前行，爲渡有緣之讀書人而存在，堪稱出版界中最後的本格派。

五年級懷舊風潮如果只讓老民歌、老服飾與老卡通再度出土，未免失之淺薄空泛，志文書籍也該得到應有的歷史評價，因爲它們是一九七〇、八〇年代的知識底色，是五年級青春時代思想辯詰的原鄉故土，今日老出版社不死也未凋零，雖有門前冷落車馬稀之嘆，但由種麥所繁衍出的麥田卻已綠意遍野。

二〇〇二年，台北市文化局曾在「向資深出版人致敬」活動中，頒獎表揚四家創辦超過二十年以上的出版社創辦人，分別爲三民書局的劉振強、志文出版社的張清吉、爾雅出版社的隱地與遠流出版公司的王榮文，志文出版社創辦於一九六七年，迄今已將近四十年。

相對於其他三家出版社的創辦人若非文人，就是大學畢業生，張清吉僅有國小畢業學歷，曾經在故鄉苗栗後龍當過討海的漁夫，也做過農夫，也種過西瓜、花生、地瓜、稻子……，但是海風吹襲，這些農作物的收穫，不足以糊口，而捕魚入海，還買不起漁船，使用的是竹筏，靠天吃飯，陸地和海上都是和生活搏命，這是張清吉早年的人生體驗和生活現場。因此二十八、九歲北上奮鬥的志文出版社老闆張清吉，他力爭上游的故事更顯傳奇，林衡哲推崇他爲「台灣的王雲五」，而業界則尊稱他爲「出版界的唐・吉訶德」。

引進西方、日本思潮

如果想了解志文出版社在出版史上的地位，唯一的方式乃檢視志文旗下「新潮文庫」、「新潮世界名著」、「新潮世界推理」等系列約六、七百本書對台灣思想流行史的影響。新潮叢書除了翻譯西方文哲經典外，也名副其實地帶來西方、日本的新思潮，舉凡自由主義、存在主義、女性主義、精神分析、意識流、魔幻寫實、禪學、電影評論、推理小說，都是志文鳴起新趨勢的號角，貢獻之大，無其他出版社可出其右。

如果把志文引介進入台灣的作家、思想家一字排開，更可說千軍萬馬、無人可敵，別具意義的是，許多思想家的經典更是除了志文譯本外，別無分號。

從翻譯古代與近代西方思想家、文學家的經典作品，志文為台灣拉開了西方思想史的天際線，為想涉獵吸收人類知識菁華的購書者開啓一扇廣闊的門，文學如荷馬、伊索、米爾頓、但丁、薄伽邱、歌德、喬叟、拉伯雷、拉封登、狄更斯、惠特曼、大仲馬、包斯威爾等人之作品，哲學如柏拉圖、蒙田、笛卡兒、培根、托馬斯・摩爾、巴斯卡等人之著作，每一位都是西方思想史、文學史上的「萬世巨星」，欲窺西方知識堂奧之所必精讀。

而志文所譯介當代的作家，更是眾星雲集、百家爭鳴，多數人恐怕終其一生也無法盡讀，哲學家有自由主義的羅素、女性主義的西蒙・波娃，以及存在主義的沙特、叔本華、尼采、齊克果、卡謬等，可說是台灣存在主義的堡壘干城，神學家有講禪學的鈴木大拙、伊斯蘭詩哲紀伯崙等，心理與精神分析學家有佛洛伊德、佛洛姆、榮格、梅寧哲、雅斯培、阿德勒等。

文學家則是多不勝數，英語作家有毛姆、赫胥黎、康拉德、艾略特、泰戈爾、歐威爾、梅爾維爾、珍・奧斯丁、喬伊思、吳爾芙、哈代、歐亨利、以薩・辛格、海明威、勞倫斯、亨利・詹姆斯、史坦貝克、馬克吐溫等，法語作家有都德、紀德、波特萊爾、雨果、羅曼・羅蘭、福樓拜、喬治桑、莫泊桑、巴爾札克等，德語作家有赫塞、里爾克、托馬斯・曼、卡夫卡等，俄語作家有契訶夫、果戈里、普希金、屠格涅夫、托爾斯泰、索忍尼辛、巴斯特納克、杜斯妥也夫思基等，日語作家有芥川龍之介、三島由紀夫、廚川白村、川康端成、夏目漱石、武者小路實篤、谷崎潤一郎等，西班牙語系作家有西萬提斯、希美內茲、馬奎斯等，北歐作家則有史特林堡等。

其中，喬伊思、吳爾芙、亨利・詹姆斯為台灣帶來了意識流，托爾斯泰、杜斯妥也夫思基則是台灣寫實主義者的神祇，卡夫卡、三島由紀夫逼著台灣作家逼視自己，波特萊爾最早帶來耽溺慾望的腐敗華美，歐威爾告訴我們文學如何抵抗政治，馬奎斯則開啓了拉丁美洲廣茂的文學視野。

但若要尋找志文出版書籍的一貫之道，從其出版了多達十餘本史懷哲相關書籍可見一斑，是人文主義、自由主義、和平主義，其所推出的愛因斯坦、居禮夫人傳記，開科學家人文傳記風氣之先，房龍、威爾・杜蘭的歷史故事與愛倫・坡、柯南道爾、克莉絲蒂、松本清張的推理小說，志文也走在時代的浪尖潮峰上。

耕漁子弟，手不釋卷

志文出版社的創辦人張清吉，一九二七年（日本昭和元年）出生於苗栗縣後龍鎮（當時屬新竹縣竹南郡），為家中的長子，半耕半漁的父親因為家計負擔沉重，因此舉家遷往台南縣鹽水附近的岸內，任職於糖廠，張清吉也進入鹽水公學校就讀。

到了三年級時遇上影響他一輩子最重要的一位日籍老師大藏先生，他介紹張清吉閱讀講談社所出版一系列的《少年俱樂部》，其中的冒險故事、科學新知開啓了張清吉的視野。不過，過沒多久，父親結束了在糖廠的工作，全家只好再度搬回老家，張清吉轉入附近的外埔公學校。

日本大正年間，是歷史上文學風氣最鼎盛的年代，到了昭和年間，流風餘韻猶存，張清吉從《少年俱樂部》閱讀了不少日本改編的歐美文學作品，雖然公學校畢業後無法繼續升學，卻已養成了一生的讀書不輟習慣。張清吉從少年時期到中年所閱讀的叢書以及一系列雜誌：《講談俱樂部》、《現代》、《傑作俱樂部》、《King》、《婦人俱樂部》、《婦人公論》、《文藝春秋》、《中央公論》、《角川文庫》、《新潮文庫》、《岩波文庫》等書、雜誌，都成爲張清吉長期的忠實讀者，創辦出版社更以岩波書店爲學習的榜樣。

張清吉外埔公學校畢業後不久，太平洋戰爭便已爆發，他被徵調到高雄岡山海軍六十三航空場，當組立裝配飛機與修護技工，雖然沒有直接上戰場，但是入廠工作前接受嚴格軍事訓練，所吃的苦頭卻讓他畢生難忘。操練後接受了職工訓練便分發到飛機工廠，做飛機組立裝配複雜的發動機與整個機體組立的工作。

原本以爲會步上其他台灣青年的後塵，被徵調到南洋當軍伕，沒想到隨即傳來日本無條件投降。戰爭結束之後，回到貧困的農林社會，再當漁夫、農夫，早上三、四點摸黑出海捕魚，當時沒有氣象預報，常常遭逢孤舟在狂浪中賭命的鏡頭，驚險程度不下《老人與海》、《冰島漁夫》書中情節。

在窮困的農村生活之下，深夜一直再三思考在這農村鄉下是沒出路發展的。於是決定只好北上謀生。張清吉到了台北之後，人生地疏，找工作不易，開始做沒固定的散工，但不久幸運地遇到一位踩三輪車的同鄉，便介紹承租一部有挑班位三輪車工作，生活暫時就安定下來。但是，踩三輪車這個工作相當辛苦，大家有空都去打牌、飲酒找娛樂。但與眾不同的張清吉一有空便窮跑書攤或書店找書、買書。同業笑說這個書呆子整天等客人時，便手不釋卷，看他這樣對書癡迷，便勸他去開書店。長久以來一直夢想開一家書店，能享受讀書的快樂，有了書店便不用再花時間、金錢到處去找書，也可以當做職業賺錢，一舉數得。因開店需要資金，再三思考後決定，回到故鄉向有錢的親戚借到一筆開店資金，以分期付款方式還完借款。

一九六三年，張清吉在臨沂街信義路口創辦了「長榮書店」，書店分二部分，出租部門與舊書交易。店中的書主要來自日本人所留下的日文書籍、第一代新住民往生後子孫傾屋而賣的舊書，以中國三〇年代作品為主，朱自清、郁達夫、夏丏尊、胡適、林語堂、蔣夢麟、羅家倫的作品都被選入了教科書，而魯迅、巴金、郭沫若、老舍、丁玲的著作不久成了禁書。

當時買書的常客有李敖、秦賢次、林衡哲、于右任的兒子等，以及來此找資料寫論文的學者專家，張清吉店內的禁書多半為李敖買去。

長榮書店店址先後落腳於和平東路師大附近、羅斯福路台大附近與重慶南路書店街、興隆路、中華路，成為台北大學生購書的勝地。

張清吉同時開過三家分店，也開始自行出版書籍，包括了《西洋幽默小品》、《二次大戰祕錄》和林語堂的散文集，之後又編錄了一套《英語欣賞文庫》，介紹學習英文的趣味，銷路相當不錯。

創辦志文，催生文庫

然而，當時常來買書的台大醫學系的林衡哲屢屢勸說張清吉：「要有一流的文化，才有一流的國家，虎死留皮，人死留名，作爲一個出版家，你印這種消遣性的書籍，無益於社會人心。」當時，隔壁的文星書店關門拍賣，店中擠得人山人海，也激發了張清吉出版好書的鬥志。

林衡哲率先拿出自己所翻譯的《羅素回憶集》、《羅素傳》，成爲張清吉的志文出版社轉型的奠基之作，這兩本書成爲後來「新潮文庫」重要的先驅，從一九六七年三月迄今已出版將近五百號，可說是台灣出版界的文化長城。因此，林衡哲也被稱爲新潮文庫的功勞「催生者」。

《羅素回憶集》、《羅素傳》的譯行，獲得非常大的迴響，殷海光、陳鼓應兩位台大哲學系老師更親自到志文出版社致意。因此，林衡哲也引介了許多同學、朋友加入譯書的行列，這些譯者現都是醫界、學界的俊才碩彥，包括賴其萬、林克明、廖運範、鄭泰安、文榮光、楊庸一、符傳孝等，他們所翻譯的書則以心理學、精神分析爲主。

這段時間投身志文譯書行列的譯者，許多後來成爲台灣翻譯界的中堅，例如散文、評論寫作皆傑出但卻以翻譯卡夫卡、芥川龍之介留名後世的金溟若，還有李永熾、孟祥森、宋碧雲、莫渝、梁祥美、張漢良、范文美、余鴻榮、李幼新、鍾玉澄、劉大悲、劉森堯、楊耐冬、孔繁雲等，其中原任教於士林高中（現中正高中）的曹永洋更在退休後，進入志文出版社擔任主編。

當時，撰寫《歷史人物的回聲》一書的曹永洋，陸續介紹了鍾肇政、葉石濤、楊耐冬、鄭清文加入翻譯行列，黎烈文教授辭世後，其譯集由顏元叔教授介紹到志文出版社印行，因爲這個機緣和張清吉認識，也在新潮文庫出版了《翻譯與創作》，他的論集《文學經驗》則收入新潮叢書，此外他又爲新潮大學叢書翻譯了《西洋文學批評史》，他的同事胡耀恆教授也譯了《世界戲劇史》，王夢鷗譯《文學論》，廖祥雄譯《映象藝術》，陳玲玲編選《世界名劇精選》等，都是大學生及研究生重要的教本及參考書。譯者群中已過世多年的劉大悲和徐進夫蔡伸章都是爲翻譯鞠躬盡瘁的翻譯家，值得有心人進行研究。而十五年來成爲新潮文庫主力翻譯家的蕭逢年（另有筆名齊霞飛、吳憶帆）所完成的《莫泊桑短篇全集》，其成績尤超邁前人，其中名作《項鍊》，早已選入國文課本當作教材。

新潮叢書早期出版品所跨的領域和書類對讀書人都產生了啓蒙、指標作用，諸如文學、哲學、心理、禪學，即以電影而論，劉森堯、李幼新、黃建業等一群熱愛第八藝術的年輕人翻譯和寫作的電影書，也開啓台灣電影研究的新浪潮。

志文以出版翻譯書得享大名，它所出版的本土創作書則因多已絕版，使諸多研究者遺忘其曾掀起過的巨波大浪。

林衡哲和楊牧（名詩人，本名王靖獻，早期筆名葉珊）留學美國時代曾爲志文編了「新潮叢書」，都是國人創作，作者包括陳世驤、徐道鄰、夏濟安、杜維明、顏元叔、林以亮、葉維廉、劉述先、於梨華、趙岡、楊牧、鍾玲、殷允芃、陳芳明等，其中劉大任的《紅土印象》後來因爲作者被列入黑名單，此書也成了禁書。如今三十多本創作早在二十年前就成了絕版書。當時同時發行的「新潮新刊」中的兩本台大人選集《台大人的十字架》、《知識人的良知》，因爲其中有一篇介紹歐威爾的《動物農莊》而被警總特務單位派人調查。這些干擾使張清吉精神受到極大的壓力，連到日本買書，在海關取書都備受刁難、折騰。

從今日的角度觀之，志文書籍編輯印刷稍嫌清簡樸素，不像現在的書籍多元而華麗，然而志文乃是台灣口袋書、硬皮精裝書的出版先鋒，也是出版界使用銅版紙的濫觴，在一九六〇、七〇年代可說冠絕一時。

如果將志文放入台灣出版史，志文引介西方、日本典籍的工程，可說承繼著台銀叢書、協志工業社、文星書店、商務印書館的未竟志業，而比這四家出版社更具普及誠意與效果。與志文同時期同樣以翻譯書著稱的出版社也不少，但多屬軟性的文學作品，例如皇冠、大地出版社等，不像志文乃以「硬派」書爲主。

文星與商務較爲人知曉，而台銀叢書與協志工業社在二次大戰終戰後一直到六〇年代，都是極爲重要的文哲出版社，台銀出過最有名的書爲矢內原忠雄的《日本帝國主義下之臺灣》，而協志工業社爲大同公司關係企業，由林挺生出資、梁實秋主持編務，翻譯過許多具代表性的西方名著。

而在志文之後的遠景、桂冠出版社，雖然也以出版文哲書籍爲主，但在普及程度上，始終不及可以深入台灣偏遠鄉鎮的志文，成爲青年獨立思考的啓蒙首選。

引領讀者，蔚為風潮

即便到了今日，能夠超越志文普及程度的出版社也少之又少，應僅有天下文化一家，而賣書必賣志文的景象，也已在人間蒸發、不復可尋。

張清吉受的是日文教育，因此志文書籍有著濃郁日本風格，到日本考察出版社的方針、風格、經營手法，是張清吉每年的例行工作，神田舊書街與東京各大書店更是必遊之地，每每遊而忘返。

張清吉欽佩日本每家出版社都有獨特的風格與信譽，尤其欣賞講談社、河出社、岩波書店、中央公論社，其中以已逾百年的岩波文庫最爲知名，被視爲國民必備的教養文庫，而新潮文庫堪稱台灣版的「岩波文庫」，是知識普及化、文化現代化的重要推手。

岩波文庫對新潮文庫最直接的影響，乃是多數書籍都有引領讀者了解作者、書籍背景資料的導讀，作家的年譜，差別在於岩波文庫將導讀放在正文之後，而新潮文庫則將導讀放在正文之前，之後在台灣也蔚爲風潮。

不過，張清吉最引以爲典範的出版家並非岩波書店的創辦者岩波茂雄，而是出版工具書聞名的鈴木一平，鈴木一平爲了請諸轎轍次編纂《大漢和字典》，不但傾家蕩產，甚至不惜讓三個兒子中斷學業幫忙編務，其毅力與氣魄皆教張清吉動容。

張清吉做爲一個出版家和文化人的功力，具體呈現在選書、導讀（作者照片資料、生平介紹、該書分析、年譜）等編排上。他有如一位高明的導遊，一步一步帶領讀者進入書中的堂奧。讀者可能因一本書而成爲這個作家終身不渝的知己。他一手創立，由眾多翻譯合力建造的文化長城，各位讀者只要看他精心編選的五十四本精裝本「新潮世界名著」即可窺其端倪。十年前他有鑑於文本閱讀會改變人生未來的藍圖，又和主編曹永洋聯手編纂六十六本「新潮少年文庫」，這套文庫雖然是針對國小、國中而編輯，其實是延續「新潮文庫」的體例和宗旨，而且這些選自安徒生、紐伯利、卡內基各少年童書大獎的好書，成人更應該看。試想：多少年文壇才能產生一個安徒生、聖修伯理、達爾、以撒・辛格、王爾德、凱斯特納這樣的作家呢？少年時代只能完成國小教育，一生憑藉自學教育成爲文化人的張清吉，把這一套文庫視爲自己寂寞文化事業的天鵝之歌，因爲他知道少年是國家未來的新希望。每一次曹永洋在訪談中稱許他的博學和文化教養時，他事後都會懇求不要在人前如此張揚，這是來自苗栗海邊草根性格濃厚的農夫和漁夫的樸質與憨厚。

永存出版史的萬神殿

創作千難，翻譯萬難，志文雖曾爲台灣文化注入清泉活水，但有時也是瑜不掩瑕，當年專業翻譯人才短缺，志文書籍中錯譯、漏譯、節譯屢見不鮮，有時譯者理解錯誤，以至於文意扭曲甚至倒反，有時譯者想像似是而非或以偏蓋全，有時導讀也被批評爲艱澀難懂，反讓讀者望之卻步。

以此非難志文當然無此必要，畢竟瑕不掩瑜，志文並非如日本出版社都是大型複合媒體集團，財力、人力、市場相當有限，而後進的出版集團則應以超越志文的歷史地位爲目標，出版更精確、更信達雅的經典讀本，並效法日本出版社，願意出齊一個作家的全集，甚至同一本經典，在不同年代可以有不同的譯本。

志文現在雖然持續出書，但無力與其他出版集團競爭翻譯書，加上國際著作權法規定日益嚴格，因此現以出版公共版權書籍爲主。如以林衡哲譯的《羅素回憶集》爲例，因爲羅素逝世於一九七〇年，根據現行著作權法的規定，他的所有著作必須等到五十年後的二〇二〇年，才會成爲公共版權書籍。

當下，文哲書籍的讀者日益小眾，張清吉已退休十年，出版業務由兒女接棒，今天台灣出版業面臨前所未有的挑戰，年輕一代讀者閱讀世界趨於多元，新潮文庫縱然盛況難再，但縱算花果飄零，志文將永遠存在出版史的萬神殿，張清吉也將記名在出版界的名人堂，因爲誰也無法抹滅它曾帶給萬千讀者美好的讀書記憶。

原發表於二〇〇五年四月《文訊》二三四期

滄海何處寄萍蹤

藝文印書館

◎黃端陽

藝文印書館辦公室，書架上俱是所出版叢書。

嚴一萍

籍貫浙江秀水（今浙江嘉興），1912年生，1987年7月16日因腦溢血病逝美國舊金山，享年76歲。在台期間親炙中研院院士董作賓，致力甲骨文研究；同時創辦藝文印書館，出版經史子集叢各部書籍逾三萬冊，於台灣之漢學研究與甲骨學之推展，居功厥偉。

1957年，甲骨學者董作賓（右）與嚴一萍攝於台北青田街寓所。

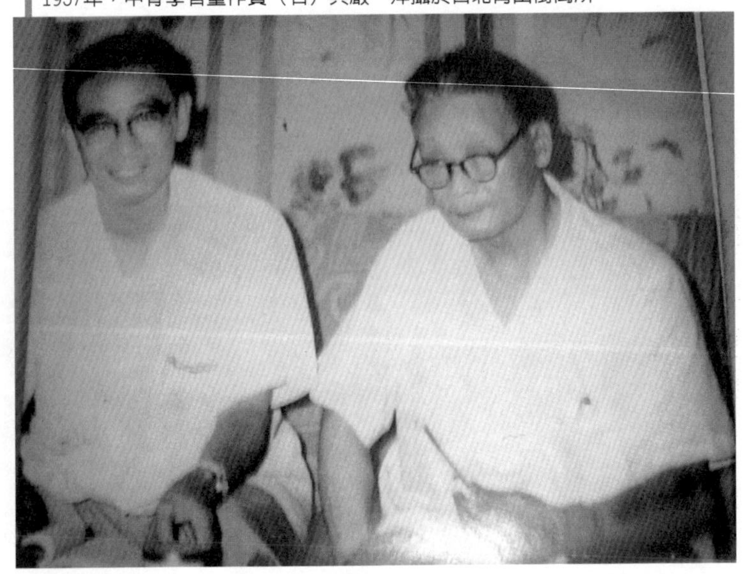

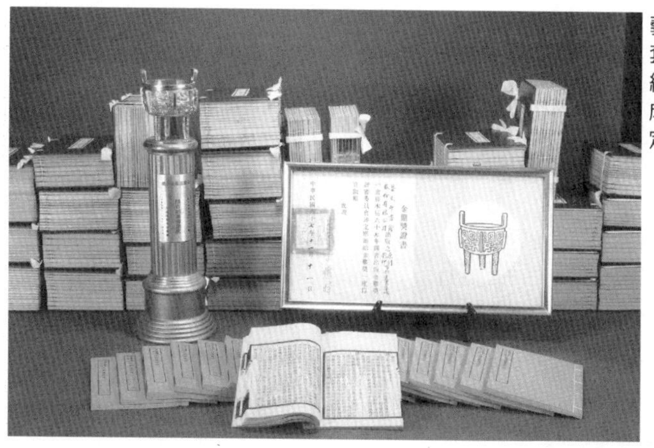

藝文印書館致力於大型套書的出版，初編、續編、三編《百部叢書集成》，並獲金鼎獎的肯定。

照片提供／藝文印書館

重視經注與版本的藝文印書館，於1954年出版阮元校勘的《十三經注疏》。

藝文印書館影印出版《註東坡先生詩》時，俱依原來尺寸及式樣加以複製。

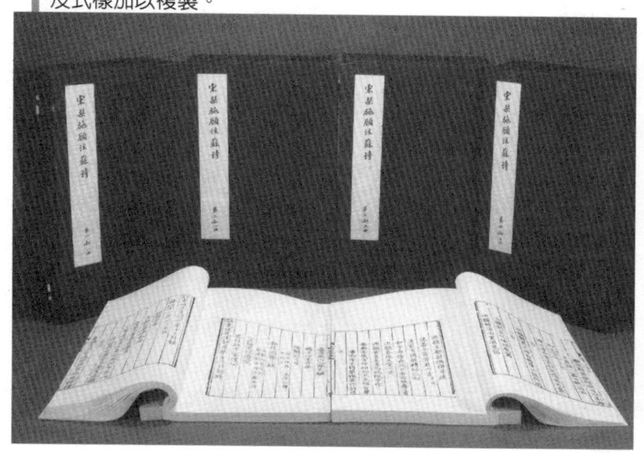

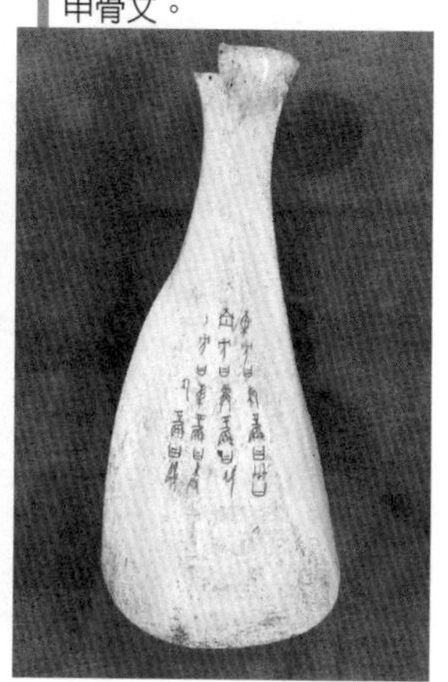

嚴一萍自取牛骨所撰寫的甲骨文。

這是一個飄著桂花香味的秋日下午，筆直的行道樹沾染了一點皴法，略顯率性地勾勒出一旁漫長的羅斯福路。櫛比鱗次的公寓大樓灰暗卻又幽靜地相互依偎，陳舊的磨石子磚磨蹭在樓牆外側，幾點青苔妝點著門面，吞吐著幾十年來光陰遞嬗的痕跡。拜捷運通車之賜，這一帶正大興土木，幾架大型吊具機正高掛著幾百噸鋼筋，氣派地勾勒出未來的繁華景象，然而城市的榮耀或衰敗，文化的興盛與覆亡，對側立在一旁的藝文印書館（以下簡稱藝文）而言，雖是青春轉眼，卻帶點似曾相識燕歸來的況味。

據善本而印

民國四十年出生於浙江秀水（今浙江嘉興）的嚴一萍先生，在友人——大陸雜誌社經理王梓良、浙江省黨部委員談益民先生保證下，終能經上海轉香港而後抵達台灣，而王梓良隨後攜嚴先生手稿《殷契徵毉》介見中央研究院院士董作賓先生，深得讚許，進而引爲門下子弟，使甲骨學的研究至此進入重要的階段。

次年（民國四十一年）藝文在台北成立，以董作賓先生望重士林，延爲發行人，張木舟先生爲董事長，嚴一萍先生任經理兼編輯。由於市場需要，藝文首先編印了十二幅中國歷史參考圖譜，用銅版紙精印，內容收石器彩陶、殷墟出土古物、西域出土漢簡與敦煌珍藏秘籍等，透過原物圖片之縱橫貫串，五千年繁雜難記之史實，遂化成具體而微的歷史縮影，每次一千本的印數，很快便印至三版，方能符合各界需要。這次成功的經驗，對身經烽火而以文化傳承自許的嚴先生而言，更堅定其投身出版事業的決心，他以影印經史出發，重視經注與版本，在民國四十三年底首先選入南昌府學本附阮元校勘記的《十三經注疏》，卷首有「淮海世家」、「高郵王氏藏書印」兩篆文印章，足證原書爲高郵王氏（按清代著名學者王念孫、王引之父子）舊藏，實爲正經正注的最佳選本。

知名學者李殿魁教授回憶起民國四十六年就讀台灣省立師範學院（今國立台灣師範大學）二年級時，那一段典籍缺乏的時光，竟因藝文「阮刻十三經」的出版而欣喜若狂，在報上「如須寄送，外加掛號郵費，自取則不另加」的考量下，在溽暑裡揮汗沿著和平東、西路而至康定路藝文門市部，卻是自己學術生涯一段難忘的轉折。他描述著：「辦公室裡幾張桌子拼在一起，旁邊坐了一位清瘦的中年先生，看我們是學生，便和我們攀談起來：『讀書要用功，識字最重要！當然更要講求版本好的書。』」[1] 以版本作爲讀書識字的根基，正如清儒張之洞在《書目答問》中說：「讀書不知要領，勞而無功，知某書宜讀，而不得精校精注本，事倍功半」，可見異曲同工之妙。是以日後刊印二十四史，多取清武英殿附考證本，其中《新元史》採徐氏退耕堂初印本，又補以柯劭忞《新元史考證》；《漢書》用王先謙補注，《後漢書》則採王先謙《集解》，至於《史記》則後附王念孫〈史記志〉，《明史》書末殿以潘檉章〈考異〉；所有各史殿本闕佚之處，也多據善本訂補，凡此俱見嚴先生學人之素養，亦揭示其出版之信念與獨見。

國學研究邁向國際化

早期的藝文除了編輯出版外，還設立了照相、修版製版、印刷裝訂等部門。而嚴先生總是白天忙著編務，不只嚴格地督促各部門的工作與細節，對於甫入社會工作的年輕員工，更教導他們立身處事的道理；而在夜闌人靜之際，他總是思考著出版與甲骨文研究，遇著難題的時候，常是雙手置於身後，低頭在房裡來回踱步，有時不免兀自嘆氣。然而以四十餘歲的年齡，卻在這晨昏之中隱約替國學研究闢出蹊徑。

民國四十五年美國亞洲協會副代表舒威廉主動印製三千份英文廣告，向世界各地研究中國學術的專責單位推介藝文；五十一年日本考古學家梅原末治、京都彙文堂書店老板大島五郎，都曾協助藝文的書籍在日本銷售。藝文也因此在書籍銷售比例上，約略維持日本占五〇%、歐美各國占三〇%、台灣地區約十五%、香港近五%，而邁向國際化的藝文，亦分別在東京、大阪、舊金山等地設有代理商或分店。

專業與國際知名度的建立，以及國內多採現金預約的行銷方式，讓藝文在資金的取得上更見靈活，然而作為文化事業，嚴先生不以營利為目的，總以民族文化的生存發展，建立國際漢學研究的重鎮為職志，據國立中央圖書館（即國家圖書館前身）於民國四十七年所編之《臺灣新印國學書目》可知，在民國三十八—四十五年間，若將叢書子目打散歸入經、史、子、集重複計算，在台灣影印、重印和重新整理的古籍約有七一五種[2]，其中藝文以五十八種出版品、逾八%的古籍整理市場占有率，成為在台創辦的本土書局中，僅次於世界書局者。

煌煌巨製的出版

民國四十七年以後，藝文集資致力於大型套書的出版。在國學方面，民國四十一至五十二年間，共印成《四庫善本叢書初編》一三六一卷，共五〇八冊五十四函、《續編》九〇〇卷，共三三八冊三十六函；民國四十八年印成《文淵閣四庫全書》四十七種四三〇卷，採朱墨套印精裝五十八冊，亦屬煌煌巨製。民國五十三—五十八年間同時印成兩部學界極爲重視之集成專著，一是由連江嚴靈峰先生提供底本之《無求備齋老子集成初編》、《續編》：《初編》共三二〇卷，蒐集明代以前老子孤本遺編凡一四〇種，採三十二開本中式線裝印製，共一六〇冊十八函；《續編》則以清代爲主，兼採日本、韓國老子相關著作，計收三七六卷，亦採三十二開本中式線裝印製，達二八〇冊三十函，使學者於老子研究能查考原書，即書言事，頗被學界推崇。其二則爲《百部叢書集成初編》、《續編》、《三編》：《初編》收叢書一百零一部，羅致宋俞鼎孫《儒學警悟》至明毛晉《詩詞雜俎》，依四部加以分類，採三十二開本原刻影印，計收古人著作四千一百四十四種，印成中式線裝七九五〇冊八三〇函；《續編》收叢書卅部，總共爲書七百八十五種，印成中式線裝一五四五冊一七六函；《三編》收叢書三十部，計九八〇種，如清顧祿《頤素堂叢書》至明王驥德《古雜劇》俱入其中，印成中式線裝一七三二冊一七〇函。尤可注意者，在於商務印書館早編有《叢書集成》，多採鉛印重排，部分爲影印的，又因抗戰之故，尚缺一〇四五種、五三三冊方可補全；而藝文本之《百部叢書集成初編》則採原書影印，其中若有脫誤漫漶之頁，必不辭勞苦從國內外善加補足，又經輯補增刪與資料訂辨，在版本的價值上也就遠出於商務本了。

在史學研究上，有據廣州廣雅書局原刻本影印之史學叢書，諸如西清《黑龍江外記》等清人著作悉以收錄，計有九十五種，共一七四八卷，印成三十二開本中式線裝五二六冊五十六函。又有嚴耕望先生編《石刻史料叢書》甲、乙編：甲編文錄三十三種，始於宋洪适《隸釋》，終於清劉承幹《海東金石苑補遺》；乙編收目錄跋尾二十六種，起於宋歐陽脩《集古錄》，殿以清吳式芬《金石彙目分編》。以上共計五十九種九七〇卷，採三十二開本中式線裝布面函套六十函，嚴耕望先生序云：「目的在推廣石刻史料之應用。是以重在石刻本文，不在昔賢研究之成績。」則傳世之重要石刻史料蒐羅在內，實爲研究近古歷史之重要參考。

此外，就宗教領域而言，則有《正統道藏》與《禪宗集成》兩部，最爲可讀。前者據民國十三年總統徐世昌用北京白雲觀藏本重印，字大醒目，裝幀典雅，計三十二開本中式線裝一千一百廿冊，集道教經典之大成，其後於民國五十一年有《續道藏》的影印出版；後者則影印《卍續藏經菁華選》，從菩提達摩大乘入道四行觀，收束以樵隱悟逸禪師語錄，計採十六開本精裝廿五冊，則禪僧由靜坐而至領悟，其間禪機，當可參見。

至於嚴一萍先生耗盡後半生之心力，搜集珍版古籍，提供學界與個人研究所需，更可見其胸襟。他在民國六十六年藝文創立廿五週年時寫道：

藝文創立迄今，二十五年矣。在此漫長歲月之中，艱苦奮鬥，獨立支撐，所以勇往直前者，端賴先師　董彥堂先生之鼓勵耳。二十五年來，出版之書逾兩萬冊，經史子集，上至三代，下達近世，皆經世要典，有益士林，旨在提倡整理古籍，非為謀利計也。用揭斯旨，為吾南針，認真從事，無愧吾心。3

即取古籍中之經世要典，而以有益士林爲職志，其中認真從事、無愧吾心的具體顯現，或可從影印翁萬戈先生家藏之《註東坡先生詩》窺知一二。這部存卷最多的海內孤本，卅二卷外加目錄共四函三十四大冊，俱依原來尺寸及式樣加以複製，甚而仿原書用紙，採中式線裝淡藍色真絲綾封面，其間嚴先生更親自監督製紙、印刷與裝訂等細節，另請鄭騫教授撰寫提要一冊，印成單行，以明是書流傳與要旨，正如翁萬戈先生序中所謂「目的是使複製品接近原物，達到內容與形式的全部流傳，不忽略宋刊書籍在書法刻工印刷各方面的美術上及歷史上的價值。」原來書籍的裝幀，除了是一門獨到的藝術外，更具有不同的歷史與文化背景，嚴先生能於影印古籍廣爲流傳之外，復能留意於此，無論今古都是至爲難得的。

然而版權觀念的淡泊，以及剽竊成風的陋習，使得出版社之間的競爭尤顯激烈。翁萬戈先生回憶民國六十五年時，嚴一萍先生曾在與他來往的信中表示，對於台灣的出版事業感到困難與灰心，此時嚴先生已然決定移居美國；稍晚更在信中表示：「盜印公然，已無絲毫道德觀念。弟所出版者，在臺恆被盜印。」4以一介文人昭如日月的心腸，滿懷對傳統文化熾熱的信念，面對以利爲師的剽盜，又如何屏氣凝神而談笑自若？然而若正義公理已無，強調溫柔敦厚的詩教，又怎樣諷刺地看待學者籌辦書局的堅持？最後嚴先生採用另一種積極的作法，他把《註東坡先生詩》依原書縮小成二十五開本，敦聘鄭騫先生廣蒐存世資料，一則補足翁氏家藏本之不足，二則細加考證校訂，作蘇詩提要，另出六冊精裝之《增補足本施顧注蘇詩》，不僅便於學者研究，更顯現盜印者拾人牙慧，以見其絀的窘況。

與甲骨學相伴一生

於民國六十四年移居美國舊金山的嚴一萍先生，仍然在這塊異鄉的國度努力的生活著，他更容易的取得大陸上新出土的甲骨資料，又常有國內外學者友人惠寄甲骨相關論文，這都足以使期許自己多寫些文章的嚴先生深感快慰。對嚴一萍先生而言，甲骨文似乎就是他的代名詞，那彷佛是自己的影子。在藝文的出版史中，從《三代吉金叢書初編》輯錄羅振玉的《殷文存》，王辰《續殷文存》，鄒安編《周金文存》及于省吾編《商周金文錄遺》，降及林泰輔編《龜甲獸骨文字》，劉體智輯《善齋藏契萃編》等，更有藝文與加拿大多倫多皇家安大略博物館合作影印，由明義士著、許進雄編之《殷墟卜辭後編》，保存至為難得的新資料；而嚴先生亦以餘生投入甲骨文的研究，諸如《殷商史記》、《甲骨綴合新編》、《甲骨古文字研究》、《殷虛書契續編研究》等，後收錄於《嚴一萍先生全集》。雖然未曾參與實際的田野發掘工作，亦未親睹地層堆積等現象，但是審察入微，觀物知理的功夫，卻是尋得學問最重要的憑藉。他曾根據不同層位的兩片卜龜能夠互相綴合，說明卜辭及陶片應屬文武丁時代；亦曾作〈甲骨斷代問題〉一文時附錄三百五十二幅摹本，進而指出「伊廿示又三」應訓為「先臣伊尹的廿示三示」，與先王並無關係。這種實事求是的治學態度，運之於藝文的經營出版，無疑是相輔相成而能贏得學界崇敬之原因。

然而生命中的轉折卻總是出人意料，民國七十年以後迭經三次中風的嚴一萍先生，在民國七十四年給好友翁萬戈的信中寫道：「弟病癒七月，現雖大體復原，惟左足仍有不自然之感覺，而每天昏昏，不甚清楚；完全恢復尚需時日。」[5]即令如此，以讀書為生活的嚴先生，依舊在寫字極為不便的狀況下，嚴謹治學。好友陳克長說：

其時適在先生第二次「中風」病後，於舊金山養病期間。視其所言，似為請詢石老關於安陽種麥時期問題？作釋契辭之用。石老經兩月餘之查詢稽考，始獲確據而復者。先生人在病中，仍力事甲骨學術研究之寫作，且為安陽種麥時期之小問題，不憚其煩而遠道徵答，可知先生之治學之態度。」[6]

但身體狀況的每況愈下，如同徵戍的將軍被迫離開前方的戰場，午夜夢迴時不免慨嘆才盡的江郎。民國七十三、七十五年兩度中風，造成腦部血管略有阻塞現象，偶有左手無力抬起的情況，著實屈折這位在出版史上具有重要分量的學者，在整年臥病之中，除了「一切均不能正常操作，寫作更全停頓，渾渾噩噩，度日無聊之極」，又說：「年逾七十，容易生病，老了，亦無可奈何！」[7]昔日晏殊悵觸春景，感傷好花飄零，逝水無情，而有「無可奈何花落去，似曾相識燕歸來」之感，只是早年逃離家鄉，中年定居台灣，晚年遷居異國的遊子，不僅歸途已杳，塵世中之雪泥飛鴻，又怎知是舊時相識？憶及早年在台灣喧鬧的市集，買回龜殼和牛骨，先是送往標本工廠加工防腐，然後好整以暇地刻出甲骨文字，再以朱墨書染其上；抑或在拍賣場中扛回一個小牛頭骨，在額頭骨上刻寫兩行甲骨字，就活脫似剛出土的殷商文物。凡此瑣事，卻分明記載著這位外表嚴肅、個性急切的出版家，浸淫在甲骨世界的執著與稚趣。也因此當民國七十六年時美國的新書房落成，女兒嚴喆民特地設計無數個天窗，在陽光燦爛中隱約透露著廿幾個厚實的書架，在大窗旁更擺著嚴先生的大理石書桌，然而他卻始終無法從輪椅中站起，直到七月十六日嚴先生病逝舊金山，已然經歷過人生最後十個月裡半身癱瘓的歲月。

這一年的十二月十三日，台北的善導寺舉行嚴一萍先生追悼會，文建會陳奇祿主委、臺靜農、陳槃、石璋如、高去尋等教授親致弔唁，在親人故舊的追憶聲中，一代學者與出版家在淒涼的冬日走入歷史，卻在國學與文學中成就典型。

台灣本土書局的典範

觀諸藝文以私人籌辦書局的姿態，既無雄厚資本作為憑藉，亦缺乏政府行政與文獻的支持與提供，然而五十年的出版經營，卻寫下涵括經史子集叢各部近三萬冊的一頁傳奇，這毋疑是台灣本土書局的驕傲與典範。深究藝文在國學研究上之貢獻：首先是重視國學書籍之版本。清儒章學誠以為「六經皆史」，可見經史實爲國學領域最重要的一環，而其中十三經與廿四史更爲國學基本書籍，透過二者所建立之考訂，闡釋與注解，更成爲兩千多年來學者研究的主要課題。《四部叢刊．例言》云：「版本之學，爲考據之先河，一字千金，於經史尤關緊要。」嚴先生有鑑於此，每每精擇善本，如《十三經注疏》採南昌府學本附阮元校勘記、《四書集註》景印宋朝吳志忠刻本、《三國志》原採易培基《補注》，後由較爲完善的盧弼《集解》替代，較諸當時書局普遍刪竄成書的情況，著實別之天壤。

其次是印行重要之國學參考資料。如《百部叢書集成三編》網羅存世祕本，被譽爲繼明代《永樂大典》、清朝《四庫全書》後最大的叢書集成；至於《論語集成》臚列中日諸家成說，《類書薈要》完備萬物古今之事等，皆有助於治學。此外又選印各大學講義，如北京師大高步瀛《唐宋詩舉要》、北京大學黃節《謝靈運詩註》，至於燕京大學劉盼遂、北京藝專陳師曾等名家著作，亦見刊行，對於後世學者啓發尤多。又有敦聘知名學者主編類書之例，如民國六十三年由台大臺靜農教授主編《百種詩話類編》，其中前編定爲「作家類」，後編細分成「詩論」、「歷代詩評」、「體製」、「作法」、「品藻」、「辨證」、「論文」、「雜記」八類，以類相從，頗具次第，雖因成於研究生之手，不免多所舛誤，仍能有助於文學批評之研究。

第三是精印傳世古籍善本。除最著名之《註東坡先生詩》外，影印國家圖書館藏宋嘉定至景定間臨安書棚本《南宋群賢小集》亦爲一例。最末則爲發行專業期刊，如《中國文字》原由董作賓院士主持，由台大古文字研究室編印，其後發行至第十二期董先生不幸過世，乃由承其講座之金祥恒教授編輯，民國六十九年改由嚴一萍先生主其事，稱作《中國文字》新一期，至今仍持續出刊，對文字學之研究影響頗深。也因此即使時間的浪潮淘盡了風流人物，但是故壘西邊，又何嘗不是憑弔那一段歲月的壯闊？

今日，藝文仍然隨年更換新的目錄，每年仍然有著些許新書出版，當我推開羅斯福路上位居四樓的藝文大門，映入眼簾的是簡約有序的擺設，以及兀自閃爍的金鼎獎獎座，那何嘗不是一個世代的紀錄？宋人王禹稱有詩云：「十年滄海寄萍蹤」，推想嚴一萍先生自署居處爲「萍廬」，除暗合其師董作賓先生之平廬外，或真有奔波如萍，寄居爲廬之感，然而天地幽幽，倘若我們得以在書中聚首，又何嘗不是天地間另一種生命的輝光？

（本文經嚴一萍先生夫人陳鳳嬌女士惠予口頭與書面資料，特此申謝。）

註釋：

1 李殿魁：〈懷一萍師〉，《嚴一萍先生逝世周年紀念特刊》（台北：藝文印書館，民國七十七年），頁九一。

2 詳參張錦郎：〈臺灣四十年來古籍整理的發展與成就〉，發表於「兩岸古籍整理學術研討會」（台北：漢學研究中心，民國八十五年四月），頁二一四。

3 轉引自嚴喆民：〈書中有父親〉，《中國文字》新二三期（台北：藝文印書館，民國八十六年十二月），頁二一七。

4 翁萬戈：〈念好友嚴一萍先生〉，《嚴一萍先生逝世周年紀念特刊》（台北：藝文印書館，民國七十七年），頁六〇。

5 同上注，頁六一。

6 陳克長：〈悼嚴一萍先生並述其奮鬥求進之一生〉，《嚴一萍先生逝世周年紀念特刊》（台北：藝文印書館，民國七十七年），頁七七。

7 沈德基：〈悼同學嚴一萍兄和其最後兩信〉，《嚴一萍先生逝世周年紀念特刊》（台北：藝文印書館，民國七十七年），頁七〇。

原發表於二〇〇五年五月《文訊》二三五期

以文字光世，以書本啟人

光啓文化事業公司

◎高永謀

台中時期的光啓出版社大門。

早期負責編務的雷煥章神父。

光啓出版社的神學叢書。

光啓出版社曾出版許多知名作家的代表作品。（林永昌攝影）

現任社長鮑立德神父。

光啓出版社創辦之初備極艱辛，
神父以機車加裝籃子載書送貨。

光啓近年來跨入關懷生命教育的多媒體
教材製作。

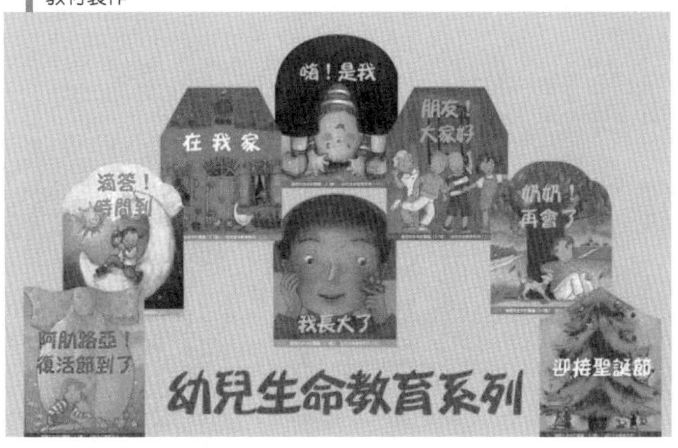

部分照片提供／
光啓文化事業公司

光啟出版社與光啟社

曾經有將近長達二十年的時間，座落於台北市辛亥路、羅斯福路交叉口的光啓書屋，被認爲是台大學圈、公館商圈的重要地標之一，難以計數的莘莘學子搭乘公車，沿著羅斯福路一路往南，當他們看到了光啓書屋的招牌，便下意識地騰挪起身、急步向車門前進，因爲台大就快要到了。

如果說台大學圈是台北城中的城中之城，那麼，光啓書屋就是城與城中城的分野，也彷彿是知識象牙塔跟紛擾俗事的界線。

公館多書店，也多教堂，自然也是宗教性書店的重鎮，光啓書屋與校園書房、長老教會書店在書叢林鼎足而三，可惜的是，隨著光啓出版社搬遷至敦南誠品附近，原爲光啓出版社直營店面的光啓書屋，已然成爲不復可尋的歷史名詞，不少人途經辛亥路或羅斯福路時，仍不免感到陌生。

人們多識光啓書屋，而除了天主教徒，少人知道還有光啓出版社，更遑論知道光啓出版社曾在宗教、文學、醫療、靈修、藝術、語言、生命與倫理教育領域，扮演台灣出版者先驅的人，就更數鳳毛麟角了。

在前幾年，「光啓出版社」已改名登記爲「光啓文化事業」，但一般仍多使用舊稱，其常與通稱「光啓社」的「光啓文教視聽節目服務社」相互混淆。光啓社與光啓出版社，雖都隸屬於天主教耶穌會的分支機構，也都致力於文化創意產業，但彼此人事、通路、業務皆各自獨立，互不統屬，光啓社以製播電視聞名，光啓出版社則以出版爲主。

然而，光啓社與光啓出版社同以「光啓」爲名，歷史都接近半個世紀，同樣在台灣的影像史與出版史，樹立了承先啓後、優質正信的標竿地位，主事者都是外國神父，他們將先進的觀念與技術帶進台灣，影響頗大。

篳路藍縷的創社過程

一九五七年，光啓出版社創辦於台中。天主教耶穌會原本在中國設有數間出版社，因爲主張無神論的中華人民共和國建立，外籍神父紛紛被共產黨政府驅逐出境，在一九五三、四年左右輾轉來到台灣，並在台中成立耶穌會館，進行以匈牙利文、拉丁文、法文、英文翻譯漢文辭典的工程，其中有兩位神父的漢文程度最好，分別是西班牙籍的高欲剛神父，與法國籍的雷煥章神父。

高欲剛神父認爲，天主教必須延續在中文世界的文化世界，也必須在編纂辭典之外，對台灣社會有更積極的貢獻，因此決定創立光啓出版社，由雷煥章神父負責編務。

雷煥章神父原本在中國傳教，一九四七年時被派駐至以黃梅調名世的安慶，在被中國驅逐出境後，才來到台灣宣道。被稱爲「雷公」的他，至今年已高齡八十七歲，據稱連作夢也是用中文，他不但是光啓出版社的創辦人之一，也是光啓出版社的重要作者，中文學養深厚，更是舉世聞名的甲骨文與金文權威，由他負責初創時期的光啓出版社業務，可說是不二人選。

他所寫的甲骨文研究專書《德瑞荷比所藏一些甲骨錄》，曾經爲光啓出版社拿下一九九七年的金鼎獎，所參與編纂的七冊《利氏漢法綜合辭典》，更是法語界與漢語界最偉大的文化工程之一。

《利氏漢法辭典》就是上述所說的辭典編纂工程的成果之一。此計畫緣起於中國耶穌會，目標是希望透過集結教會神父的力量，將漢語世界最常使用的工具書《國語辭典》、《辭海》與《字源》，翻譯成法文、西班牙文、英文、拉丁文、匈牙利文的對照辭典，後來隨著耶穌會士離開中國，編纂中心先遷至澳門，後移至台灣。

歷經時代的變遷，五種語言最終只有三種語言成書，兩種功敗垂成。首先，拉丁文辭典由於教育不再使用而停止，英文辭典則因靈魂人物甘易逢神父過世，最後無法克竟全功。

《利氏漢法辭典》則歷經超過半個世紀，到了二〇〇三年，才由光啓出版社發行，內容包括中文字一萬三千字、辭彙三十萬個以上的法文對照翻譯，提供了法語世界研究漢學的最佳利器，與雷煥章神父一起進行翻譯工作的利氏學會諸位外籍神父，都稱得上是「當代利瑪竇」。

光啓出版社成立至今，已經四十八年，可說是台灣現存長壽的出版社之一，累積出版書籍已達兩千多種，現仍在販售的有九百多種，每年仍維持發行新書約三十種，平均每個月超過兩本。

然而，光啓出版社在創辦之初，篳路藍縷、備極艱辛，且根據當時政府的出版法規規定，出版社的社長必須由本國人士擔任，幸好教會上下皆是一體同心，沒有其他商業出版社追權逐利的問題，因此商請當時在台中傳教的鄭鵠神父擔任社長，但實際編輯業務如選稿、接洽印刷廠、推銷書籍等，皆由高欲剛、雷煥章兩位外國神父承擔。

身爲耶穌會的分支機構，光啓出版社早期所發行的書籍，自然多半與天主教教義相關，除了重新翻譯福音書、知名解經著作，以靈修經典，例如《懺悔錄》等，也發行簡易、普及的宗教讀本，例如狄守仁的《簡易聖經讀本》，以及王昌祉神父所寫的《現代問題的解答》、《天主教教義的檢討》。

更特別的是，連今日商業、大型出版社都不一定能夠企及的，高欲剛、雷煥章神父爲了推廣光啓出版社所出版的書，不但親自走遍全台灣，行止甚至遠至香港、澳門、越南、新加坡、馬來西亞，一家又一家地徵求諸天主教教會、堂口、修會團體成爲光啓出版社的基本訂戶，只要出版新的書籍，立刻在第一時間主動寄達，建立起完密而獨立的行銷網絡。

光啓出版社成立四、五年之後，耶穌會派遣到國外留學的台灣會士紛紛學成回台，不少人也加入光啓出版社編輯、行銷的行列，出版社編務、業務的拓展與傳承，一天比一天上軌道。一九六〇年，耶穌會派任鄭聖沖出掌台中會院負責人兼光啓出版社社長，之後接任的社長有周弘道、朱勵德、陳百希、袁國尉等神父。

由於光啓出版社對於推廣天主教教義，扮演著頗爲重要的角色，其他宗教如佛教，到了一九八〇年代之後也開始仿效，出版解釋經義的普及書籍。

出版文壇名家名作

台中時期的光啓出版社，除了宗教書籍之外，另一個重點類型書籍便是文學作品，與當時的「大業書店」、「文壇社」等皆為台灣重要的文學出版社。

其中的關鍵作家便是張秀亞，她住在台中，因為信任雷煥章神父，因此便把作品交由光啓出版，其作品如《北窗下》、《湖上》、《牧羊女》，出版後都極為暢銷，而她與雷文炳（即雷煥章神父）合著的《西洋藝術史綱》，是早期台灣研究西洋藝術史的重要資料，另外，她還翻譯了著名天主教存在主義小說家莫瑞亞珂的小說《恨與愛》。

因為張秀亞的成功，其他作家如蘇雪林便相繼在光啓出版書籍，其作品《綠天》同樣享譽一時，《中國文學史》則是中文系所必讀的書籍，而當時光啓出版社書籍所使用的仿宋體，更是風靡不少讀者。

之後，張秀亞引薦許多年輕的文學家，在光啓出版社出書，光啓出版社也挖掘了許多優秀的寫作者，包括周增祥、喻麗清、歸人、碧竹（即林雙不）、林文義、林煥彰等，為台灣的文壇注入了一股清泉活水，這些作家都是先在光啓出版社出書，後來才在文壇發光發熱。

除了張秀亞與蘇雪林之外，光啓出版社還出版了不少作家名作，在台灣文學史保有不容遺忘的一席之地，林海音在一九六〇年出版著名小說《城南舊事》，堪稱懷舊文學的經典，鍾梅音一九六四年的《塞上行》，則被稱為威權時代的「反共文學標竿」，思果的《沉思錄》、碧竹的《你我之外》，開啓了他們散文創作的令名，而周增祥的《成功者的座右銘》系列，則可說是台灣名句佳語、生活小品書籍的濫觴。

當時負責光啓出版社非宗教書籍選稿與編輯的顧保鵠神父，對文學的品味可謂獨具慧眼，除了小說、散文書籍屢有佳作，他出版膾炙人口的《楊喚詩集》，讓英年早逝的楊喚的詩，不至就此湮沒消失。

一九七〇年後，耶穌會決定調派雷煥章神父負責台中地區大專學生教務，因此必須離開光啓出版社，改由其他年紀較大的神父負責，後繼的神父認爲出版文學書籍，並非宗教出版社的責任，因此又回歸到只出版宗教相關書籍，而不少光啓出版社的文學作家如張秀亞、蘇雪林，則改至林海音所創辦的純文學出版社出書。

醫學、身心健康、宗教叢書

一九七九年，光啓出版社開始了長達數年的北遷工程，首先是在台北耕莘文教院成立北部的編輯部門，一九八三年創立光啓書屋，除了販售光啓出版社所出版的書籍，同時也提供天主教教會的聖物用品、聖歌、禮品、書卡、文具，以及其他出版社的書籍。

北遷的工程耗費甚鉅，原本深受資金短缺所苦的光啓出版社，卻及時得到上主的庇祐，因爲就在一九八二年，出版了吳若石神父所翻譯的《病理按摩法》，因爲吳神父不拿版稅，此書的暢銷一舉塡補了光啓出版社的資金缺口，也掀起了台灣腳底按摩的風潮，從此，外國觀光客尤其是日本人來到台灣，許多便是爲了體驗腳底按摩。

其實，在《病理按摩法》之前，光啓出版社便開始出版醫學與身心健康類的書籍，這是光啓出版社在一九八〇年代的主力書籍，另一種主力書籍便是生活教育類。

此系列書籍最早是一九七六年所出版的《一個護士的碎記》，作者趙可式當時筆名爲可可，後來她聯合「康寧基督生活團」的幾位醫生，從一九八一年起與光啓出版社合作編印「康寧叢書」，最有名的包括黃美涓醫師所著的《中風與復健》、《腦性痲痺的預防與復建》，在醫學界與患者間，引起相當大的迴響。

「康寧叢書」是台灣身心健康類叢書的濫觴，包括婚姻、愛情、性愛、兒童教育，趙可式所寫的《曇花一現，美善永存——癌末患者的心路歷程》，更帶來台灣癌末照顧的風潮，可說走在時代的最前端，光啓出版社也再度走出純宗教出版社的範疇。

一九八七年，光啓出版社正式從台中遷至台北耕莘文教院，一直到了二〇〇三年，才搬至敦化南路現址，原本在台中時是以個人的名義申請，到了台北之後，則改以財團法人附設機構的名義登記。

除了宗教叢書、身心健康叢書之外，光啓出版社在倫理教育書籍方面，也頗有建樹，尤其是徐錦堯神父所寫的《群己關係》、《身心成長》、《倫理之路》、《蛻變》等，成爲許多初高中、大專院校的生命教育、人生哲學參考書籍。

出版宗教書籍是光啓出版社的本業，光啓社與輔大神學院合作出版的《神學叢書》、《神學論集》以及《聖經神學辭典》，對華人天主教圈影響甚深，而在兩岸恢復交流之後，光啓出版社也協助上海的光啓社出版宗教書籍的業務，甚至免費提供譯本。

邁向E化多媒體時代

二〇〇〇年時，原本任職於光啓社的加拿大籍神父鮑立德，轉至光啓出版社擔任社長。他與工作同仁因爲深感全球各地亂象日趨嚴重，台灣也不例外，爲了扭轉下一代對生命意義與價值認知的偏差，因此在當年底成立了「生命教育工作室」，因應電腦化時代的來臨，投入各級學校生命倫理道德等多媒體教材製作，並改名爲「光啓文化事業」，將觸角拓展至多媒體的領域。

「變得有點接近光啓社了。」鮑立德神父笑著說。在這樣的期許下，光啓文化傳播教義的書籍，有了更多元的方式，包括聖賢傳記、宗教小說，還有宗教漫畫與宗教動畫；其所謂宗教的領域也不僅限於天主教教義，而擴展至靈修、生命教育、家庭生活，服務的對象也從成人、大學生，向下拓展至兒童與幼兒。

在多媒體領域，光啓文化事業即將推出一系列優質的聖經人物ＤＶＤ影集，共有十一集，包括亞巴郎、雅各伯、若瑟、梅瑟、三松和德里拉、達味、撒羅滿、艾斯德爾、耶肋米亞、保祿、默示錄，這套影集先後在義大利和美國播出，分別創下高收視率，同時也榮獲多項艾美獎提名。

二〇〇三年起，光啓文化更積極地規畫並陸續推出有關親職教育、兒童福音、文學與信仰等書籍，希望從多元的方式與觀點，透過基督信仰的角度，爲海內外華文讀者，提供更多與人、教育、社會、文化有關的書籍與多媒體產品。

不過，座落於台北市羅斯福路與辛亥路口的光啓書屋，因爲一九九九年九二一大地震破壞了整體結構，經評估爲危險建築，且耕莘文教院將進行整體性的營運規畫，大樓中所有單位必須遷離現址，已有二十年歷史的門市據點光啓書屋，於是在二〇〇三年七月底，做了一個階段性的結束！

光啓書屋的結束，卻是光啓網路書店的開始，隨著時代E化的腳步，光啓網路書店也因此加緊腳步積極地規畫中，現有的光啓網站正陸續更新資料，希望可以做到「人在家中坐」，卻可輕鬆享受「書從光啓來」的方便，對於在一般書店找不到光啓書籍的讀者，也開啓了一扇方便之門。

原發表於二〇〇五年六月《文訊》二三六期

六十年的堅持

東方出版社

◎巫維珍

早期的東方出版社是一幢三層樓的近代文藝復興式紅磚建築。

游彌堅

原名柏，1897年生於台北內湖，1971年12月逝世。台灣總督府國語學校畢業後，歷任公學校教職。1924年負笈東京，進日本大學攻讀經濟。1927年潛赴中國，易名彌堅。曾任台灣區財政金融特派員、台北市長等職，發起「台灣省風景協會」、「台灣山岳協會」，被稱爲「台灣觀光之父」。1945年號召知識分子成立東方出版社，以出版兒童讀物爲主力，半世紀以來已出版五百多種書籍。

創刊於1954年1月的《東方少年》月刊，為當時代表性的兒童少年刊物。

1980年代，東方出版社的紅磚大樓拆掉了，在原地蓋起八層樓高的「東方大樓」，開啓東方出版社的另一個時期。

東方出版的黃色書皮「亞森·羅蘋全集」與叼著菸斗的「福爾摩斯探案全集」，是許多成年人的共同閱讀記憶。

「青春閱讀Bridge」系列於2003開闢，以國、高中學生為訴求對象。

「世界偉人傳記」邀請了大學教授、作家等各領域學有專精人士加以改寫。

「跨世紀小說精選」以世界各國的得獎小說為引介目標。

部分照片提供／東方出版社

許多五、六年級的共同閱讀記憶是黃色書皮的「亞森・羅蘋全集」，叼著菸斗的「福爾摩斯探案全集」，還有許多中外古典名著的改編本，這些書是台灣本地成立一甲子的出版社——東方出版社的出版物。在那個物資缺乏的年代，它曾陪伴無數的孩子長大。

為了扎根本地文化

東方出版社成立於一九四五年十二月十日，由台籍知識分子游彌堅號召成立，邀請林柏壽、陳逢源、黃得時、陳啓清等人集資成立，並受到當時許多台灣文化界知名人士的支持，包括林獻堂、林呈祿、羅萬俥、黃朝琴、戴炎輝、廖文毅、阮朝日、陳啓川、鄭水源、柯石吟、范壽康、吳克剛等人。

所以作家阿圖認爲東方出版社的成立，象徵了「台島文化的縮影，尤其是兒童文化的先驅」[1]。成立當時，二次世界大戰剛結束，台灣也結束了被日本殖民的時期，由於過去五十年皆是日文教育，懂得「中文」的人不多，爲了扎根本地文化的發展，推廣國語教育，游彌堅等人成立了培植兒童教育、推廣國語文的出版社，也是時至今日台灣本地成立最久的出版社。成立之初，前台灣《民報》主筆林呈祿擔任社長，總編輯由游彌堅兼任。

當時被選中做爲東方出版社的開始之地，是位於台北市重慶南路與衡陽路口的「新高堂書店」。新高堂書店是日治時代最大的書店，和台灣書籍株式會社都是印製中小學教科書。新高堂書店爲人熟知的是，它與總統府出自同一設計師日人辰野金吾，也在同一天落成，是一幢三層的近代文藝復興式的紅磚建築。[2]一開始，東方出版社先是買回日本人撤退時拍賣的日文書，在門市出售，也做爲編輯用的參考書。

一九四七年，「東方」出版了第一本書《國語字典》，這本書由日本人在滿州地區出版的字典所改編。考量到當時台灣民眾多受日文教育，這本書雖然是「國語」字典，卻是以日文解說，方便讀者理解與學習。二〇〇五年的今天，東方仍持續出版《國語辭典》。另外，當時東方還接下了省政府教育廳編輯教科書的工作。這就是東方的起點。

一九四八年，「台灣東方出版社股份有限公司」成立，簡稱東方出版社，歷任董事長爲林呈祿、游彌堅、林坤鐘、柯德勝、林益謙、林哲彥、陳思明，二〇〇八年七月，選出李榮貴接任第八任董事長；歷任總經理爲林坤鐘、鄭李足、邱各容、劉松徜；擔任總編輯之職有游彌堅和游復熙。東方體制爲股東制，目前約有股東八十多人，任職較久的編輯有賴惠鳳（一九八五至一九九五年任職）、李黨（一九九〇至二〇〇八年任職）。員工最多時，包括門市人員，約有一百多人，目前爲十餘人。

六〇年代，東方少年文庫與東方少年月刊

號召成立東方的游彌堅，生於一八九七年，二十七歲負笈東京日本大學攻讀經濟，先後任教於台北市老松及松山公學校，後調爲總督府成德學院教諭，一九四六年二月被派爲台北市長，一九五〇年二月辭去市長職後，擔任台大經濟系教授。戰後可閱讀的中文材料不多，更遑論兒童讀物，游彌堅當時的想

法是以「兒童讀物」爲主力，推廣學習國語，他認爲書的內容要好，外表不必華麗，價錢不能太高。一九五九年後，游彌堅親自主編「東方少年文庫」，這套書的特點在於加上「注音符號」。這個形式成爲日後台灣兒童讀物的編輯典範。

此後，東方的主力出版品陸續出版了，也就是後來奠基東方的五大書系，分別爲：「東方少年古典小說精選系列」（出版之時稱爲「中國少年通俗小說」）、「世界少年文學精選」（出版時稱爲「世界少年文學選集」）、「世界偉人傳記」、「亞森・羅蘋全集」、「福爾摩斯探案全集」。

雖然這些中外古典名著已屬於公共版權，東方卻不僅是翻譯原書，還邀請了名家加以改寫，包括大學教授、作家等各領域學有專精人士，例如：台大中文系林文月的改寫作品《南丁格爾》、《居禮夫人》、《聖女貞德》、《小婦人》、《茶花女》、《基督山恩仇記》，小說家文心改寫的《貝多芬》、《孤星淚》、《鐘樓怪人》、《雙城記》、《苦兒努力記》，小說家廖清秀改寫的《戰爭與和平》，民俗學家施翠峰改寫的《三劍客》、《乾隆遊江南》，政大新聞系教授朱傳譽改寫的《孫中山》、《小五義》，台大中文系教授黃得時改寫的《小公主》、《小王子》、《水滸傳》，台大歷史系教授蘇尙耀改寫的《苦海孤雛》、《聊齋誌異》，林海音改寫的《今古奇觀》，林良亦曾參與改寫《兒女英雄傳》。林文月曾在「世界偉人傳記」序文提及：

游先生的這兩大套書（指「中國少年通俗小說」、「世界少年文學選集」）的出版構想，可說是劃時代的高瞻遠矚。我們討論到如何分配工作，也商量怎麼在分工合作的情況之下，盡量達成異中有

> 同的終極目標。大部分的寫作對象是來自日本的底本，所以那天黃昏參與討論的人都是能讀日文會寫中文的。我們將日本人所寫成的世界偉人傳記做為底本，改寫翻譯成為適合少年人閱讀的中文，不是學術的直譯或硬譯，而是盡量講究通順口語化的翻譯原則。

由名家改寫的文學作品，不僅爲當代譯介了新知，改寫的手法還保留了作品的文學美感與情節，這是一般的翻譯本所不能及的。

另外，由於組織成員背景，此時期的出版品以日本爲師，著重從日本引進出版資訊，也是當時東方出版品的特徵之一。至目前爲止，這五系列仍持續銷售，「東方少年古典小說精選系列」共三十二集，曾獲台北市政府評選優良兒童讀物；「世界少年文學精選」目前有一二〇集，曾獲台北市政府評選優良兒童讀物、行政院新聞局中小學生課外優良讀物推薦；「世界偉人傳記」共四十五集，曾獲台北市政府評選優良兒童讀物、行政院新聞局中小學生課外優良讀物推薦。這三系列都是挑選中外爲人熟知的名著或是學有專精的名人，加以改寫爲適合學童閱讀的版本，意在於經由典範，耕耘當時荒蕪的文化環境，此三系列在一九八〇年代由三十二開本改爲二十五開本。「福爾摩斯探案全集」共二十二集，曾獲台北市政府評選優良兒童讀物，「亞森・羅蘋全集」共三十集，曾獲台北市政府評選優良兒童讀物、行政院新聞局中小學生課外優良讀物推薦。邱各容曾指出，這兩套書是「東方的兩大招牌」。

東方另一爲人熟知的出版品，就是《東方少年》月刊。該雜誌於一九五四年一月創刊，一九六一年二月停刊，共八十五期。東方爲了慶祝成立八周年而創辦這份刊物，與五〇年代的另外兩份刊物《小學生》、《學友》，同爲當時代表性的兒童少年刊物。光復之後至五〇年代，創刊的兒童少年刊物約有二十多種，除了《台灣兒童》、《正聲兒童》、《小學生》之外，大多刊期不長[3]。但也足見當時此類雜誌的蓬勃發展。

由於游彌堅爲「台灣文化協進會」的理事長，該協會爲關心台灣文化的人士於一九四五年共組而成，包括游彌堅、許乃昌、陳紹馨、林呈祿等人，在《東方少年》創刊時，台灣文化協進會曾指出：

> 這次東方出版社不惜工本，運用本省現在所能達到的最高的印刷技術，動員對兒童讀物抱有興趣的各界人士，為小朋友們提供出一份接近理想的定期刊物。它創刊的動機，跟本會的宗旨相同。同仁們聽到這個消息，十分興奮，願意盡力和它合作，幫它發展，使它成為小朋友們的一種最富營養價值的精神食糧。[4]

《東方少年》每期約有兩萬本以上的銷量，主要內容爲人物介紹、世界名著、中外奇聞、笑話、趣味漫畫、讀者世界、科學知識、歷史故事等，是綜合性刊物，二十五開，每期約一七〇頁，部分內容彩色印刷，第八卷一期由二十五開改爲三十二開，以小學生與國中生爲目標讀者。據說當時人們爲了等待《東方少年》出刊，往往直接到書店門口排隊，就爲了搶先拿到這份刊物。[5]《東方少年》的作者、插畫者皆爲一時之選，包括畫家陳慧坤、林玉山、陳進、呂基正等人，作者楊雲萍、黃得時、洪炎秋、馬沙鷗等人，都是各領域的專家。

《東方少年》的發行人爲許乃昌，第四卷五期開始由廖大貴擔任，創刊主編是薛天助，第三卷五期改由廖大貴主編，直至停刊。6

七〇至八〇年代，自然科學譯作為主力

進入七〇年代，少年兒童圖書經過前一時期的醞釀，進入了快速增長的階段，套書出版是此時的重要策略。一九七一年，游彌堅過世後，東方董事長由林坤鐘接任，八〇年代，游彌堅的兒子游復熙返國擔任總編輯，他是台大動物系的教授，開啓了東方另一個階段。當時，東方開始引進歐美的出版品，翻譯了不少自然科學類書籍，如《所羅門王的指環》、《烏龜的婚禮》、《和大自然捉迷藏》等知名作品。較大的套書計畫則是「東方口袋世界」（譯自法國，共六十冊，新聞局推薦中小學生優良課外讀物）、「動物求生術」（譯自英國，共六冊），其中也有引進日文翻譯作品，如《昆蟲記》（共八冊）、《小學生自然觀察圖鑑》（共五冊，新聞局推薦中小學生優良課外讀物）。《昆蟲記》即法國昆蟲學家法布爾的觀察紀錄，上市時引起很大的迴響，曾獲中國時報開卷年度最佳童書獎、「好書大家讀」推薦最佳童書。當時開闢的其他書系還有「童話村故事集」、「床邊動物故事精選集」、「拉拉與我」、「圖說生活文明史」。

除了引進國外翻譯作品，東方也致力製作本地的作品，如「台灣四季小百科」（共四冊）、《大家來

逛動物園》（共四冊，已絕版，獲新聞局圖書出版金鼎獎）。「漫畫科學小百科」則耗資二千多萬元，於一九九〇至九四年間製作，共十二冊，完全由本地人才編寫、繪圖，內容爲動物植物生態、化學變化、物理現象、太空奧妙等科學知識，曾獲新聞局金鼎獎、「好書大家讀」年度最佳科學讀物套書獎、聯合報讀書人年度最佳套書獎。

一九八〇年，東方的紅磚大樓拆掉了，在原來的老地方，蓋起了一棟八層樓高的「東方大樓」，當時的出版物也開啓了東方的另一時期。一九九一—九五年間，東方成立另外兩家門市，分別位於中壢與台灣大學附近，後因經營問題而結束。

東方除了在書系上的經營有所改變之外，當時也舉辦了若干活動。一九八六年，時任東方出版社總經理的邱各容策畫了八次「兒童文學與兒童讀物座談會」，主題探討兒童文學的史料與發展，促進兒童文學界與東方的互動。一九八七年，游復熙設立「游彌堅文化獎助金」，旨在提供國內小型藝文活動的補助。並設置了「東方少年小說獎」，鼓勵少年小說創作，是台灣第一個單獨爲少年小說設置的獎項，第一屆由木子〈阿黃的尾巴〉、黃海〈地球逃亡〉獲獎，李淑貞〈瘋狂山〉獲特別獎；第二屆由朱秀芳〈童年26〉獲獎，李迺澔以〈朱邦龍探案〉獲鼓勵獎；第三屆邱傑以〈地球人與魚〉獲首獎，優選是陳肇宜〈胡蘿蔔〉、張彥〈睡槍〉、常星兒〈款冬祭〉；第四屆科幻小說組得主周銳〈千年夢〉、邱傑〈劃克斯人〉。[7]

世紀之交，走向翻譯文學，發掘本地兒童寫作人才

一九九九年，東方開闢了新書系「跨世紀小說精選」，開闢了東方在改寫文學名著與翻譯科普書外的另一個方向：以世界各國的得獎小說爲引介目標。「跨世紀小說精選」共五十二冊，讀者群鎖定中高年級學童，選擇國外大獎的得獎作品當作兒童讀物，包括美國國家圖書青少年文學獎、美國紐伯瑞兒童文學獎、美國圖書館協會年度最佳童書、英國兒童圖書獎、英國卡內基兒童文學獎等，另邀請本地專家撰寫導讀。此系列較著名的作品有《十三歲新娘》，二〇〇一年出版，講述印度十三歲新娘才結婚就成爲寡婦，這也是此系列至目前爲止賣得最好的作品。除了國外獎項的背書，這系列書也獲得本地圖書獎項的認可，《我那特異的奶奶》、《0到10的情書》分別獲得中國時報開卷二〇〇〇、二〇〇一年度最佳童書獎，《魔法師的接班人》、《那一年在奶奶家》獲文建會、台北市立圖書館、民生報好書大家讀二〇〇一年度最佳翻譯童書獎，《學徒》、《親愛的漢修先生》、《亞當舅舅》獲好書大家讀年度最佳翻譯小說，《吶喊紅寶石》、《13號月台的祕密》獲新聞局推薦中小學生優良課外讀物。其中《十三歲新娘》、《碎瓷片》入選爲二〇〇五年中國時報開卷版暑期「啓蒙假期」的推薦書單，《碎瓷片》也是聯合報讀書人年度最佳童書。

「青春悅讀 Bridge」系列於二〇〇三年開闢，以國、高中學生爲訴求對象。當然也是擇選國外備受好評的佳作，目前已出版十九種，雖然是新生的書系，在國內亦獲獎不少，《沉默到頂》獲中國時報開

卷版年度好書，《風的女兒》、《美國老爸台灣媽》、《手中都是星星》、《阿非的青春心事》、《遇見靈熊》、《風中玫瑰》獲新聞局中小學生優良課外讀物，《遇見靈熊》同爲好書大家讀年度最佳翻譯小說和開卷版年度最佳青少年圖書，《變身》入選二〇〇五年中國時報開卷版暑期「啓蒙假期」的推薦書單。

前總編輯李黨表示，由於以得獎精選爲選書重點，在國內獲得許多家長與學校教師的肯定，同時也藉由媒體推薦與家長教師的口碑爲主要銷售宣傳管道。這兩系列在於提供不同於以往東方改寫國外名著的方向，直接提供原汁原味的作品，做爲孩子與世界接軌的橋樑；同時，在注重提昇孩子語文能力的今天，此類型的文學閱讀的確能增進孩子的閱讀與寫作能力。

目前較新的書系爲「世界兒童小說館」，二〇〇四年七月開闢，不同於上述兩書系，在於去除注音，讓一般較高齡的青少年也可閱讀。此書系已出版十種，《戰火下的小花》、《當獅子向你問時間》獲新聞局推薦中小學生優良課外讀物、好書大家讀年度最佳翻譯小說。另外，在繪本當道的今日出版界，東方則嘗試開發介於繪本與小說之間的出版品，也就是文字書與圖畫書之間的中介，二〇〇四年五月以來已出版《棒棒糖小姐》、《幸運的棒棒糖》、《法蘭茲系列》、《故事摩天輪》系列，亦獲新聞局推薦中小學生優良課外讀物。本土創作的《１２３到台灣》更獲得廣大的肯定；未來更預備開發「本土自製科學」。這是深耕本地文化的必然走向，同時內容上也能契合本地孩童的需要。

六十週年，仍實踐著最初的理想

二〇〇三年四月底，東方結束了最後一家門市的經營，保留童書出版的部分。東方最悠久的門市有三層樓，一樓爲一般書籍，二樓爲文具，三樓是親子圖書，一九九七年起，三樓在周末下午常舉辦說故事活動或是親子活動[8]。之後因爲單點經營的成本高，爲持續出版的命脈，不得已結束門市經營，東方門市消失，「書店街」重慶南路似乎也少了點光環。

二〇〇八年十月，爲因應時勢，出版部遷至五股，與倉庫合併。當初創辦人游彌堅的出版理念是「古典現代化」，將名著改爲適宜兒童閱讀的版本；「科學中文化」，用中文創作或翻譯國外的科學讀物；「技術普及化」指的就是出版字典，讓讀者能加以參考運用，東方目前已出版的辭典書共六種。在已出版超過三十個書系、五百書種的東方，本地最久的出版社正在實踐著它最初的理想。

註釋：

1 阿圖：〈東方故事，兒童故事〉，《臺灣時報・兒童節特刊》，轉引自邱各容《臺灣兒童文學史》，頁二六，五南，二〇〇五年。

2 引自吳興文：〈東方出版社〉。

3 引自辛廣偉《台灣出版史》，河北教育，二〇〇〇年。

4《東方少年》一卷一期，東方少年雜誌社，一九五四年一月，轉引自邱各容《臺灣兒童文學史》，頁四七，五南，二〇〇五年。

5李黨訪問，二〇〇五年六月二十八日，地點在東方出版社。

6邱各容《臺灣兒童文學史》，五南，二〇〇五年。

7轉引自邱各容《臺灣兒童文學史》，頁一五七－八，五南，二〇〇五年。

8引自鍾淑貞：〈東方出版社〉，《兒童的雜誌》一五五期，一九九九年八月。

原發表於二〇〇五年八月《文訊》二三八期

名山風雨礪志業
書林誰與共令名

台灣學生書局

◎吳栢青

創立於1960年3月的學生書局。

劉國瑞

1959年曾與馬全忠、沈克勤等人發起成立「台灣學生書局」，為股東之一；學生書局於1966年創辦《書目季刊》，收錄圖書文獻學及版本學等領域學術論文為主，深受海內外學界重視。

1974年參與籌辦聯經出版事業公司，出任總經理，後來升任發行人，至2004年退休。現為聯經出版公司董事。投身出版事業近半世紀，人脈和經驗豐富。此外，劉先生並曾與何凡、林海音等人共同籌辦《純文學》雜誌與「純文學出版社」。

創立於1966年的《書目季刊》，是學生書局堅持提供學術界發表論文的理想園地。

《中國史學叢書》使學生書局正式走向「學術出版」的定位。

因為所出版書籍專精，學生書局常是國內外人士邀約聚首的所在。圖為學生書局同仁與外國人士合影，後排左三起為：鮑家驊、馬漢三、丁文治、張洪瑜。

學生書局出版多種新儒學思想著作，此為《唐君毅全集》。

《新修方志叢刊》影印工程頗為繁浩，有賴各省同鄉會聯繫洽借底本，方能於兩年內出齊。

部分照片提供／台灣學生書局

由於和平東路道路拓寬工程，從原來的一五〇號師大附近遷徙到羅斯福路三段台大附近，再遷回一九八號現址，學生書局兩次搬遷，出入在台大與師大之間——台北市的文教首善之區，似乎早已注定走進這條不曾廢離的學術之路。開始，執事者只是懷著一種業餘以貢獻所學的初衷，卻不料袍襗之情亦感染了一徑的風風雨雨，拉開了推展文化學術的架勢。四十五年過去，出了師大正門，不管向左走，向右走，一代一代的學子們始終能望見學術出版的大纛已在路首飄颺。

「票友下海」加上執著理想

學生書局的創辦，最初由劉國瑞、任培真、馬全忠三人發起[1]，一群志同道合的摯友，在局勢動盪不安，當時號爲「文化沙漠」的台灣寶島上，毅然投入出版業。他們用「票友下海」的嘗試和一分執著的理想，民國四十九年三月六日，以五萬不到的資本額，在一棟簡陋的違章建築中創業開幕。不必冠蓋雲集，只要書夠「專」、夠「好」[2]，一樣高朋滿座，一樣談笑有鴻儒，至今，學生書局仍是國內外人士邀約聚首的所在。

「學生」的定名，主要便是想認真爲學生服務，所以在創辦當年秋季，任培真、劉國瑞和馮愛群先生，爲配合教育部政策，便決定出版《兒童百科全書》和《科學天地》，甫一出版，旋即造成轟動，五萬套的發行量，初步奠定學生書局的經濟基礎，也爲未來的學術出版，鋪墊向上一路。

隨著國內第一家電視台的興起，兒童被吸引到電視機前，兒童讀物的銷售一落千丈。這是學生書局第一次震盪，此時，鮑家驊先生的全心投入，庶務之外，更著力於健全書局的財務結構，據丁文治撰文提到：所謂「創業維艱，守成不易」，「創業」者當然是劉國瑞先生，而「守成」者無疑是鮑家驊先生。有了穩定的「財力」，再以吳相湘先生參與《中國史學叢書》的編務工作，使學生書局不僅正式走向「學術出版」的定位，也將眼光轉向廣大的國際市場。

景印古籍銷售海外

該叢書共出版三編，初編五十種，二〇六冊；續編六十一種，一八九冊，以明清兩朝史料爲選輯對象，擇初刻或精刻之善本，尤注意手寫稿本之蒐求，並兼顧「罕見」、「實用」之原則；三編共分四輯五十種，一三八冊，由劉兆祐先生主編。筆者就讀研究所時，曾聞劉師述及此事，在屈萬里先生的建議指導下，在選擇底本上，是到當時的中央圖書館，將一冊一冊史籍借出翻閱，再撰寫敘錄，於此可見態度的認真與執著。

如此「劃時代的大事」，目的即在於「保存流傳稀見文獻」，事實上，對於學術研究亦迅奏功，如：大陸所刊《曾國藩家書》二冊，多取材《湘鄉曾代文獻》；《南遊日記》爲《鄭觀應集》及傳記提供手寫本資料；又趙烈文手寫《能靜居日記》爲海內外研究太平天國與湘軍戰爭之最原始資料[3]。對於研究者而言，在運用上確實提供極大的便利。

鑑於《中國史學叢書》出版判斷的識見正確，發行成功，於是接受鄧嗣禹、何柄棣二教授建議，景印《新修方志叢刊》，其所收概分河北、山東、河南、山西、西北地區、江蘇、安徽、湖北、湖南、四川、廣東、廣西、雲南、邊疆等區，凡二二七種，七一九冊。此役工程頗爲浩繁，尤難於商借底本；當時委由劉國瑞任總編輯，分別向各省同鄉會聯繫，由同鄉會向各庋藏單位洽借，期間並得張岳軍、周開慶、任覺五、張曉峰、張維翰、姚從吾等諸先生熱心襄助，才能於兩年內出齊。景印舊籍之出版方針可謂旗開得勝，當時，美國十九所大學正得到美國國防部經費充裕的撥助，以作中國問題之研究，又歐洲各國對此研究方興未艾，資料亟需迫切，於是訂購者多源自海外，學生書局之名聲與業務，正蜚聲國際，與日俱盛。

此後陸續有包遵彭館長主編《明史論叢》十種十冊，屈萬里教授主編《明代史籍彙刊》二輯二十五種，八十冊，《雜著秘笈叢刊》十六種，三十六冊；昌彼得教授主編《歷代畫家詩文集》四輯四十七種，七十六冊，這些大部「叢書」、「叢刊」，其編纂工程之浩費與過程之繁瑣，絕非一般想像。從選本、商借、拍攝製版、修摹、印製，還須延請各史料古籍專家撰寫「敘錄」，俾供閱讀者得「辨章學術，考鏡源流」，這些工序，無不是爲「便於搜求，避免散佚」，這種保存文獻推展文化的起心動念，絕不只是一般的牟利動機爲考量，龔鵬程教授曾爲此說道：「每本書都代表一種文化價值，出版者印一本書，就是向社會推薦一種文化理念」，我們在「然其言」的同時，也必須贊同學生書局此時連續景印古籍史料計畫的實踐，無疑是昭告世界：台灣已然是一座文化的堡壘。

雙軌計畫國內外並重

其後，隨著國外研究補助經費的銳減，再加上國內珍本大致付印完成，爲未雨綢繆計，執事者提出「雙軌計畫」——景印書、排印書並重，其實，就經營方針而言，也就是代銷海外市場與開拓國內市場並重。

早期所發展的景印計畫，部頭大且價昂，國內蒐購較少，主要銷售海外。在當時，學生書局據點擴及歐、美、日、韓及香港，重要售點達三十餘處，如德國慕尼黑國家圖書館、波昂、海德堡等大學；英國有牛津、劍橋等知名大學，美國則更多。這些國家圖書館或享有盛譽的大學便是循著學生書局素有的商譽與周到的服務，才願意指定學生書局作爲採購的窗口，據鮑邦瑞總經理指出：「現今海外的銷售單位，視以前有增無減，所憑藉的是現今網絡的無遠弗屆，這也更使我們對於爲國外單位的採購工作，更省時省事，只要針對其所需書籍，隨時彙整便可透過網際郵傳，使他們更快獲得資訊，這些便利服務，足以使學生書局成了國內在海外知名度最大的書局，曾經有外銷業績占總額百分之七十的成果。」此時學生書局國外部的優良業績，卻使之體認到：「宣揚中國傳統文化，唯有從發揚儒家思想著手。」

民國六十年冬，馮愛群先生趁著出席國際會議之便，稽留香港三天，與唐君毅、牟宗三等新儒學大師晤會，之後便毅然出版唐先生的《中華人文與當今世界》。本書所收論文三十餘篇，除「導言」外，由人的學問與存在至論歷史、文學、藝術意識等，以確定人文學術之意義與地位，復進一步申說中國文化與世界文化之關係。由此，可見到一位出版家具有的「真切的理想與關心時代之識見。」以後甚至出版《唐君毅全集》，除此，牟宗三教授著作十六種，徐復觀教授著作十一種，錢穆教授著作四種，羅光教授著作十一種[4]，另有其他有關中國文化、新儒學思想著作數十種，一律排印精印。

牟宗三教授在學生書局三十年的祝辭中，曾隱憂提到這類文化學術質性強的書籍付印不易，但更讚揚學生書局在此的努力係「呼應時代之開發，擔當學術文化傳布之重任，至關乎世運」，而執筆者們亦咸以為「當前國家的使命，也就是學生書局的使命」，學生書局緣是一躍而成為「出版中國文化與學術巨著之重鎮。」當初所訂的雙軌計畫，正是進攻退守的良策，時至今日，雖然古籍史料的景印有式微之趨，而大陸地區著作騰興之際，學生書局並不排除大陸學者紮實研究成果的出版，但仍以台灣學者撰述出版為主，著力於哲學、民俗、經學以及圖書文獻等範疇，為台灣學林深植，留一圃園地。

另外值得一提的尚有對於經學與圖書文獻學的耕耘與不遺餘力。

林慶彰教授擔任學生書局總編輯期間，將從事詩經教學過程中所收相關論文彙輯成《詩經研究論集》始，以後陸續與書局合作出版《經學研究論叢》，目前已至第八輯。另一項關於圖書文獻的努力付出，便不得不提及《書目季刊》了。

提倡讀書、讀好書的《書目季刊》

《書目季刊》在民國五十五年九月十六日創刊，由學生書局首任董事長馬全忠擔任發行人，至三卷一期始延聘中央圖書館館長（今國家圖書館）屈萬里先生任主編，迄今四十年，除短暫停刊外，不論是編者、閱者，對於收到一冊當期的《書目季刊》莫不是「讀之而後快」的。樸素的封面像一位質樸的學者，用最肯切的文字表達其披沙揀金後的研究成果，它沒有一種激情理想的宣揚，發刊詞都無需，只在九十四頁的小角落上娓娓陳述：

書目季刊是為讀書人辦的，我們高興讀到好文章、好書，也願意將好文章和好書推薦給大家。因此，——歡迎海內外學者、作家儘量利用本刊發表自己的文章，介紹天下的好書。——歡迎讀者提出改進的意見。

總之，書目季刊的宗旨是：提倡讀書、讀好書，希望天底下的讀書人共同來把它辦好。

如「啓事」上所說的，《書目季刊》網羅了讀書人來擔任主編，前後有台大歷史系夏儀德教授，台大中文系屈萬里教授，台大方豪教授、羅聯添教授，東吳中文系劉兆祐教授，龔鵬程教授，林慶彰教授，黃文吉、陳仕華等，還有無數默默願意投入熱誠，無怨無悔地服務，他們共同開闢了「全國出版界最新出版圖書簡目」、「中華民國出版新書簡目」（三十卷三期起本專欄停刊）、「新書提要」（十六卷一期至二十二卷一期，由林慶彰教授主編，二十二卷二期至二十八卷三期，黃文吉主編；二十九卷四期以後，由陳仕華主編），另有張錦郎先生主編「最新出版期刊文史哲論文要目索引」，薛茂松先生主編「新出版中文參考書選介」、「書評摘要」等專欄。這是天底下讀書人對「他」的一份期許與望想，「他」也願意投以最切實的回報——提供學術界發表論文的園地，並共同耕耘灌溉，才能持續成長，不斷茁壯。當「他」鬱蔚成一株大樹時，仍秉持一種「向下扎根」的平實理念看待七十九年教育部所頒的「優良期刊獎狀」：

由於內容偏向學術性，市場有限，連年虧損，已達數百萬元，均由學生書局墊付。以一民營之出版企業，長期支持此純學術之刊物，誠屬難能可貴。今年六月間，書目季刊榮獲教育部頒發獎狀，使同仁等數十年心血，終獲報償。

誠如龔鵬程教授所言：「這則樸實平素的廣告詞，不但清楚說明《書目季刊》的歷史與性質，也表現了它的風格。」

秉持傳統，因應未來

創辦至今，已出版一千餘種、二千五百餘冊書籍，獲得無數次的獎項，這些成績係來自讀者與社會的肯定，也是鼓舞學生書局學術出版的最佳動力。

每一次回顧，都是對現今學術出版的一記痛擊及不平之鳴。對於學生書局堅持於學術出版的毅力，除了敬佩他們「志不在謀利」的創局精神外，也爲他們矢志成爲「承擔文化傳承與推動者」的角色，維持一種「臨風不作尋常態，偃仰胸中自有姿」的姿態。作爲一所人文理想的出版機構來說，他們既需秉持傳統，更要有因應未來的堅持。杜甫詩道：「文章千古事，得失寸心知」，不止文章如此，面對一路風雨詭變的學術出版事業，一路的得失，也只有具有「真切理想與關心時代之識見者」，自去心知神會了。

註釋：

1 此說係據馮愛群〈學生書局二十年〉所述，由三位先生發起，後續有馮、丁（文治）、楊（邦畿）、羅（奉來）、王（啓宗）等共十幾人，以大小不等之股份參加。另丁文治〈創業維艱，守成不易——台灣學生書局三十而立〉一文所述，發起者係丁文治、馬全忠、劉國瑞，「還有盧惠如、馮愛群、任培真、楊邦畿、羅奉來、盧成信，後來陸續加入的有王啓宗、鮑家驊……」。

2 這樣的出版宗旨，仍是書局學術出版的最佳選擇。據受訪的鮑邦瑞先生表示：在丁文治先生主事末期亦擬兼營通俗著作的出版，但觀之國內幾家老字號出版社的嘗試後，更加固守求「專」、求「好」的信念。

3 以上轉寫自《學生書局三十年》，吳相湘撰〈三十而立〉乙文。

4 以上所述諸先生主著作種數，係以學生書局二〇〇一年最新目錄統計，並參酌民國七十四年《台灣學生書局本版書提要》。

原發表於二〇〇五年九月《文訊》二三九期

以青少年為核心

幼獅文化事業公司

◎巫維珍

早期幼獅書店一景，門前擠滿了中學生。

幼獅由救國團出資成立，第一任主任為蔣經國。

1987年2月，幼獅受託舉辦中華民國台北第一屆國際書展，當時的主任李鍾桂（立者）在記者會中致詞。

幼獅自1986年起，每年舉辦校園書展，提供在學學生最佳的文化服務。

幼獅叢刊系列，多樣且貼近生活的出版方向規畫。

衡陽路幼獅門市，明亮寬敞且舒適。

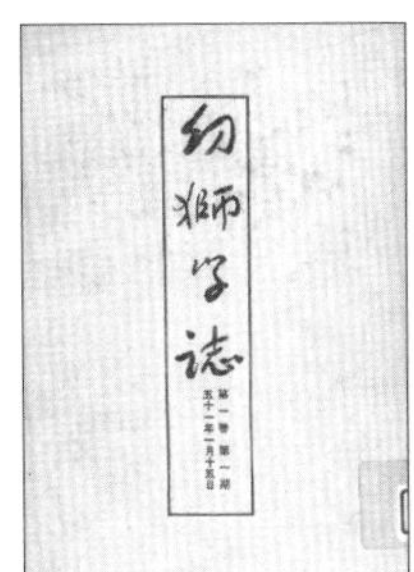

幼獅曾創辦、發行《幼獅學誌》、《幼獅學報》、《幼獅少年》、《幼獅月刊》等多種雜誌。

隨著歲月成長，變換風貌的《幼獅文藝》。

部分照片提供／幼獅文化事業公司、翻攝自《飛躍青春四十年》

現在人們熟知的「幼獅」成立於一九五八年十月十日，當時救國團出資，將《幼獅月刊》、《幼獅文藝》、「幼獅通訊社」、「幼獅電台」合併設立股份有限公司，後來在一九六二年創辦《幼獅學誌》、一九七六年創辦《幼獅少年》，包括教科書、圖書部門與幼獅門市，這就是幼獅的主要面貌。救國團一向以青年活動爲主要形象，「幼獅」的命名即以獅子的朝氣表現此項文化事業的特色。青少年是幼獅成立五十年來的主要讀者群，可說是台灣本地的專業少兒讀物出版社之一。

一九九五年幼獅改制爲適用於勞基法的公司，全名爲「幼獅文化事業股份有限公司」，法人股東占大多數股份，設有董事長、總經理等職，並有董事、監事會議，部門分爲圖編部、教編部、行銷部、業務部及財務暨管理部。

幼獅月刊、幼獅學誌及圖書出版

幼獅的事業體一直隨著雜誌創刊而成長。早期幼獅的主要雜誌爲《幼獅月刊》、《幼獅學誌》。《幼獅月刊》於一九五三年一月創刊，一九八九年六月停刊，以大學生爲讀者，它的內容較爲活潑，是一份綜合性的雜誌。曾在《幼獅月刊》任職的編輯包括小說家黃武忠、散文家蔡珠兒、現任幼獅文化教編部總編輯的劉淑華等。

《幼獅學誌》於一九六二年一月創刊，一九八九年十月停刊，原名《幼獅學報》，後改名爲「學誌」。《幼獅學誌》的目標讀者是大學生以上的讀者，是一份學術性的刊物，當時以季刊的形式出版，刊載漢學、文學、歷史等文史哲方面的論文。

幼獅成立初期照顧的是大學生以上的讀者，圖書部門自然也以成人書爲主。「世界文明史」套書（The Story of Civilization）於一九七二年由幼獅編譯中心（一九六八年成立）翻譯出版，作者是史學家杜蘭（Will Durant）。除了「世界文明史」，幼獅也邀請各領域的專家，出版了《數學大辭典》（一九八〇年）、《三民主義大辭典》（一九八八年）等專門類別的百科全書，還有「幼獅少年百科全書」，是《幼獅少年》創刊後出版的綜合性百科全書，也是由台灣本地各領域專家編寫。另外像是「世界哲學經典名著」系列出版了杜普瑞（Louis Dupre）的《人的宗教向度》（一九八六年）、波普（Karl Popper）《臆測與駁斥》（一九八九年），「學術叢書」系列則主攻國內學者的論著。生活書方面，例如「美食新主張」系列以食譜爲主，「新新生活」系列包括了旅遊、瘦身、健身等實用類圖書，「生活閱讀」系列涵蓋心理、兩性關係，可說幼獅早年經營的方向兼具學術與通俗。

幼獅另一個主要的部門以出版高中、大學的教科書爲主力，相關的書系爲「人社學科研究叢書」，爲人所知的出版品有高中大學的《軍訓》、《三民主義》、《大學國文選》，國中的《輔導活動》、《美術》等。

幼獅文藝、幼獅少年及青少年圖書

《幼獅文藝》成立於一九五四年三月二十九日，由中國青年寫作協會創刊，青年寫作協會是救國團輔導成立的團體。一九五八年九月轉由幼獅公司發行。《幼獅文藝》以大學生、社會人士爲目標讀者，特別著重於「藝文」方面。今日在文學界、藝術界的知名人士早年幾乎皆曾在《幼獅文藝》發表過作品，學者應鳳凰曾說，「戰後以來，可說很少知名作家沒有在這裡投過稿子，寫過文章。」[1]早年救國團還曾將《幼獅文藝》分送至中學的班級教室，在青年的讀者群中有一定的影響。成立超過五十年的《幼獅文藝》幾可反映某個世代的文藝景觀。

一九五四年創刊時，中國青年寫作協會常務理監事輪流主編，包括鳳兮、鄧綏寧、劉心皇、楊群奮、宣建人、王集叢等人。一九五八年改屬幼獅文化公司後，第一任主編爲林適存。楊樹清將《幼獅文藝》的歷史分爲四個時期[2]：第一期，一九五四至一九六四年，青年寫作協會主編的年代，十六開本，單色印刷，刊登文學作品、文藝論評，網羅當時的青壯年作者群，如尹雪曼、郭良蕙、張秀亞、余光中、王尚義、辛鬱……等人。第二個時期爲一九六五至一九六八年，三十二開本，雙色印刷，一九六五年一月朱橋接任主編，朱橋本名朱小秋，後易名爲朱家駿，江蘇省鎮江縣人，著有《畫像》、《康乃馨》等小說。朱橋接編，又一批新作家出現在《幼獅文藝》，包括周夢蝶、黃春明、陳映真、蕭蕭、鍾鐵民、李喬、七等生等，藝術家廖繼春、柯錫杰、莊靈、席德進、許常惠、劉偉勳等。朱橋開展了《幼獅文藝》的新時期，在他手中，仍屬陌生面孔的作家接連登場，許多座談會與企畫專題也一一展開。朱橋爲「企畫編輯」做了良好示範，他每月精心策畫專題，如「閒話五四」、「新詩往何處去」、「武俠小說往何處去」、「專欄作家談專欄之外」等，邀請作家爲每個議題做了嶄新的演繹。他也有活動式的題目，讓作家到戶外，從而有了「金山素描」、「金門夜話」等動態專題，還有著名的名家專欄：余光中的「文學專欄」，俞大綱、魯稚子的「影劇專欄」，許常惠、史惟亮的「音樂專欄」，莊喆、劉國松的「美術專欄」。瘂弦稱譽朱橋爲「天生的編輯天才，台灣光復後第一位報刊編輯家」[3]，藝文界對他諸多肯定，余光中說朱橋是高信疆以前最強勢、最敬業的主編[4]，許常惠指出「他是這數年來台北最難得的文藝雜誌主編」[5]。然而，編完一七九期（一九六八年十一月）後，朱橋卻自殺身亡。

第三個時期是一九六九至一九八〇年。一九六九年三月瘂弦接任主編，持續《幼獅文藝》的文學性格，主動創造文學議題，開發年輕作家，並且著墨國際文壇發展、海外作家，開拓了《幼獅文藝》的視野。當時重量級作品如黃海的科幻小說〈積木房子〉、張愛玲《連環本》、朱西甯〈八二三注〉、張大春〈重刻的迴響〉等都在《文藝》刊登，是七〇年代作家的重要活動場域。第四個時期爲一九八一至一九九九年，小說家段彩華於一九八一年一月接編，另一位小說家陳祖彥於一九九四年接編。一九八九年九月起由何寄澎（現爲考試委員）接任幼獅公司總編輯，一九九二年十二月卸任。楊樹清認爲這個時期的《幼獅文藝》由「編者導向」轉爲「讀者導向」，著重於反映青年人的生活。主編設計了許多單元讓年輕朋友參與、讀者容易親近，如林文義漫畫，吳淡如散文，曾昭旭、王邦雄對談〈論語的時代意義〉。此階段也經歷多次改版，一九八六年三月三八七期由二十二開本改爲三十開本，四色印刷，一九九〇年三月四三五期改爲二十四開本，一九九二年七月改爲十六開本。目前的主編是小說家吳鈞堯，他於一九九九年九月接編。二十世紀末期，所有平面刊物都面對了網路的威脅、文學愛好者的流失，《幼獅文藝》

也有不同的面貌，例如一九九九年開始的「youth show」單元針對學生來稿專版刊登，內容有新詩、小說、散文，再邀作家專文評論，今日卓然有成的文學新秀，如鯨向海、楊佳嫻、周丹穎、陳雋弘、林德俊、黃宜君、許婉姿、陳玠安、張耀升等，皆在此發表過。又如「訪問街頭藝人」、「海洋音樂祭」、「金馬影展」、「行家配備」（「如何成立唱片公司」、「如何自費出版手工詩集」）等主題專輯，企圖觀察青年文化，積極開拓今日文藝的面向，同時，《幼獅文藝》曾舉辦過兩屆「世界華文成長小說獎」，多項主題徵文：「科技美麗台灣」、「原住民軼事」、「書寫客家」，二〇〇二年開始招生幼獅文藝寫作班，在在顯示《幼獅文藝》試圖用更活潑的方式培植青年愛好者，刺激現今的藝文環境。

號稱台灣第一本專爲青少年設計的綜合月刊《幼獅少年》，由救國團執行長宋時選、幼獅公司總經理陳康順、總編輯瘂弦與通訊社陳小凌共同企畫，一九七六年十月三十一日創刊。往前回顧，性質相近的雜誌有東方出版社的《東方少年》，《幼獅少年》之後也有《中學生》、《龍龍》、《新少年》，近年有《少年牛頓》。在青少年刊物之中，《幼獅少年》是最資深的，已經三十多年。

國中生正處於升學壓力的階段，課外閱讀是不被鼓勵的，也缺乏適當的課外讀物，於是有了《幼獅少年》創刊的構想。《幼獅少年》的目標讀者是國中生，作爲當時唯一的少年雜誌，目標在於「做少年的知心好友」，給予文學、生活、科學、趣味等綜合性的養分。第一任主編爲周浩正，編輯詹宏志、孫小英一同參與，當時聚集了不少台大的學生一同爲《幼獅少年》編製，平路、張大春、徐仁修、朱德庸、林良、羅曼菲、馬景賢、羅智成、苦苓等皆在此刊發表過作品。一九八四年七月九十三期開始由二十五開本改爲十六開本，第二任主編是孫小英。當時總編輯瘂弦提出「水果雜誌」的看法，他認爲學校的功課是正餐，《幼獅少年》就是幫助消化正餐的水果，因此編輯方針是一種「綜合水果」，各類知識都有，輕鬆且不教條，讓讀者易於消化，也容易喜歡這類「營養」。

《幼獅少年》的專欄多樣，文藝類如劉墉的「生活散記」、溫小平「小龍新主張」，「生活類」有野外求生專家馬賽的「戶外安全」，教導小朋友戶外登山必備的知識，科學類有昆蟲學背景的專家楊平世主持「六足王國」，台大植物研究所背景的鄭元春「植物世界」，杜白「動物診所」、「365個動物故事」，趣味類有陶曉清「熬鬥天地」等，專題也涵蓋科幻、電影、少年感情、中國古典文學等範疇。[6]另一特色是不定期舉辦戶外活動、演講座談，「讀者作者編者聯誼會」，讓作者能面對讀者，寫出讀者更容易了解的作品，每次活動約有四十多人參與。有時也會配合專欄主題，邀請作者舉行座談會，例如「小動物健康座談」（一九八三年），邀請讀者帶自己的寵物來，由杜白醫生講解如何照顧自己的寵物，當然「墾丁環境之旅」（一九八五年）、「澎湖環境之旅」（一九八五年）等戶外活動也是少不了的。現任幼獅文化總編輯的孫小英，政大中文研究所畢業後，即進入幼獅公司，她認爲交流活動能促進國中生在課餘吸收知識，又能無負擔的學習。《幼獅少年》曾設立「幼獅青少年文學獎」，第一屆以「愛情」爲主題，並將得獎作品集結成四部書，可惜沒能繼續辦下去。

與《幼獅文藝》、《幼獅少年》兩份熱鬧雜誌相呼應的，就是青少年圖書，幼獅的圖書選題多由雜誌延伸而來，同樣包括文學、生活、趣味的題材。「智慧文庫」書系分爲三大類：文學藝術類、成長輔導類、科博知識類、生活休閒類，採取較低的定價策略，主打校園通路。另一個與「智慧文庫」不同的，則是「多寶槅」系列，此書系也是綜合類的方向，主要以店銷通路為主，價錢較高。「多寶槅」系列分為四大類：文藝抽屜、科博抽屜、生活抽屜、情趣抽屜。四十五週年慶時，幼獅推出「典藏文學——中國故事寶盒」、「典藏文學——世界經典故事」兩大書系，由兒童文學家管家琪改寫中國與世界經典文學，為讀者保存具代表性的故事。除了回顧過去的經典之作，幼獅考量新世紀的來臨，青少年讀者該具備面對未來的視野，策畫了「新 High 少年系列」。此系列最先推出的四種書為：《我家也有桃莉羊：生物科技大事記》討論現今最熱門的生物科技議題，《新戀愛世代》切入成人不敢直視的青少年戀愛問題，《相聲世界走透透》重新引介古老的藝術，《21 世紀的夜鶯》帶領青少年了解音樂的世界。孫小英說，「新 High」取「辛亥革命」的諧音，有「革新」的意味，帶領國、高中以上的讀者，面對未來世界的挑戰。與此相關的書系是「新 High 師生手冊」、「新 High 親子手記」，在台灣教育方針的改變下，特別是在藝術、建築、電影等人文領域，教師與父母也需要補充多元的知識，才能進一步的教育學生。例如「戲法學校」套書，幼獅與「如果兒童劇團」合作，讓有心了解戲劇的學生，可做為參考的工具書。

幼獅圖書的另一特色是以國內作者為主要作者群。幼獅至二〇〇五年已出版約七十個書系，二千多種書，大多數為本地自製書，形成了基本作家群，如早年在《幼獅少年》供稿的杜白，已在幼獅出版了約十種關於動物的書。而出版《病毒密碼》、《我家也有桃莉羊》、《地球的煩惱》三書的吳惠國，是生物科技的專家，也是從《幼獅少年》寫稿開始，成為幼獅的基本作者群。除此之外，基本作家群還有李潼、管家琪等人。管家琪除了文學類作品，在幼獅也出版「管家琪教作文」系列；王瑞琪是台灣師範大學衛生教育研究所碩士的背景，她的著作以親子與師生的關係爲主；溫小平關注青少年的成長心聲；散文家陳幸蕙的《坐看一彎采采流水》則是幼獅圖書的長銷之作。其中較爲特別的是大陸作者沈石溪，他以動物小說聞名。相對於華文創作者較少觸及的議題與形式，幼獅邀請周惠玲小姐策畫，於二〇〇二年開闢了「希若鷹 Heroine」系列，以翻譯書爲主，「少女成長」是此書系的主調，最先推出的是美國知名女性成長小說作家茱蒂・布倫的作品，談論青少年愛與性的 *Forever*，觸及宗教議題的《神啊，祢在嗎？》等。

結語

「幼獅通訊社」與「幼獅電台」分別於一九五五年、一九五六年成立，當時的目的是協助救國團青年活動的文教宣傳。幼獅的主要銷售通路爲校園，現任副總經理吳靈笙指出，幼獅北中南的業務中心主推大專、高中教科書及課外優良讀物，成效相當不錯。除了校園之外，另一通路爲自營門市，共有四個門市，分處台北（衡陽門市、松江展示中心）、桃園、苗栗（育達學院內），是台灣少數兼有門市營業的出版社。早期書店經營的方向爲「休閒書店」，現配合幼獅公司的出版方向，衡陽門市將會營造爲「親子書店」。

幼獅早年新書出版量爲每年七十至八十種，近年約爲一年三十種，目前有員工約一百人左右。孫小英指出，幼獅除了目前的青少年讀者群，未來也將向下延伸至國小四、五、六年級的學生，甚至低年級，這是未來幼獅企圖強化的走向：以兒童、青少年爲核心，向下延伸讀者，同時擴及相關的親子／親師書籍，強化幼獅的青少年與兒童的閱讀品牌。

註釋：

1 轉引自李瑞騰：〈我看《幼獅文藝》〉，《幼獅文藝》六〇四期，二〇〇四年四月。

2 楊樹清：〈繁花盛景50春：一九五四—二〇〇四《幼獅文藝》的主編年代〉，《幼獅文藝》六〇四期，二〇〇四年四月。

3 瘂弦：〈碧野朱橋幼獅事〉，《文訊》二一三期，二〇〇三年七月。

4 余光中：〈青春不朽：憶《幼獅文藝》的三位獅媽〉，《幼獅文藝》六〇四期，二〇〇四年四月。

5 轉引自瘂弦：〈細數文藝三十年〉，《幼獅文藝》六〇四期，二〇〇四年四月。

6 幼獅少年編輯小組，「《幼獅少年》二十周年回顧特輯」，《幼獅少年》二四〇期，一九九六年十月。

原發表於二〇〇五年十一月《文訊》二四一期

補充：二〇〇八年爲了慶祝幼獅成立五十週年，特別爲、中低年級小朋友，規畫了「新High兒童系列」，包括有圖文書（橋梁書）的「童話館」、「故事館」，圖畫書的「繪本館」。圖文書除邀請到管家琪小姐撰寫童話故事；林良先生、馮輝岳先生創作成長、生活散文；還與金門縣文化局合作了一本有聲書《故事說金門》。另在圖畫書方面，也策畫了「地球寶貝」、「家有寶貝」與「樂活寶貝」三個系列概念，仍由國內作者、繪者熱誠出擊，分別是荒野保護協會榮譽理事長李偉文醫師提出寶貝地球的議題，和小朋友談地球發燒暖化的問題、鼓勵親子一起走向戶外，觀察大自然；影劇作家吳孟樵小姐的「家有寶貝」，則以家中收容的流浪狗爲主角，跟孩子同理流浪狗流浪的心情變化，體會到對生命的珍愛與尊重；而近年來在圖畫書方面頻頻獲得好成績的嚴淑女小姐，以小動物爲主角，提出自信、樂觀、包容、彼此互動的生活態度，作一個健康、快樂的「樂活寶貝」。故事有了好的起頭，接著就會有許多許多好聽的故事要說下去了！（**孫小英**）

繆思殿堂裡的文學活動

皇冠文化集團

◎葉雅玲

2005年「皇冠文化集團」成為「台北市藝文組織褒揚要點」實施後第一個獲得譽揚的單位。

平鑫濤

江蘇常熟人，民國16年生。上海大同大學商學院畢業，曾任職台灣肥料公司、《聯合報》副刊主編，創辦《皇冠》雜誌、皇冠出版社。現任皇冠文化集團社長。著有散文集《穹蒼下》；自傳《逆流而上》等。

《皇冠》雜誌創刊號，1954年2月22日。

瓊瑤的愛情王國，從小說到電影、電視劇，風靡無數讀者的心。

「皇冠文化集團」為台灣長期刊登、出版張愛玲作品的主要藝文雜誌、出版社。圖為〈怨女〉，《皇冠》150期，1966年8月；〈鬱金香〉，《皇冠》621期，2005年11月。

非文學類的出版品「皇冠漫畫叢書」，三毛《娃娃看天下》及蔡志忠、老夫子作品。

位於皇冠大樓的「皇冠書坊」，讀者可以在這裡找到所有皇冠的出版品。

皇冠文化集團於2004年2月底歡慶成立50年。

部分照片提供／皇冠文化集團、葉雅玲

從上海到台灣

一九四九年，兵馬倥傯風雨飄搖的年代，一個甫自大學畢業的年輕人由上海隻身來到台灣。一九五四年二月二十二日，以不滿二十七歲之齡，創辦《皇冠》雜誌，展開了他一生的出版事業。二〇〇五年十一月深秋，現任「皇冠文化集團」社長平鑫濤先生應邀接受採訪，他雖已七十有八高齡，但言談思路敏銳，精神矍鑠，滿頭熠耀的白髮，象徵著過往所經歷五十餘年精采的出版歲月。

平鑫濤原籍江蘇常熟，回顧起幼年以至大同大學商學院畢業，在人文薈萃的上海成長求學，當時正值中外思潮交融，文化蓬勃，上海乃當時的商業、文化重鎮，在此環境薰陶下，對他一生產生極大影響，造就他能商善賈又熱愛文藝的特質。無論流連位於四馬路書店區堂伯平襟亞的「萬象書店」、出版蘇聯歐洲文學的「上海生活書店」，或是熱衷於欣賞上海古典樂團的露天演出、話劇表演、流行音樂，同時也熱愛電影、旅行與攝影的他，就像塊海綿般不斷汲取文學、藝術的養分，養成廣泛的興趣。他認爲正是因此而更適合從事出版工作，而這些興趣也與他日後在台灣發展的事業息息相關。

《皇冠》雜誌五十年

幼年家貧，熱愛電影卻無法盡情觀賞的平鑫濤，曾經是個僅能夢想著「長大後作個電影院領票員」以方便觀看電影的少年，就讀高中時期，就因爲嚮往他的堂伯平襟亞辦了當時上海有名的綜合性文藝雜誌《萬象》，而自己編了一期手抄本的《潮聲》，在同儕間流傳。來台灣後，先任職於台灣肥料公司十四年，並曾擔任電台熱門音樂節目DJ五年，將他在上海時期接觸而喜愛的熱門音樂介紹進入台灣，並創辦「皇冠雜誌社」，出版《皇冠》長達五十餘年，從無間斷、脫期，迄今已有六百二十多期，茲依內容風格不同而將此五十年分為如下四個階段：

一、第一至一〇〇期（一九五四年二月—一九六二年六月）

這段時期以翻譯西方文學、介紹西方流行文化為主要內容。在五〇年代反共抗俄文藝環境中，平鑫濤另闢蹊徑，以譯介西方文學、大眾文化為主，初期內容五分之二翻譯自歐美各大雜誌，其餘一部分是特稿、創作。他回想當時雜誌內容創作部分少，一則是因為作家不多，二則是當時《皇冠》仍屬艱難經營，付不起作者稿費。專欄有詩、散文、小說、科學小品、漫畫、攝影、集郵、熱門音樂與好萊塢電影介紹等，雜誌創刊前幾年就展現出平鑫濤個人對文藝廣泛的興趣。編輯方針強調「讀者為尊」，以重視知識、藝術、文學、趣味與生活為雜誌取向。創刊號有方思（黃時樞）、余光中及琦君等的作品，此階段創作雖少卻皆是日後文壇重要作家。

二、第一〇一至二六三期（一九六二年七月—一九七六年一月）

第一〇〇期起雜誌內容改以創作為主。六〇年代初，《皇冠》即開始匯聚許多作家，自一九六〇迄一九六四年二月，雲菁、畢珍、孟瑤、潘人木、張系國、康芸薇、於梨華、陳平（三毛）、郭良蕙、喻麗清、丹扉等都曾發表作品；而茅及銓、司馬中原、朱西甯、郭嗣汾、鄧文來、高陽、瓊瑤、馮馮、桑品載、楊念慈、聶華苓、段彩華、魏子雲等陸續在這段時期內加入作者行列外，甚至在一九六四年十月簽約加入成爲「皇冠基本作家制」中的成員[1]。除了號召當時文壇名家寫作外，也鼓勵新人，年輕的林懷民、季季、林佛兒都是基本作家，而它也是省籍作家發表的園地，除了七等生、林海音、施翠峰有作品刊登外，李喬曾參加徵文而獲獎，一九六四年之後吸引了許家石、林鍾隆與鄭煥等參加過徵文比賽，而鍾鐵民、黃娟、鄭清文也偶見作品發表，至於許達然與葉珊則在一九六五、一九六六年間陸續發表了許多的散文。

除「皇冠基本作家制」的預付作家版稅吸引作家外，出版雜誌同時，平鑫濤於一九六三年六月迄一九七六年一月擔任《聯合報》副刊主編。在「辦雜誌」跟「掌副刊」並行的情形下，作家作品可於「聯副」發表，又在《皇冠》刊載，再經由皇冠出版社出版，使該雜誌於六〇至七〇年代集結許多作家，《皇冠》更成爲台灣六〇年代最暢銷的雜誌，對文壇帶來不小影響。除網羅二十六位基本作家外，尙有孟瑤、朱小燕、雲菁、朱秀娟、華嚴等，而不少新文類如瓊瑤愛情小說、高陽歷史小說、司馬中原鄉野小說、三毛流浪文學、於梨華、吉錚留學生文學、趙寧幽默雜文等，皆從《皇冠》開始。雜文色彩的專欄尙有尹雪曼寫海外華人酸甜苦辣的《海外夢迴錄》、方瑀寫遊歐所見、崔萬秋《東京見聞錄》、童世璋《粗茶集》與丹扉《反舌集》等，國家大事、生活瑣務處處拈來，無不成篇。一九六五年二月起還增加發行東南亞版，著重趣味性，以東南亞地區爲銷售目標；台灣版則偏重文藝，主要銷售台灣及美國。

關於翻譯部分，六〇年代約佔五分之一篇幅，內容以美、日著名長、短篇小說爲主，少數爲散文雜談與消閒短文，其中不乏知名譯筆如劉慕沙、余阿勳等。而基本作家制中的作家張時，就曾翻譯不少作品，可見該制度發揮作用。由一九六六年設專欄翻譯當年度因「聯副」出版《冰點》而名噪一時的三浦綾子之雜文來看，《皇冠》是非常有時效性的。其他綜藝性專欄如「紙上藝展」，包括彩色印刷張大千、張杰等人的國畫，版畫、油畫等則有吳昊、席德進、劉其偉……等人，第一〇〇期有陳庭詩木刻，其中省籍畫家只見當時任師大藝術系主任的陳景容一人。由此可知雜誌以當時外省藝術家為主流，形成了既富有中國色彩，卻又揉合西洋風味，圖文並存的特色。其他專欄如「大千世界」與「影藝」，休閒性濃；「電影」則最早由平鑫濤以「影迷」為筆名，暢談好萊塢電影，後來轉由名廣播人崔小萍談台灣電影，也曾以瓊瑤小說為藍本拍攝所謂「紙上電影」。

六〇年代《皇冠》對日後台灣文壇最重要的影響，莫過於刊登出版張愛玲作品。讓我們穿越時空重回歷史現場：一九六六年十月號的《皇冠》中，有一篇宋淇（林以亮）的文章〈談張愛玲的新作《怨女》〉曾如此說道：「這次皇冠雜誌邀張愛玲寫稿，前後有三年之久。……毫無疑問，張愛玲的《怨女》終於使小說走入了一個新的階段。至於她的寫作技巧是成功是失敗，對目前寫作的影響是好是壞，還有待時間來證明。如果以普通讀小說的方法來讀張愛玲的《怨女》，恐怕讀者會覺得不耐煩和不習慣。希望讀者運用一點耐性來接受它，由此證明皇冠雜誌和張愛玲的嘗試是有價值的。」四十年後回首台灣文壇的「祖師奶奶」，原是如此而來。

三、第二六四至四八〇期（一九七六年二月—一九九四年二月）

平鑫濤卸任「聯副」主編後，雜誌進入第三階段。一九七六年四月《皇冠》再增美國版，皇冠的海外發行網成爲了當時聯繫台灣與海外華人的無形橋樑，一九九〇年起於香港、馬來西亞設分公司。在鄉土文學論戰時期，雜誌封面產生具鄉土寫實色彩的設計，解嚴後，改由大陸畫家作品躍登封面主角，可見雜誌風格隨時代而變遷。內容上，八〇、九〇年代主要作家除瓊瑤外有廖輝英、黃明堅、劉墉、侯文詠、張曼娟、吳淡如等人，並有曹又方、倪匡、凌晨、詹宏志、蔣勳、龍應台、奚淞、林清玄、苦苓等開闢專欄，也集結了香港李碧華、張小嫻，馬來西亞張草等作家。此段時期，作家不可勝數，並先後有「三三文學集團」朱天文、朱天心、丁亞民、馬叔禮與「神州詩社」方娥真、溫瑞安、黃昏星，以及當時初登文壇的黃凡、張大春、郭強生、駱以軍等人。

四、第四八一期迄今（一九九四年三月—）

一九九四年起開始舉辦「皇冠大眾小說獎」，提倡大眾文學。此項百萬徵文活動，強調著重在讀者界面而非專家導向，提倡提供一般讀者閱讀樂趣的高品味大眾文學。入圍決選作品先在《皇冠》刊登，首開其例先出版再評選，並舉辦讀者票選活動，讓讀者有機會投票表達意見，選出讀者心目中之首獎。目前刊物除維持小說散文爲主要內容外，重視兩性、愛情話題，並加入旅遊、美食等生活性雜文。

可以說，出刊五十餘年的《皇冠》，除了文學外，還負載著台灣社會歷史中某些生活的記憶。五〇年代美援文化下的西化、綜藝色彩濃，翻譯歐、美、日、亞洲文學提供社會大眾接觸機會；呈現六〇年代海外留學生現象，以及遷台作家懷想中原情感；七〇年代三毛的流浪遠方等，都是在綜藝休閒性之外，爲讀者提供相當豐富的內容。在圖像方面有漫畫、中西畫、攝影，電影介紹等等，非常多元。《皇冠》與台灣文壇關係密切，至今亦一直呈現台灣社會政治經濟變化，與藝術文學生活變化之間的關係。

中央大學中文系李瑞騰教授在提出「文藝雜誌學」這一學門時，主張「文藝雜誌與台灣文學的發展密切相關。使用『文藝』而不用『文學』，是因爲這些刊物雖以文學爲主體，但大部分還包含電影、藝術、音樂等領域。」[2]無疑《皇冠》是吻合這定義的。它也許不是影響某位作家文學生命的關鍵雜誌，但很可能地，在台灣一九五〇年代後，許多人的成長過程中，或人生某一階段，讀過這本雜誌。走過五十年歷史，它扮演過文藝傳媒的角色，包括作家的啓航站、作家群的凝聚產生、文學史料的保留呈現，以及大眾文化與社會的反映縮影等，自然有相當的重要性。

皇冠文化集團

平鑫濤於一九五四年二月二十二日創辦「皇冠雜誌社」，出版《皇冠》雜誌，並於一九五四年六月以費禮爲筆名翻譯出版皇冠第一種叢書《原野奇俠》，一九六五年成立出版社，希望建立健全的出版制度及維護作家權益。一九九七年後，爲了推動新的事業識別體系、強化書系特色、區隔書種類型，整合了過去建立的機構，成立「皇冠文化集團」。秉持「以讀者爲尊，以作家爲榮」信念，冀能引介具可讀性之作品給讀者，將原有公司劃分爲五：包括皇冠雜誌社，出版《皇冠》月刊；皇冠文化出版有限公司，出版路線以文學類爲主，延續原有皇冠出版社方針繼續出版叢書，迄二〇〇五年十二月底已達三五二三種；一九九七年七月改名的平安文化有限公司（一九九四年十一月成立時稱平氏出版有限公司），專門出版非文學書籍，至今有二七六種；而一九九六年十一月改名的平安有聲出版品有限公司（一九九五年七月成立時稱平氏有聲出版品有限公司），專門出版有聲書，也有四十三種之多；至於一九九七年二月成立，以鎖定年輕與流行、娛樂與資訊為出版方向的平裝本出版有限公司，則已經出版二〇七種讀物。

該集團重要出版品除《皇冠》雜誌仍持續出版外，非文學類方面，五〇年代有《皇冠歌選》、《暢銷音樂》等；而漫畫《老夫子》、《娃娃看天下》也曾陪伴許多人走過七〇、八〇年代。翻譯類在五〇年代出版了《羅莉塔》，與後來常被用以與張愛玲並論的華裔女作家韓素英的《青山青》；翻譯六百餘本「當代名著」，也吸引許多讀者。近年的「當代經典」系列中，引介米蘭•昆德拉、符傲思等的作品，此外尚有日本赤川次郎的推理劇場。而二〇〇〇年開始出版的《哈利波特》系列小說，又帶起中文世界奇幻文學的風潮。

在文學出版方面，六〇年代出版於梨華、吉錚、孟瑤、瓊瑤、雲菁以及司馬中原、朱西甯、高陽等的著作，之後有三毛《三毛全集》與《張愛玲典藏全集》。前者七〇年代形成「三毛現象」，後者更對台灣作家有深遠影響，在文壇形成「張派」系譜之說。另有高陽《慈禧前傳》、《瓊瑤全集》、《黃春明典藏作品集》、《劉大任全集》等，至於倪匡、張曼娟、侯文詠、吳淡如、廖輝英、深雪……等多位作家作品更成為九〇年代暢銷書。並曾於七〇、九〇年代出版省籍作家鍾肇政、葉石濤、施叔青、李昂、陳燁等人的作品。

平鑫濤更在一九六七與一九七六年分別成立火鳥、巨星影業公司，拍攝瓊瑤小說改編之電影。其中有十六部係根據瓊瑤小說改編，或由瓊瑤自己編劇、製作的所謂「瓊瑤電影」，有紀錄的共有五十部之多，具體影像化了瓊瑤筆下的癡情兒女形象與構築的愛情世界，電影插曲同在當時風靡無數民眾；一九八六年起更自製瓊瑤電視劇達二十二部、六七一集，這些男女明星成爲雜誌封面人物，劇照輔以文字又轉化爲《皇冠》中的專欄，於紙上搬演一齣齣無聲戲。雜誌、圖書出版與影視這些不同的傳播媒體相輔相成，相互達到最佳宣傳效果。

熱愛電影卻因家貧僅能抱持「長大就作個電影院領票員」願望的青年，在台灣辦雜誌，出版圖書，甚至跨足影視媒體，平鑫濤對台灣文學發展與大眾文化的形成可說有著舉足輕重的影響力。

文學信念：只有好或壞，沒有純不純，更無年齡性別省籍之分

作爲台灣出版歷史最長的民營雜誌，平鑫濤如此定位《皇冠》：「相信我的雜誌是與眾不同的。若將讀者視爲金字塔，我取中間階層，年齡在十五到二十五，二十五到三十五，教育程度則在中學以及中學以上作爲讀者標準，冀能有教育、娛樂之功，重要的是絕不會有危害。」至於金字塔往上尖端的讀者，教育程度更高者，他們會自己再往更深更精的讀物去找，而羅曼史讀者屬於更基層，兩者皆不是他辦雜誌之方針。「辦雜誌事實上很難，內容不是保守的、傳統的，但是著重在拿此作品面對下一代時會不會臉紅慚愧，編者心中自需有一把尺。」注重追求心靈的純美，甚至不要有死亡意象，是他目前對《皇冠》

內容的要求。

平鑫濤不贊成將文學分出所謂的純文學，一再強調：「只有好的文學或不好的文學；只有好或壞，沒有純不純。」如古典文學中《水滸傳》、《紅樓夢》是純文學嗎？古之所謂通俗焉知成為今日之經典？相同的，張愛玲在《萬象》時被貶為「鴛蝴派」，但她經得起時間的考驗，就是好的文學。參諸近日回憶「聯副」編輯生涯時他曾提到的：「……我覺得副刊應該老少咸宜。取材應該廣泛，文學性的文章當然不可偏廢，但應文字流暢，清新可讀。其他的知識性、趣味性、甚至新聞性的文章，也應廣為採用。大抵上和《皇冠》的編輯方針類似。王惕吾先生非常支持我的想法，事實也證明深受讀者歡迎，我也因此而在這個崗位上，工作了十四年半。所以我一直很努力地把文學從狹隘的成見中釋放出來。」[3]更可以明白他的文學信念。若一定要給文學分類，則如《皇冠》裡心岱之報導文學、六〇年代出版的《蔣碧微回憶錄》之傳記文學等。而省籍問題更不曾存在他的心中，無台灣文學、本土文學之分，編「聯副」時曾因看不懂蕭麗紅小說中的台語而請教他人，然後刊出，並出版蕭第一部小說《冷金箋》，也曾刊登呂秀蓮的作品。「刊登好作品、出版不出可惜的書」一直是他的觀念，因此文壇交遊廣闊，出版品豐富而又多元。

而在基於鼓勵年輕人的想法下，一九七七年支持馬叔禮與朱天文姊妹創辦「三三集刊」，並由皇冠出版社發行，除為台灣刊載出版張愛玲作品外，與朱西甯文學家庭、三三集團，甚至神州方娥真、溫瑞安，以及有關的楊照、蕭麗紅、鍾曉陽、履彊、郭強生、林俊穎……等作家都有刊載或出版關聯。上述一支可說與瓊瑤成「雙脈」發展傳承並表現在《皇冠》雜誌中及出版上。

假若，文壇是個隨時變形中的立體拼圖，學院所謂「通俗文學」這一塊，出版方面絕少不了皇冠出版社，文藝雜誌上之表現亦不能缺少《皇冠》。「皇冠」與文壇的關係是複雜又多變的，絕不止學院區分的通俗文學，甚至可說以「雅俗雙脈」，純文學與通俗文學兼融並包的方式，在台灣文學的道路上前進，這應該與平鑫濤的文學信念有極大關係。

圖書出版理念：不以通俗為低，公平對待作者

提起近十年來對「大眾文學」的提倡，平社長表示乃因社會對大眾文學的輕視，名爲大眾其實並非低俗，設獎宗旨在於希望能提醒世人，小說不是高高在上的，應該是大家喜歡看，看得懂的一種文體，希望邀請更多寫作力量耕耘這塊園地，也希望引起文學界對大眾文學的重視與研究。他強調該社一向秉持「我們因爲尊重大眾而贏得大眾」的信念，對大眾文學的關注與用心不遺餘力。秉持長久以來對文學的堅持，深信小說的魅力不死，好的大眾小說一定可以贏得廣大讀者的支持，希望藉由主辦「皇冠大眾小說獎」這個獎項，讓大家共同找回閱讀小說的感動與樂趣。徵稿對象「大眾小說」，指的是於小說創作上特別留意「讀者介面」（readers into face）的新標準，能提供一般讀者閱讀樂趣的高品味作品，特別看重創作者怎樣想像其讀者，如何排除一定之障礙給予讀者閱讀背景。

關於出版，他對讀者、自己以及經營方向都有一定原則。就經營言，他認爲一般所謂出版家、出版

商之分，將「出版商」一詞視爲污辱，好像與金錢有關即是不該的，這是錯誤的認知，即便出版事業亦有營利性質，不必刻意規避。他的規畫正是如果出版十本書，當中二本暢銷營收好，三到四本中等，而有二、三本一定不敷成本，但仍非出不可，好比邱坤良關於歌仔戲的研究、賴聲川的劇本，市場窄小卻有流傳價值，仍然要出版。又如張草若干作品太過前衛，讀者未必接受，也出版。他認爲出版有個規律，不作惡性競爭，而作者與出版社是共存的，假如要將過去賣斷之版權取回，他通常未有不同意的，若不願再合作或條件不能接受時，則是「一方選擇離開，一方選擇放手」。需以公平的原則對待作者，「當你不誠實時，走進辦公室，作者、讀者不知道，員工卻是知道的」。坦然不可欺騙，這是他交棒給兒子、現任副社長平雲時的規訓。早期平鑫濤即曾強調過，經營出版事業獲致成功的重要關鍵在於要有特色表現[4]，無疑地，無論在界定雜誌讀者群或文學、圖書出版理念上，今日的「皇冠」皆已自成一格、獨樹一幟。

文學並不只關乎作者寫作，經濟本是文學活動的特質，出版社若擁有強大的經濟資本，意味著有力的宣傳發行網，加上合理的版稅，則吸引更多作家的合作，帶來豐沛的文化資本。篩選、製作與發行正是文學社會學中所謂文學活動重要的環節，出版者如同助產士的角色——「要正視商人們在文學守護神繆思殿堂裡所占的一席之地」[5]，這句話，或許恰可詮釋平鑫濤對台灣文學發展與大眾文化形成有著重要的推動影響力。

前瞻未來

對於未來，平社長指出，社會環境乃至出版條件變遷很快，企業經營方法縱然有改變，但理念原則不會改變，對作家也仍然沒有性別、年齡、省籍之分。「皇冠」最大的目標仍在希望「以讀者爲尊，以作家爲榮」！

事實上，出版家的工作絕不僅止於書籍的刊行流通，應還有文學乃至美學風潮的牽引與變革的作用。自認當一旦踏入藝術的殿堂就無法忘情的他，將自己定位爲文學花園中的園丁，培養種子讓它發揚光大，含苞、盛開的各色花卉離開園圃後儘管各爲誰妍，他僅謙居爲階段性的花農。二〇〇二年獲中國文藝協會榮譽文藝獎章的他，敏銳的觸角讓刊物與出版書籍一直能掌握時代脈動，表現各個時代的人情趣味。期待未來的皇冠文化集團，能爲作者、讀者開闢出更富創意與色彩的文學花園！

註釋：

1 當時加入「皇冠基本作家制」者有：王令嫻、尹雪曼、司馬中原、尼洛、朱西甯、李牧華、季季、林佛兒、林懷民、段彩華、茅及銓、桑品載、高陽、張時、張菱舲、郭嗣汾、華嚴、馮馮、楊念慈、楊思諶、趙爾心、鄧文來、蔡文甫、魏子雲、聶華苓、瓊瑤等，總共二十六人。雜誌社強調：「我們將有系統的出版他們的作品；有計畫地推介他們的作品；作家們應有的權益，義務爲之維護；作家們生活上的困難，全力爲之解決。」（〈給讀者的信〉，《皇冠》一二五期，一九六四年七月，頁十二—十三）具體作法有：可預支稿費及版稅、計畫作品之出版、若需要可代洽作品改拍電影事宜、邀作家定期小聚……等。

2 李瑞騰：〈文藝雜誌學導論〉，《文訊》二一三期，二〇〇三年七月，頁六。

3 〈對談錄——侯文詠‧平鑫濤對談文化——大眾文學新定位〉，《皇冠》六〇一期，二〇〇四年三月，頁一一〇—一一二。

4 陳茜苓：〈經營出版事業應有特色表現——訪平鑫濤〉，《中華日報》十版，一九七三年一月十八日。

5 Robert Escarpit 著，葉淑燕譯，《文學社會學》，台北：遠流，一九九〇年，頁十四。

原發表於二〇〇六年一月《文訊》二四三期

見證歷史，索覽尋根

成文出版社

◎吳栢青

成文辦公室現位於羅斯福路上。

黃成助

1943年生，籍貫台灣新竹。中國文化學院哲學系畢業。1964年6月創立成文出版社，並任發行人至今。曾任美國亞洲學會·中文研究資料中心副主任、聯合出版中心（文化大學出版部前身）總經理、國防研究院圖書館編審、台北市文獻委員會委員、中華民國出版事業協會理事、（香港）成文圖書公司總經理。現並爲裕生科技股份有限公司總裁。

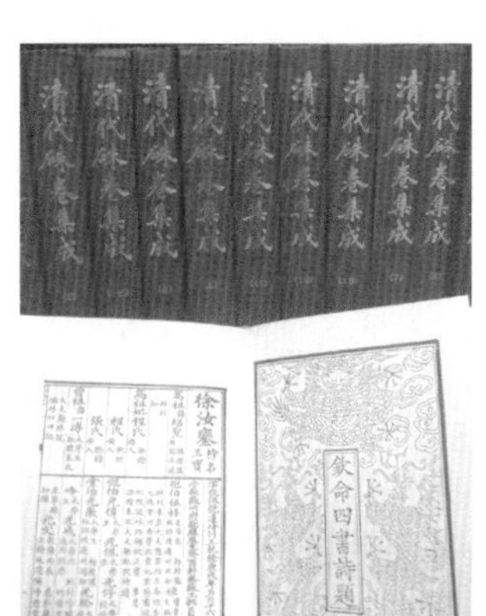

《清代硃卷集成》共420冊，為清代科舉文獻、傳記檔案、文學教育資料之集大成。

成文曾發行《出版與研究》半月刊，共出版一百期，對當時的出版訊息及出版研究貢獻頗多。

成文編印的《台灣土地及農業問題資料》涵蓋農業、土地等政策與研究報告。

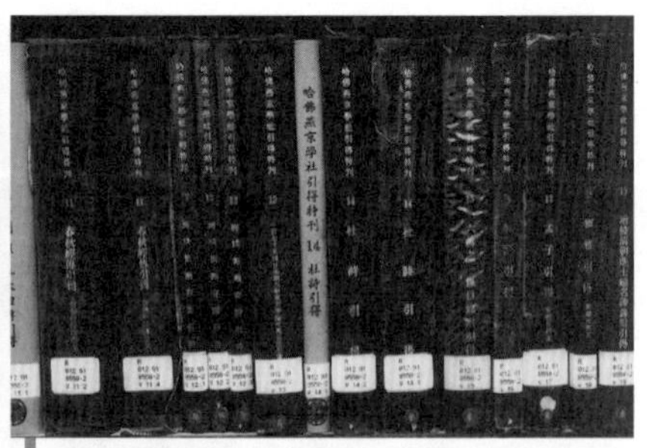

《哈佛燕京學社引得》的出版，是成文出版社對漢學界的重要貢獻。

成文出版的「台灣方志叢書」系列，可說是三百年來台灣文獻資料之總集成。

成文在樹立「漢學研究」寶庫的同時，也不忘台灣這塊土地，陸續出版相關研究書籍。

成文出版社一景，書櫃上放置部分重要出版書籍。

以人論述的「諸子集成」，為中國哲學文獻、社會學之教學與研究，建立了完備的資料庫。

部分照片提供／國家圖書館

因爲擔任美國哈佛大學博士艾文博（Dr. Irick）[1]的研究助理（一九六二年），黃成助在抄寫檔案的過程中，警識到：「這樣的文獻史料，不應該只供個人研究！」[2]於是種下了他出版的萌芽，也確立了「成文出版社」四十年來始終堅持的出版方針。成文創辦人黃成助先生，憑藉著對史料文獻的熱愛，一路踽行，但卻在事業版圖上周遊世界，國際漢學界對他及成文的名號，甘心作一名擁護者。他的出版物橫跨時、空間，締構出供人研究的立體象度，其實，擁有這些成果，他並不孤單。

本公司（成文）以輯編史料叢書、學術研究性文獻檔案為主要出版範圍，兼有現代、當代著作，提供國內外各公私立大學及研究單位購藏，為教學之基本素材，研究所必備。對中國、台灣的史籍提供，及充實圖書館資料典藏為職志。

「成文」的創立宗旨如是說，民國五十三年六月創立，開始與美國亞洲學會中文研究資料中心協作出版英譯《中國總論》等西文著作，此時，即標舉著推廣漢學研究的節杖，作一名文化的使者，去宣揚這等專門學術的博大精深，但又是用一種深入淺出的引介方式。至今，「漢學研究」和「中國、台灣史料文獻」兩大出版方向成爲清晰的指引，期中項目種數，或有消長，然而他們不惑於外界的麗聲絢影，把這些被視爲枯燥、冷僻的引得通檢、律令公報、諸子哲學、地方志書，一本本一套套的蒐印面世，這不是易事，這正是蘊含一分「舍我其誰」的魄力，以鋪續成一宗流遠永存的文獻檔案。

推廣漢學，搜羅方志

早期除出版《中國總論》外，後續有英、德、法、荷譯《老子》、《菜根譚》等中國名著，涵蓋經史子集，並整理重印中英、中法及中日古文字典，另及中國四書五經、文史哲、遊記等西文著作。這是推廣漢學的初步。民國五十五年十月，再與美國哈佛大學燕京學社合作出版《哈佛燕京學社引得》四十一種五十冊及《特刊》二十三種三十一冊，歷時一年二個月刊印完成，「堪稱當時中外漢學界的盛事」。早在民國十一年洪業先生（美籍學者，洪業為其中文名字）執教燕京大學，其後主持《哈佛燕京學社引得》編纂處二十餘年，編輯董理此套叢刊。此書涵蓋經史子集，實有裨於整理中國古典文獻，一舉手而可省翻檢全書或數十百種書之勞，以資學人快覽。此次在台重印，更造成中外漢學圖書館爭相庋藏，這是成文對漢學界的又一貢獻。這樣的推廣績效終在民國六十五年八月獲頒「出版業外銷績優金鼎獎」全國第三名。名次只是數字，對於流傳庋藏與研究的聲效，則是無人可頒的。

在提供便利研究的工具書寫編纂後，成文終於可以大張旗鼓地「汎」至史料的範圍。自民國五十六年四月起，開始著手印行大量史志集傳，包括：接印《仁壽本二十六史》，編印宋、遼、金文集及中國歷代律例、令類圖書和法制史資料。以後陸續出版《中國人物傳記》、《清末民初史料叢書》、《中國方志叢書》一、二輯，其中尤以《中國方志叢書》的出版最是曠古所靡。《叢書》共分三期出版：民國五十六年四月至六十二年為第一期，費時五年，所收七二三種，一二一二冊；民國六十六年八月至七十三年爲第二期，費時七年，所收六三九種，一九一六冊；民國七十三年至八十六年爲第三期，已完成五七二種，二一一九冊，後出增繁，此空前鉅著爲當時出版界開創大套叢書整編出版之風，其創印緣由是：

> 中國的土地大，人口多，山川氣候不同，先前的交通遠不及近日方便，更容易形成地方特色。只憑少數人編纂的國史，顯然不能囊括各地的社會全盤現象。地方志隨時代前進，倡於明代，盛於清代，現已成為史籍中的要角了。

「史，是社會文化發展的跡象」。乾隆開四庫館，於史分類十五，而方志僅一五〇種，在瞿兌之、朱士嘉等先輩綜錄前導下，黃成助先生更廣蒐善本，嘗手訂「方志叢書總目」參酌，所選印範疇定爲鄉、鎮、縣、府、郡、行政區的地方史及專志，此編一出，所帶動的是中國區域之研究；大陸地區見之亦蠢蠢欲動，但仍未敢貿然行之，成文如此投注，可謂「勇可敵國」；利用它的研究學者，更是不可指數。這原是「迂」的事。成文如是說：「但只要知道這是歷史方面還未開發的山林，可以發掘的寶藏」便值得一試。這才是他們願意從事一頁一頁拍照修潤，借調影印等繁瑣工序，一路牽纏而來的最初衷。而今這套煌煌大著，可供學者去輯佚、校讎、可補史傳之不足及閱讀豐富的民俗語文資料，它不只是中外圖書館內一堵一堵的書牆而已，它已蜿蜒成一葉海棠的山川城市，永遠與歷史齊名。

在《叢書》第三期編印期間，適逢台灣光復五十周年，成文推出了「台灣方志叢書」系列，收錄自康熙三十五年，靳治揚主修、高拱乾纂輯之《臺灣府志》，至民國七十二年，王建竹、林猷穆等纂修之《臺中市志》爲止；並及日據時期所編之台灣志、紀要、要覽等史實紀錄和地方文獻，其中，要者如《台灣文獻》等，共收三四五種，一一一〇冊。歷時十二年，「寧失其濫，不敢有闕」，爲應本土研究風氣背景，「南北奔波，逐館求書，得諸公私所藏者有，取之於荒攤冷肆者亦不鮮」，更遠赴東洋攝製底版，合華南、華中、華北、東北、塞北、西部各省方志，徵爲全璧。每本方志前皆列主修、纂輯者、出版年等版本資料，係經編輯的精心加工。而獨立成書，亦無疑是三百年來台灣文獻資料之總集成，除了是一分歷史見證的賀禮，也足供福爾摩莎人民閱覽尋根之依據。

編集成，輯目錄

在《方志叢書》的鋪天蓋地陸續付印以來，地、物的研究原素已大致概括，以「人」論述，便不能不從「諸子爭鳴，百家齊放」的先秦典籍整理入手，於是特聘中國文化學院（今中國文化大學）嚴靈峰教授開始著手編輯「諸子集成」，嚴氏以其深厚的學養與豐富的古今藏書，進行董理校正，計有：

《無求備齋易經集成》，分正文、傳注、音義圖說等十五類，象數、義理遺佚、新說，包括無遺。所選宋刊六，元刊三，明治各儘依原版，共收三六二種，一六一四卷，三二九家，一九五冊。

《無求備齋墨子集成》，分白文、法釋等九類，依著述年代爲序，共收九十九種，三七一卷，七十七家，四十六冊。

《無求備齋荀子集成》，分白文、注解、節本、札記、雜著、日本漢文六類，所收版本以日本著述頗多特色，共收九十種，四三八卷，八十家，五十冊。

《無求備齋韓非子集成》，分類如荀子集成，所收日本著述亦豐，共收七十二種，五九六卷，六十八家，五十二冊。

《無求備齋老列莊三子集成補編》，係繼老子、列子、莊子三種集成，補其不足而輯印，所收中、日、韓三國漢文著述善本、鈔本，強調版本孤本有南宋刊《纂圖互注老子》、《纂圖互注列子》、《列子》單行本；善本又有日本靜嘉堂庋藏之成玄英《南華真經注疏》殘本、大阪府圖所藏天文十五年鈔本《河上公章句》，皆屬稀覯善本。共收一種，二五一卷，五十六冊。

以上各種集成，實爲中國哲學文獻、社會學之教學、研究，建立了完備的資料庫。外此，於民國六十八年亦由嚴靈峰教授編輯《書目類編》，輯印中、日兩國古籍目錄，並及版本知識刻版源流，共分公藏、私藏、專門、叢書、題識、版刻、索引、論述、勸學及日本書目十類，所收二〇三種一一四冊，尋檢甚便，是爲古籍目錄及目錄學之資料大觀。更難能可貴的是，此套書所收錄的大部分是以現代海外圖書館的藏書目錄爲主（含中國大陸）。

筆者以研究範圍所及認爲：許多目錄學專著依附在叢書、集刊中，單行取閱最費檢索，如清光緒會稽徐氏刊邵晉涵《四庫全書提要分纂稿》一卷、《古逸叢書》本中日人藤原佐氏《日本國現在書目》一卷；又台員此地罕見之本，如：丁日昌《豐順丁氏持靜齋書目》、陳乃乾《測海樓舊本書目》、馬瀛撰、潘景鄭校訂之《吟香館書目》，更及於中、日於民初開業之售書目錄，如民國十二年重訂之《中國書店書目》明經廠本，清初刻本，所在多有，俯拾即是，日本文求堂、和雲堂，及以專售中國醫藥書之淺倉屋，都可以即目識書，窺其業務之一斑。此等資料的取得，端賴這些叢刊印行，實最方便學者。

立足台灣，兩岸交流

由此可以感受到一種「立足台灣，放眼漢學研究世界」的氛圍，在回溯源頭，搜索史料的同時，也不或忘台灣這塊土地上，仍有亟待蒐集整理的史料文獻，所以，於民國六十八年與中國地政研究所所長蕭錚博士合作，既編印《民國二十年代中國大陸土地問題資料》（一九三〇—一九四〇年代），也編印《台灣土地及農業問題資料》（一九五〇—一九七〇年代），保留彼時中國未刊行土地問題調查資料，涵蓋農業、土地、經濟等政策及研究報告，足以提供台灣經濟成長與繁榮的答案。自由中國——台灣的土地改革，舉世稱道，鮮知「三七五減租」實源自此一時期的調查研究。地政學院因當時戰事惡化，調查實施於民國二十四年停辦，而此宗資料自重慶遷回南京，復由寧遷台，一直被視作珍本，且手寫端楷，保存良好，是為研究中國近代史及經濟、社會、土地諸問題之原始文獻。

另編印《中華民國國民政府公報》，也編印《中華民國總統府公報》，這些檔案資料是易於被忽略漠視的，但成文似乎以一種「兼容並包」的角度，「不薄中國愛台灣」，將這些史料盡力存真，適足以幫助史家根據人、時、地、物四個因素來研究事態始末，開展一場嶄新的歷史敘述。

從綜述文獻，到二次文獻，成文愈能掌握到原始文獻的提供與學術研究。自民國八十一年始，展開兩岸文化出版的交流，與新華社首創《中國政府機構名錄》之出版合作，又與上海圖書館合作特聘顧廷龍先生主編，三年完成《清代硃卷集成》四二〇冊，收錄自康熙至光緒間，八千餘位清代文武百官履歷、自傳、譜系、撰述、行誼，百年珍藏首次面世，爲科舉文獻、傳記檔案、文學教育資料之集大成，爲學術研究亟待發掘使用的歷史文獻。

成就漢學寶庫

成文出版社由黃成助一人主持編輯[3]、印務、行銷，其魄力之大，其開創之風，爲漢學研究所打造的史料寶庫，使學者可以盡情擷取參閱，這都須歸功於他海外圖書館經營策略的成功，奠定了成文在國際漢學界的聲望；及能嗅出出版研究範疇史料的氣味，成功地樹立「漢學研究」的指標。

「韓潮蘇海浩無前，多謝金閨國士憐，從此不揮閑翰墨，青山青史尙青年。」這是連橫先生在《台灣通史》刊成時自題；著書人用筆寫史，出版家「尋行數墨」來寫史，狂臚文獻，耗去的不只是中年，是對文獻史料保存的一點年少輕狂，而今，藉由成文鋟成的，不是清悠的閑情翰墨，而是將會保留「尙青年」的熱誠，述說大陸和台灣的山川流脈及漢學研究的歷史精神。

（本文承蒙成文出版社發行人黃成助先生協助校閱，特此申謝。）

附記：成文出版社曾發行《出版與研究》半月刊，一九七七年七月一日創刊，一九八一年九月一日停刊，共出版一百期，對當時的出版訊息及出版研究貢獻頗多。發行人兼總編輯爲黃成助，社長孟祥柯，爲報紙半月刊，約五萬份，創刊時是二大張八版，到第二十四期已發展成四大張十六版，並於創刊一周年第二十七期（一九七八年八月一日）時改版爲十六開本，並製作第一至二十四期的篇目索引。《出版與研究》提供出版研究的相關資料，內容包括：最新出版消息、新書簡介、書刊評介、出版界活動、專題書目、專題報導、雜誌業介紹、專訪，另外還有「中華民國報章雜誌篇目分類」以及「全國最新出版圖書公佈欄」。

註釋：

1 艾文博博士（Dr. Irick）係費正清（Dr. John K. Fairbank）門生高徒。博士論文爲〈中美外交關係（一八六二—一九一一）〉。曾整編「籌辦夷務始末及清季外交史料（同治、光緒朝涉美、秘魯、古巴範圍），編譯有《總理各國事務衙門檔案》、《駐外大臣奏章及硃批諭旨相關交涉華工及豬仔問題範圍》（原檔案存中研院近代史研究所）。

2 此語引自當時擔任「業務工作」之葉君超先生訪問稿，葉君超目前任職「城邦出版控股集團營運服務中心」副總經理。

3 當時尚有三位編輯：何光謨先生，負責中譯西（或西譯中）；黃章明先生，負責現代文學及任《出版與研究》主編；高志彬先生，負責「台灣方志叢書」選書工作。

原發表於二〇〇六年四月《文訊》二四六期

補充：近年來與國內外大型圖書館及漢學研究單位互動時，最爲關注的話題便是如何電腦化與減容了。成文過去與未來之出版品以資料性大宗文獻、檔案爲重，動輒單套書／文獻數百本或上千本者，佔用圖書館大量空間，使用者也期盼搭科技列車更有效利用已不算苛求，在應邀參加一次在維也納舉辦的歐洲漢學圖書館員會議後（European Association of Sinological Librarians, Twenty-Eight Annual Conference, Vienna, 10-12 September 2008）也發表了此共同的語言，

這根稻草，促成成文啓動進行數位化典藏與便捷檢索利用的決心，除了與政府過往執行數十億元經費之國家型科技計畫資訊科學單位取得支持及研商部分技術轉移外。需斥巨資以將本社所掌握之檔案文獻轉換成十餘單位資料庫（Data base systems）並加以數位化，迄今已進行三類資料庫之整編中，除有原件影像呈現外，並提供便捷之條目、分類及全文附關聯邏輯檢索，大幅提高其使用效率，節省學者數以年計的研讀時間，幸可完成則能嘉惠士林與社會，爲當前我出版人之志業與挑戰矣。**（黃成助）**

文學出版的啟航者

純文學出版社

◎汪淑珍

純文學出版社所在的大樓。

林海音

本名林含英，籍貫台灣苗栗。1918年出生於日本大阪，2001年辭世。北平世界新聞專科學校畢業。曾任北平《世界日報》記者、編輯、《國語日報》編輯、《聯合報》副刊主編、《純文學》月刊、純文學出版社發行人。著有散文集《冬青樹》、《剪影話文壇》、《靜靜的聽》；長短篇小說集《綠藻與鹹蛋》、《城南舊事》、《燭芯》；兒童文學《金橋》、《不怕冷的企鵝》、《請到我的家鄉來》等。

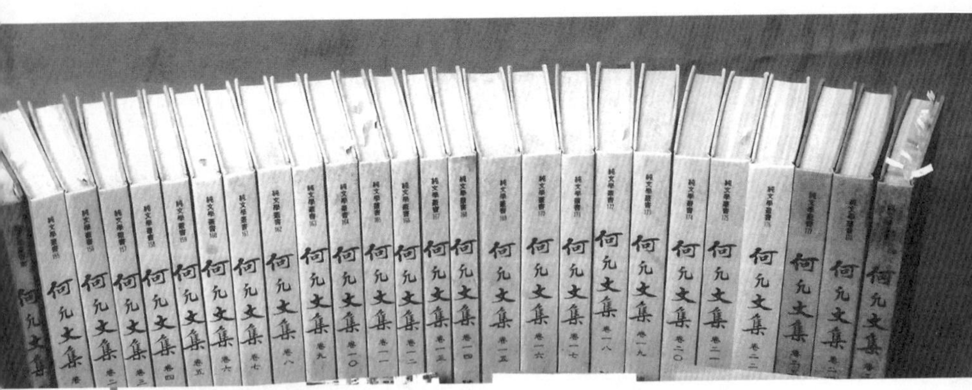

林海音主編《何凡文集》，於1900年獲新聞局出版類圖書主編金鼎獎。

純文學早期封面為林海音所設計，每次新書僅換底色及圖案顏色，簡潔雅致。

因林海音的人脈關係良好，許多作家皆為純文學出版社作者。前排左起：楊牧、林懷民、陳之藩、齊邦媛、徐訏；中排左起：羅蘭、羅體謨夫人、羅體謨；後排左起：何凡、殷允芃、琦君、林海音、季季、心岱、七等生。

林海音留影於純文學出版社大門前。

由丁樹南、馬各、唐達聰、劉國瑞、林海音、何凡等人共辦的《純文學》月刊。

純文學所出版的圖書分四大叢書系列，以文學類、知識類為主，亦重視推廣少兒文學。

林家客廳經常是作家聚會的場所。前排右起：鍾鐵民、鍾鐵英、鍾鐵華、吳錦發、張良澤；次排右起：鍾肇政、何凡、巫永福、廖清秀、林海音；後排右起：黃靈芝、鄭清文、林煥彰、李魁賢、吳萬鑫、簡上仁、楊青矗、沈登恩。

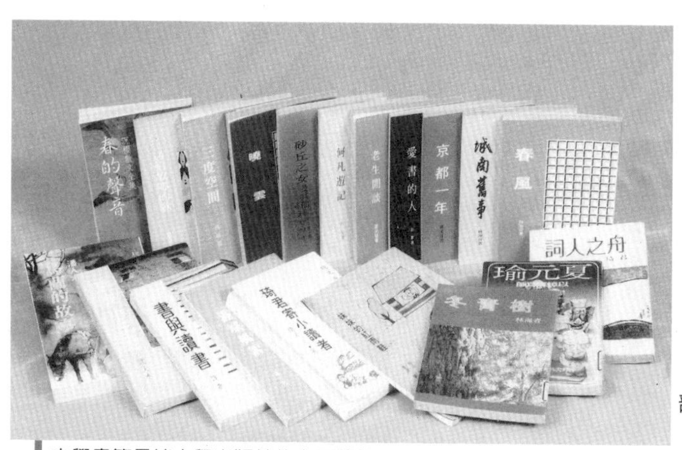

文學書籍是純文學出版社的主要路線之一。

部分照片提供／夏祖麗

前言

純文學出版社創立於一九六八年，欣逢文學書市蓬勃發展的前期[1]，人脈網絡寬廣的林海音，藉其人脈，將許多寫作主體彼此串聯，聚集於純文學出版社，共創許多膾炙人口的好書，寫下純文學出版社即是好書代名詞的佳話。

林海音與「文學」始終有著密不可分的因緣牽繫。自孩童至成年（共二十五年）皆住在北平文化名街琉璃廠，此地經營新舊書籍、筆墨紙硯、碑帖字畫、金石雕刻、文玩古董的店鋪很多。因此林海音自幼即對「書」有一份狂熱，加上一九三五年擔任北平《世界日報》的記者，一九四四年於北平師範大學圖書館工作，一九四五年擔任北平《世界日報》編輯，一九四九年起在台灣報章雜誌發表作品，一九四八年十月至一九五四年十月擔任《國語日報》「周末」周刊編輯、一九五三年至一九六三年任《聯合報》副刊主編。一九五七年至一九六一年兼任《文星》雜誌編輯，負責文藝篇幅及校對。一九六七年創辦《純文學》月刊並擔任一至五十四期的主編。一九六八年開始為國立編譯館主編及主稿一、二年級國語課本直至一九九六年為止。其與文學傳媒關係密切，也熟稔文學的編輯出版，因而在離開「聯副」後，覺得獨立自主的重要性，不希望再受人指揮，又可恣意發揮對文學的展演方式，因而自己當老闆，做自己想做的事——成立純文學出版社[2]。

後來事實證明她除文學創作上的優異表現外，在出版領域也建造了屬於她的江山，一九九〇年因主編《何凡文集》（二十六卷、六百萬字）榮獲行政院新聞局頒予出版類圖書主編「金鼎獎」。她出版的兩百餘種書，多次獲得各種文學界的獎項及殊榮。

成立動機與背景

林海音離開「聯副」後，一九六七年與丁樹南、馬各、唐達聰、劉國瑞及何凡，共辦《純文學》月刊。由於當時其他人均有全職工作，退居幕後，由林海音一人獨自負責編務及業務。月刊一直秉持純文學的路線，刊登了許多佳文，許多海內外作家像張曉風、於梨華、童真、余光中、張秀亞、王拓、張系國、葉珊、吉錚、段彩華、陳之藩、梁實秋、蓉子、葉石濤、黃娟、鍾肇政、李喬、楊蔚等人具代表性的名作，當年都是發表在《純文學》月刊上的。林海音主編五年多下來，《純文學》月刊建立了很好的聲譽，當時文藝青年以手擁一本《純文學》爲榮，而作家們也以投稿《純文學》爲志向。但文藝刊物生存不易，《純文學》叫好不叫座，連連虧損。林海音一人身兼編務、業務、發行、總務疲憊不堪，在苦撐五十四期後，不得不交回原來出資的學生書局，自己專心辦「純文學出版社」，希望將好的作品藉書籍的型式廣爲散布，也完成林海音「出版人」的心願[3]。

純文學出版社早期出書方針乃以《純文學》月刊上連載的文章結集出版爲主，如《一個美的故事》、《權力的滋味》、《浩劫後》、《砂丘之女》、《柳塘樹》、《中國文學在日本》、《學生老師》、《京都一年》、《古典小說散論》、《地》、《波士頓紅豆》、《先知》、《海那邊》等，可說基礎乃在月刊時期即奠定。純文學出版社的標誌不以圖案的方式，而採用隸書字體「純文學」三字，直線方折的筆畫，給人一種寬博的氣勢和獨特的韻味。早期封面以林海音所設計的二套簡潔雅致封面爲主，每次新書僅換封面底色及圖案顏色，呈現典雅大方、簡潔俐落的風格——正如林海音的處世格調。這二套素淨美觀的封面，成爲純文學出版社的獨特標誌。日後林海音更廣邀藝術界人才設計封面，增添書籍美感。

一九六〇年代台灣一切都在起飛，政府推動的經濟發展，已成功萌芽，經濟由昔日封閉走向開放。教育事業也日益普及，接受文學與新知的讀者群日漸擴增，各種景象造就了「文學」繁華的前奏。誠如南方朔所言：「從一九六四至一九七三的這十年，台灣的經濟和教育持續擴大……，而人們的閱讀需求也增加，所謂的文藝青年也從社會和軍中大舉浮現，藝文生產量也大幅擴張。」[4]林海音成立出版社的年代是人們喜愛文學書籍，對作家具崇拜心理的年代。因此書籍不需特別行銷企畫，只要本質不差就有好成績，更何況純文學出版社出版品皆是林海音精挑細選，用心規畫，精心出版的傑作，因此帶來良好銷售成績。

出版原則

林海音曾說：「讀書能增進生活情趣，提高精神領域，是我主持出版事業的初衷。」[5]因此出版的書籍要求能開啓人們心智、導引人生方向。此外她更堅守兩大出書原則：一、每本書都經過精心選擇，二、絕不破壞讀者對「純文學的書就是好書」的信心[6]。因此除書籍內容必具可讀性外，對所使用的字體、紙張，文章內文的文字加工、校勘補正，書的前言、後序，封面的設計、裝訂，皆一絲不苟、悉心策畫。因林海音謹慎，求完美的態度，加上女兒夏祖麗的大力協助（夏祖麗在一九七六年加入），「純文學」三個字在廣大讀者心中烙下了「金字招牌」的印象，作家以書能在純文學出版社出版爲榮，讀者則以購買純文學出版社書籍爲安。彭歌說：「這出版社和月刊都像海音那個人，腳踏實地，一步一個腳印。她做事全神投入，從選稿、編輯、設計乃至於校對等細節，無不親自督理。純文學社聲譽甚高，招牌甚硬，規矩甚嚴，而處世甚公。對於作家的禮遇，應該算是最厚的。她對我的書，比我自己用心得多了。」[7]余光中也說：「海音無論編什麼都很出色，很有魄力，只要把作品交給她，什麼都不用操心。」[8]

出版特色

林海音創辦出版社時正值四十九歲，以其對文學濃厚的興趣，加上人生歷練，因此採取謹慎、穩重的經營策略，圍繞自身的優勢出版——主要經營純文學路線。純文學出版社所出版的圖書約有二二九本，以文學類、知識類爲主，分四大叢書系列：「純文學叢書」、「純美家庭書庫」、「大文豪的智慧」、「藍星叢書」。主要出版特色爲：

一、知識性書籍通俗普世化

一九六八年後，台灣日漸步入穩定時期，人心已安穩不再惶恐，林海音認爲此刻人們應吸收新知，以提高水準。然知識性書籍一向銷路不佳，出版社大多不願冒險，林海音卻廣邀各界人士，以平淺的語言文字，將專業的學識以深入淺出的方式傳入國人視野，有翻譯之作亦有國人自撰。目的為提升社會文化水平，增進國人素養。如美國唐斯博士（Downs, Robert B.）著／彭歌譯《改變歷史的書》，此書探討了一些對於歷史、經濟、文化、文明及科學思想具有重大影響的著作，使讀者可藉此書了解近代西方文明的發展與變化，也帶動國人對知識性讀物的興趣。彭歌說：「唐斯博士《改變歷史的書》，中譯本自民國五十七（一九六八）年七月出版，已歷五年；至今（一九七五）銷行二十二版四萬四千冊。圖書出版界的朋友都認為，以一本嚴肅性的書籍，能夠得到廣大讀者的如此愛好，是一個『奇蹟』。」[9]林海音更指出：「《改變歷史的書》自去年七月出版以來，造成空前的知識之書的暢銷。這個現象，不是說明商業行為的可喜，而是說明本省讀書現象的可喜。」[10]

《改變歷史的書》打響了「純文學」出版好書的聲譽與知名度。此外唐斯博士著／彭歌譯《改變美國的書》所介紹的二十五本書，是唐斯博士認為美國建國以來近二百年間，影響其文化與文明形成最為重大的書。（日）渡邊淳一著／嶺月譯《無影燈》除具文學性外，亦具許多日本醫療制度的啓示；愛爾渥德（Elwood, Maren）著／丁樹南譯《小小說的寫作與欣賞》教導小小說的書寫策略，提供文學鑑賞方式；其他有艾略特（T. S. Eliot）著／杜國清譯《詩的效用與批評的效用》等。國人所創作的知識性書籍有洪兆鉞《圖書分類與管理》探討圖書分類法、期刊管理、圖書館之經營手法。喬志高《美語新詮》、《聽其言也——美語新詮續集》以深入淺出的方式整理習見常用的美語。黃維樑編的《火浴的鳳凰》對余光中做了全面性的論評。林文月《山水與古典》內容涉及古典詩文與文人的評論。琦君《詞人之舟》內容除對詞的文體做介紹外，也對詞的作品及作家有所評論。彭歌《愛書的人》不僅是一部傳記，更是「一個觀念、一種服務，和對圖書工作與學術提供貢獻的故事。」[11]彭歌《知識的水庫》介紹新知，導引閱讀方向，讓想讀書的朋友，能在茫茫書海中按圖索驥，方便揀擇！章樂綺的《美食當前談營養》則將中國傳統美食輔以養生之道的闡述。李廉鳳的《裸猿》是一本以動物學、生物學爲考據的書籍，「它是一個動物學者對於人類的坦白觀察與分析，以淺易的文字，寫出人類的過去，從過去分析現在，從現在推論到將來。」[12]此外，樂蘅軍《古典小說散論》、葉嘉瑩《迦陵談詞》、程振粵編著《四用英文（會話・閱讀・字彙・翻譯）》等，皆具知識性。

出乎意料，此類書籍卻銷售不錯，不但促進大眾讀書風氣，更擴大正規課堂教學以外的知識，增進大眾對知識尊嚴的敬重，更帶動了其他出版社對出版知識性書籍的興趣。出版能反應一個時期社會的需求，這些書籍的出版反映了西風東漸下，民眾對新知新學的渴求，也彰顯林海音擅於把握當代潮流，以知識性的傳播，啟發人們內心深處的求知熱忱，供應社會智識需要的功績。

二、重視推廣少兒圖書

少兒是人生成長的重要階段，一個人長大後，是否喜愛讀書，跟孩提時所受教育與所接觸書籍有關，書籍影響少兒價值觀與文化理念的形成至鉅。林海音十三歲失去父親，身爲長女的她，早早的就擔負起家庭責任，也許是早逝的童年，讓她特別珍惜兒童，以少兒文學推廣、創作、出版填補她童年的空白。純文學出版社不斷引介外國少兒讀物，使國內少兒文學更爲豐富，並透過文學，使國內少兒培養世界觀。

如（瑞典）林葛琳（Astrid Lindgren）著／嶺月譯《少年偵探》，文中描述少兒獨立的人格、追求真理的勇氣，給少兒良好的示範。嶺月譯的《飛天大盜》，內容充滿冒險患難的精神，極具戲劇性、想像力，也描述了少兒們的正義感。林海音譯的《鴿子泰勒》更觸及久已掩抑的人性層面，引發讀者對人自身存在的思索。何凡譯《誰是賊》、盧慧貞（張讓）譯《爸爸真棒》、金仲達譯《虎王》、林海音編譯《猛狗・唐恩》及一系列的《世界少年童話故事》、《波特童畫全集》等，培養少兒們開闊心胸與遠見，使少兒體認人生應該具備及行走的方向。

純文學出版社亦請國人自撰少兒作品，如楊明顯《長白山下的童話》、林海音《小朋友童話故事集》、林海音著／梁丹丰畫的《請到我的家鄉來》介紹各國風光，以加強知識性的傳播。林煥彰的兒童詩集《妹妹的紅雨鞋》、楊喚的詩集《水果們的晚會》、琦君《琦君說童年》、《琦君寄小讀者》、楊華瑋《楊小妹留洋記》、夏祖麗與兩個兒子張安迪、張凱文合寫的《哥兒倆在澳洲》等。由於孩童可塑性大，「染於蒼則蒼，染於黃則黃」，因此林海音始終以最嚴謹的心態出版每一本少兒圖書。她說：「給兒童讀的，在寫時就先要有計畫，是給幾歲孩子看的？他們認識了多少字？他們喜歡什麼故事？可以說完全是伺候孩子，依孩子的意志而寫的。」[13]這些讀物還請了曹俊彥、劉宗銘、陳朝寶、夏祖明、莊因等繪畫插圖。林海音希望在少兒心靈播下文學的種籽，並藉文學書籍的力量彌補校園教育的不足。因此純文學出版社在一九八七年出版了大量少兒讀物，對台灣地區早期的少兒文學發展作出了貢獻。

三、「中國選題」承祧傳統文化

林海音是一位重視中國傳統文學的出版人，在其經營純文學出版社的過程中，不斷爲中國傳統文化的承繼發揚恪盡心力。人們在西化潮流衝擊下，崇洋媚外，漸忽略中國優良美好傳統，加上大陸的「文化大革命」使中國文化慘遭嚴重破壞。林海音爲保存傳統，乃根據其對中國文化的了解和自己的思想意圖，規畫一系列以「中國」爲主題的書籍，組織並邀請擅長此主題的作家創作出符合其精神的作品，她希望藉由相關作品，經過科學化、系統化的整理與安排，出版一系列井然有序以「中國」爲題的書籍。如《中國豆腐》、《中國竹》、《中國兒歌》、《中國近代作家與作品》等書，藉由豆腐、竹子、兒歌等民間文學資產的彙編出版，不僅宣導了知識的涵養，更將民族性、文化性進行承延。此一系列書籍的編輯出版，使中國傳統文化在海峽此端弦續發揚。如林海音所言「在大陸上被摧殘的文化，反而要靠我們來保存和整理了。」[14]

四、文學性書籍歷久彌新

林海音堅持純文學出版社以出版文學性、知識性書籍爲主要路線，並以其先見之明出版了許多暢銷且長銷的書籍，如林海音《城南舊事》、《曉雲》，王藍《藍與黑》、《長夜》，夏元瑜《老生閒談》、《老生再談》，琦君《詞人之舟》，何凡《何凡全集》、《包可華專欄》十四集，夏祖麗《她們的世界》，鄧禹平《我存在・因爲歌、因爲愛》（楚戈、席慕蓉繪圖），林太乙《金盤街》，紀剛《滾滾遼河》，張系國《地》，程抱一《和亞丁談里爾克》，子敏《小太陽》、《和諧人生》、《在月光下織錦》，徐鍾珮《餘音》，潘人木《哀樂小天地》、《蓮漪表妹》、《馬蘭的故事》，余光中《聽聽那冷雨》、《分水嶺上》、《在冷戰的年代》

及夏志清在台灣的第一本文學評論集《愛情・社會・小說》。

此外更尋找各國優秀作品加以翻譯，讓讀者在知識消費中隱然與國際聯結，產生不同文學品味。如（日）安部公房著／鍾肇政、劉慕沙譯《砂丘之女及其他》、（日）和泉式部著／林文月譯《和泉式部日記》、（日）平岩弓枝著／嶺月譯《午後之戀》、（西班牙）鄔納諾（Miguel. Sde Unamuno）著／王安博譯《阿貝桑傑士：一個沉痛的故事》、（美）史坦貝克（John Steinbeck）著／喬志高譯《金山夜話》、（英）維金妮亞・吳爾芙（Virginia Woolf）著／張秀亞譯《自己的屋子》、（英）克羅寧（Archibald Joseph Cronin）著／陳紹鵬譯《一個美的故事》、（捷克）穆納谷（Ladislav Mnacko）著／彭歌譯《權力的滋味》、（敘利亞）紀伯侖（Kahlil Gibran）著／王季慶譯《先知》、艾倫・萊特曼（Alan Lightman）著／童元方譯《愛因斯坦的夢》、（法）波特萊爾（Charles-Pierre Baudelaire）著／杜國清譯《惡之華》等。

這些書籍不但在當時提供文學養料給大眾，擴增社會上愛好文學的人口，更使國人對西方文學吸納消融，演繹發展爲國人對文學的鑑賞能力、創作才華。今日回首返閱純文學出版社當年出版的書籍，即使在時光之流衝擊下，仍不減光彩。

作者群薈萃群倫

林海音對外關係良好，因而藉其擔任「聯副」主編及《純文學》月刊時期的人脈，擁有許多文學創作人才，無論省籍不分男女。這些創作隊伍就是純文學出版社重要的資源，如余光中、彭歌、王藍、何凡、張秀亞、子敏、嶺月、孟瑤、馬瑞雪、趙淑俠、古華、莊因、梁丹丰、劉慕沙、鄭清文、朱佩蘭、楚戈、王信、張我軍、黃娟、葉石濤、鍾肇政、簡宛、徐鍾珮、琦君、沉櫻、張心漪、夏祖麗、潘人木、紀剛、張系國、保真、喜樂、羅青、夏烈、張至璋、夏菁等作家外，更有許多學界人士如夏志清、杜國清、程振粵、何欣、夏元瑜、張光直、林文月、童元方、程抱一、陳紹鵬、黃維樑、鄭清茂、樂蘅軍、李永熾，及學有專精的各領域菁英，如朱介凡（諺語專家）、章樂綺（營養學專家）、喬志高（美語專家）等，共同在純文學出版社各展其才，發抒爲文，成長了彼此，也豐茂了文壇。

林海音更提供新人出版作品的機會，如嶺月當年本來僅是一名家庭主婦，因爲林海音的鼓勵走上寫作之途，其第一本書即在純文學出版。在嶺月給林海音的信中，充滿感激的寫道：

> 不知該怎樣謝謝您，五個月出三版，不是像做夢嗎？能躲在您的保護傘下享受這份榮譽和利益，太幸運了，我常懷疑是不是前世修來的福呢，萬萬沒想到，躲在家裡當了二十年燒飯洗衣婆的我，在短短兩三年間，突然搖身一變，變成一個女作家？我怎不感謝您的提拔和給我機會呢？[15]

林海音將分散的寫作個體藉純文學出版社整合爲一個社群力量，帶動作家們從事文學創作，爲台灣文學的發展提供了不少動力；並以書籍的出版，達成相同意識的擴散——將好的文學作品、有益的知識推介給國人，提高國人對「文字」的尊敬，對「文學」的喜愛，並提升社會閱讀風氣，引致社會及讀者的重視。

結語

純文學出版社在一九九五年十二月結束營業，自一九六八年創立以來，可以說見證了台灣文學出版由燦爛繁華歸於平淡沒落的一頁歷史。林海音喜歡大象，大象笨重，一步一腳印卻是腳踏實地，林海音的處事態度正如大象謹慎踏實穩重，因此出版品皆有良好的品質保證。即使結束營業，其出版的書籍旋由別家出版，如《愛莎岡的女孩》（一九九六年，前衛）、《小太陽》（一九九七年，麥田）、《和泉式部日記》（一九九七年，三民）、《蓮漪表妹》（二〇〇一年，爾雅）、《莊因詩畫》（二〇〇一年，三民）、《權力的滋味》（二〇〇三年，先覺）等數十本。

她的純文學出版社所起的示範作用，在當時出版界也帶動了影響——開創世代閱讀嶄新方向，間接影響圖書出版與大眾閱讀走向。傅月庵說：「文壇上人人唯她（林海音）馬首是瞻，而她也親身示範演出一家好出版社的精神所在。」[16]林海音更以領導者風範帶領其他出版社出版文學書籍，挖掘寫手，鼓勵文學創作，使文學作品不斷產生。

我們的社會除須有不斷的創作者外，更須有「能夠閱讀」的讀者存在。純文學出版社以好的文學作品來教育讀者，使學術與文藝、古典與現代、中文與外文同在此交會互綻光采，影響讀者心性，提升文化水準。通過書籍對讀者產生潛移默化作用，使讀者具接納較高層次作品的能力。

王開平說：「林海音女士有如發光的巨大星體，以強力的磁場能量喚起同時代的文學潮汐。」[17]純文學出版社曾經燭照過多少人的青春童年、慘綠少年，成爲許多讀者成長過程中不可磨滅的時代記憶。林海音與她的純文學出版社雖已成爲不可復尋的歷史名詞，但相信在台灣文藝界、文學史將保有專屬的一頁版圖。

註釋：

1 除五小以外，在七〇—八〇年代台灣風起雲湧地成立了許多文學性出版社，如希代出版社（一九七三）、遠景出版社（一九七五）、遠流出版社（一九七五）、武陵出版社（一九七五）、號角出版社（一九七五）、聯經出版社（一九七五）、書林出版社（一九七八）；前衛出版社（一九八二）、業強出版社（一九八四）、圓神出版社（一九八四）、漢藝色研出版社（一九八五）、方智出版社（一九八八）、宇宙光出版社（一九八八）等。

2 林海音曾說：「人過四十五歲後即要做自己想做的事。」筆者於二〇〇五年七月十四日訪夏祖麗所言。

3 筆者於二〇〇五年五月二十五日訪劉國瑞所言。

4 南方朔：〈世代的閱讀故事〉，《預約下一輪出版盛世》（台北：皇冠文化出版公司，二〇〇四年四月），頁一六九。

5 程榕寧：〈林海音談寫作與出版〉，《大華晚報》，一九七九年十月七日。

6 游淑靜：〈純文學出版社〉，《出版社傳奇》（台北：爾雅出版社，一九八一年七月），頁三九。

7 夏祖麗：〈實踐純文學〉，《從城南走來——林海音傳》（台北：天下遠見公司，二〇〇〇年十月），頁二八八。

8 同註7，頁三〇二—三〇三。

9 彭歌：〈新版前記〉，唐斯博士著／彭歌譯《改變歷史的書》（台北：純文學出版社，一九七五年五月），頁一。

10 林海音：〈讀者・作者・編者〉，《純文學》月刊第五卷第二期（一九六九年二月），頁一八一。

11 彭歌：〈前記〉，《愛書的人》（台北：純文學出版社，一九七六年五月），頁七。

12 李廉鳳：〈我譯「裸猿」代序〉，《裸猿》（台北：純文學出版社，一九八八年四月），頁一。

13 林海音：〈談談兒童讀物〉，《文壇》第四十三期（一九六四年一月），頁三七。

14 林海音：〈此老耐寒〉，《芸窗夜讀》（台北：純文學出版社，一九八二年），頁二七〇。

15 嶺月於一九七八年十一月五日給林海音的信中所言。

16 傅月庵：〈純文學出版社〉，《蠹魚頭的舊書店地圖》（台北：遠流出版公司，二〇〇四年一月十五日），頁一七九。

17 王開平：〈永遠的冬青樹——林海音的精采人生〉，《文訊》第一六三期（一九九九年五月），頁八九。

原發表於二〇〇六年五月《文訊》二四七期

百花綻放的知識公園

五南文化事業機構

◎巫維珍

五南經過四十年的耕耘，成為台灣少數含括圖書出版上中下游的文化事業機構。

楊榮川

1938年生於苗栗縣通霄鎮的小村里——五南，小學畢業後，在父親反對、導師力勸下，進入了大甲初中，以第一名畢業，保送進入台中師範學校，1957年畢業。此後，陸續通過普考、高考、初中教師檢定、高中教師檢定，取得公務人員及中學教師資格。在中、小學任教16年之後，投入出版，經營五南圖書出版公司迄今，曾任中華民國圖書出版事業協會理事長。現爲五南文化事業機構的總負責人。

五南近年來努力拓展概括各個知識領域的出版面向。圖為事業機構中書泉出版社的各類門藝術欣賞叢書。

五南近年推出的「青少年台灣文庫」，涵蓋小說、散文、新詩等，是以台灣為出版主題的系列圖書。

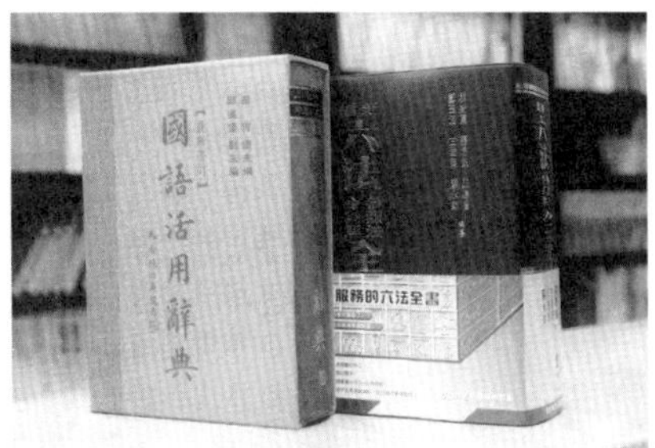

辭典與法律用書是五南專擅的出版領域之一，並不斷加以重編修訂。

2008年，五南與臺灣大學出版中心共同舉辦「兩岸大學出版社與學術傳播研討會」。

部分照片提供／五南文化事業機構

五南積極構想成立以學術用書為主的書店，並不斷拓點擴充。

成立於苗栗小鎮的出版社

提到大專用書、學術專著，大家就會聯想到五南。在出版界起起落落、跌跌撞撞的大環境中，五南走過四十年的歷史風華，在董事長楊榮川「平實出發，穩健經營，昂首邁進」的經營準則之下，往下扎根，向上崢嶸，努力打造了一座知識公園。如今五南在學術出版市場占有一席之地，成爲台灣少數含括圖書出版上中下游的圖書出版體系。

楊榮川現任五南圖書出版股份有限公司董事長，畢業於台中師範學校，畢業後任教期間，幾乎所有可以參加的高普考與教師資格檢定考試，他都參加了，而且都一試就過。逐漸的，開始陸續有人探詢：「怎麼準備考試？」自己寫書出版的想法，也就因此慢慢成形。一九六六年左右，楊榮川成立以故里通霄鎮「五南里」爲名的「五南書廬」，兼職出版。專門出版自己撰寫的《普通教學法題解》、《教育心理學題解》、《三民主義四百題》等書，自編自印，一版二千本在半個月內就賣完，帶給他很大的信心。

一九七二年，楊榮川評估當時國家考試是年輕人找工作的重要途徑，正式登記「五南出版社」，在所有的親友反對之下，決然辭去教職，投入出版，初期以出版高普特考用書爲主。一九七三年遷至苗栗縣苑裡鎮。五南高普考用書創新的編製體例推出之後，形成風潮，席捲就業考試用書市場不出四、五年，其他出版社也開始跟進。楊榮川認爲市場已經開始惡性競爭，思考轉變出版路線；另方面也認爲在台北的印製、作者等相關出版資源較多，乃費盡口舌，說服親人，舉家遷至台北發展。

在大學用書市場占有一席之地

五南在一九七五年遷至台北銅山街，當時的構想是，從原本的高普考出版路線，改為出版大專教科用書。初期以高普考必考科目的大專教材為切入點，因其較具市場性。

遷至台北的五南，積極展開了出版事業。一九七九年以後，開始大量出版人文、社會科學類的大專用書，並以此為主要的出版定位。由於大專教材及學術專著的出版，投資大、時間長、市場相對較小，龐大的資金需求，只能仰賴原有國家考試用書的出版挹注。採取的策略是「以考試用書的盈餘，挹注學術專著的出版；以學術專著的出版，帶動考試用書的銷售。」透過形象的提升，取得考生的肯定，提高購書意願，這是五南在國家考試用書中的優勢。但這方面的優勢也帶來學術出版的負面，有些學者專家把五南定位在考試書的出版層次，不願交付著作出版，使得五南在面臨同行競爭中又增加一項障礙。經過幾年的努力，才慢慢扭轉，逐步樹立學術出版的形象。

由於楊榮川出身教育界，了解教育學術領域的需求與學者的專長，所以初期從教育類圖書切入，較能掌握教育學界的重要作者與專業。楊榮川最自豪的是教育學界權威學者賈馥茗、黃昆輝等人著作以及曾任教育部長林清江的《教育社會學新論——我國社會與教育關係之研究》、郭為藩的《人文主義的教育信念》等，都在五南出版。目前教育類書已超過五百種，是五南的重要出版項目之一。

五南的另一個專業領域是法律類圖書，目前已接近三百種，包括基本的六法全書、法律辭典、各類法學專著。在五南的《新編六法參照法令判解全書》出版之前（一九七八年），國內的六法全書是收集法規條文加以編印，對於使用者不大方便，楊榮川從日本的法律書得來了概念：每一條法令加上條文要旨、立法理由、參照法令及重要判解要旨。他說，當時不曉得會不會收回成本，但他知道這樣的編輯體例實際上適合法學界的使用習慣，他請教時爲大法官的林紀東教授後，便開始大膽放手去做，於是新體例的六法全書誕生，風靡法界，至今成爲法規彙編編輯體例的新典範。

除了教育與法律領域外，字辭典也是五南的專長之一。目前概分爲中文辭典、外文辭典兩類，已超過五十種。第一次出版的是《國語活用辭典》（一九八七年），自一九八二年起開始編輯，出版之後，頗受好評，並經過多次修訂。另一個相反的例子是《英漢活用字典》，楊榮川表示，當時考慮到梁實秋主編的英漢字典已出版一段時間，五南想採取不同的編輯方式。在編輯《國語活用辭典》的同時，也花了將近十年時間，投資千餘萬元，卻因電子字典、網路開始風行，銷路未如預期。

整體來說，從五南的出版類別與作者群來看，五南的專長領域在於大學用書與學術著作，七〇%的作者是本地大專院校的教師，約分爲字辭典、教育、心理、新聞傳播、社會學、法學、政治學、文學、史學、管理、統計、國貿、會計、財經、觀光餐旅、房地產等類別，特別集中於人文、社會科學類。自二〇〇〇年開始，五南在人文、社會學科後，嘗試踏入理工農醫、自然科學的領域，目前已有數學、地球科學、生物學、物理學、化學、土木類、電子電機類、醫護類等類別的著作出版。其中《台灣傳統音樂概論・歌樂篇》（呂錘寬著），並獲得第三十屆金鼎獎最佳藝術生活類圖書獎入圍，以及高明士主編的

《臺灣史》獲得第三十一屆一般圖書類個人獎：最佳主編獎入圍。

楊榮川表示，五南從最早的高普考用書走向大專用書，也從人文、社會科學類擴及自然科學類，走向全方位的高等教育教材及學術專著的出版。「我們希望有朝一日，能出盡所有的大專教材及學術專著，成爲學術圖書市場的重鎮！」楊榮川展現著強烈的企圖心。

從大學用書走向大眾圖書

楊榮川認爲，每家出版社都應有鮮明的專業形象，才能建立出版品牌，若是屬性不相同的書卻放在同一品牌之下，會過於龐雜。於是他另於一九七八年成立「書泉出版社」。

書泉出版類別涵蓋養生、理財、休閒、法律常識等。當時成立書泉出版社，還有另一考慮，因五南的學術類圖書，約稿時間長，回收期也很長，投資較大，爲了彌補資金運轉的問題，書泉就以大眾讀物的市場來因應。就出版方針來講，五南與書泉是相互搭配，前者著重學術的、理論的，後者則是將嚴肅的學術理論透過淺白通俗的文字，面向大眾。例如法律類圖書，五南的取向是由大學老師來撰寫法學專著，面向法律人；書泉的取向則是通俗的《國民法律知識叢書》、《白話六法》、《生活法律 DIY》等系列，以淺顯方式告知讀者法律常識；又如金融專業的圖書，在書泉方面則有《生活財經》系列；醫學方面，有《中西醫會診》等系列，在五南重視的教育類圖書方面，書泉也有《教子有方》等落實於家庭教育的書系。其中《舞獅技藝》（曾慶國著）並獲得民國八十六年金鼎獎優良出版品。

一九九二年，五南另成立「考用出版社」，承繼楊榮川一開始創立「五南書廬」的路線，接收初期五南出版社考試用書的出版資源，專門出版高普考與各類國家考試的參考用書。五南正式與考試用書切離。二〇〇八年改名爲「考用出版股份有限公司」，除了出版公職考試用書，也出版技職檢定、各類證照考試、語言能力檢定、高等教育升學考試等用書，研發領域涵蓋人文、社會、理工等所有與考試相關者，提供各類考試應考者最佳的解決方案。

一九九八年，還併購「台灣古籍出版公司」，專門整理以台灣爲主題的古籍經典，除了原有的「中國古籍大觀」書系，整理四書五經等經典之外，也開創「台灣古籍大觀」，整理了關於台灣的重要文獻，像是明代的盧若騰《島噫詩校釋》，盧若騰曾至澎湖，描寫台灣地理風土與當時已有的移民社會特質。邱文鸞等人的《臺灣旅行記校釋》，是一九一五年時，福建省立甲種農業學校至台灣的參觀遊記。另有清代金門人士林樹梅的《歗雲詩編校釋》等重要作品。另一具特色的書系是以外裔人士爲主體的「域外叢書」，如《馬可波羅行紀》、《阿兜仔在廣州》等書。鴉片戰爭前，在廣州少數懂中文的外僑威廉・亨特（William C. Hunter），寫下外商在廣州口岸的活動概況，可做爲了解一九世紀末期中西貿易的史料。二〇〇七年改名爲「台灣書房」，除了出版相關古籍書種之外，並新增表現現當代人文主題的書種，祈使讀者對本土文化有更深入的認識。其中《飛天紙馬：金銀紙的民俗故事與信仰》於二〇〇八年獲得第三十二屆兒童及少年圖書類出版金鼎獎：最佳人文類圖書金鼎獎。

二〇〇四年，五南購併法律專業出版著稱的「新學林出版公司」，除出版法學教材、法學專題圖書之外，並創辦《台灣本土法雜誌》月刊，是法學研究者必讀刊物。原本在二○○一年成立的高、職出版部，二○○四年改為「中等教育事業處」，楊榮川表示，當中小學教科書開放之初，五南也曾評估要投入，但後來考量到五南的出版路線及行銷方式，只選擇五南較專擅的職業培訓教材向下延伸，出版高職學生的教科書與技能培訓用書。同時也提供青少年讀物，例如今年最新推出的「青少年台灣文庫」，是與國立編譯館合作的一套台灣主題圖書，以國中生與高中生閱讀族群，共有十二冊，涵蓋小說、散文、新詩等文類。

通路、發行體系獨立成形

為了提供學者研究成果發表的園地，五南除了圖書出版之外，更擴及學術期刊，從一九九八年成立「應用心理學研究雜誌社」開始，目前共有六種學術期刊：《應用心理學研究》、《哲學與文化》、《中華傳播學刊》、《教育、哲學與文化叢刊》、《環境教育研究》、《台灣本土法學雜誌》，走學術路向。其中《應用心理學研究》曾獲行政院九十年度金鼎獎「優良出版品」獎項。「出版雖也是商業體系的一環，但也有它的文化意涵。取之於學界，用之於學界，是回饋，也是學術傳揚。」楊榮川這樣認為。

出版之外，最重要的是將書推向讀者，提高出版品的能見度。台灣的書店通路一向以陳列暢銷書或是大眾類的文學書、市場書為主，學術專業圖書，很難在一般書店中占有一席之地，五南便構想成立以學術用書為主的書店。第一家「五南文化廣場」於一九九五年成立，設立於台中火車站前，共有七層樓，八百多坪，十年來不斷拓點擴充，現在共有九家門市。楊榮川表示，五南設立門市，迥異於一般書店，希望布建五南及學術專業圖書的全省性銷售網絡，全面服務學術類書籍的讀者，預計成立二十家。另一個通路則是電子商務網站，五南的網站於二〇〇〇年成立，在二〇〇〇年八月開始加入電子商務，讀者可直接訂書，並寫信與主編交流意見。

走出台灣，面對世界

楊榮川認為，出版界日益競爭，除了台灣本地的出版社眾多之外，還需面對來自世界與中國大陸出版業的衝擊，因此面向世界是必然的趨勢。

五南亦積極進行兩岸出版交流，除了上百家數百種的版權貿易之外，更參與各項出版活動。曾經受委託在北京、天津辦過台灣書展；也曾經承辦第四屆全國書市的台灣館展出事宜；組織過學者訪問團，參訪北大、復旦等十一所大學；最近幾年，也主辦了三次「兩岸大學出版經營管理研討會」，邀請中國大陸數十位大學出版社社長、總編輯來台與會；而陸委會所屬中華文化發展基金會的「補助大陸學者出版學術著作」的出版事宜，五南已承辦了數年，目前已出書四十餘種。除此之外，二〇〇二年與福建省方合作「閩台書城」的參與投資，並代表台灣十數家出版社，出任董事長。更對大陸圖書零售市場及書店運營模式，提供進一步瞭解的機會。

而因應全球化的脈動，五南亦積極發展國際版權合作，開拓國際圖書市場，先後與美、英、日、法、德等國家出版社密切合作。

談到經營理念，楊榮川認爲平實穩健才是永久之道。一分能力，做一分事，也許被躍進者譏爲保守，但當大風大浪撲來時，仍然可以屹立不搖。在出版信念上，楊榮川信守：「知識」、「創新」與「責任」。他認爲「傳承知識，弘揚學術」，是五南恆久不變的夢想，建構百花綻放的知識公園，是五南努力的目標；「傳揚新知，激發創意」，是五南同仁從業的認知與醒悟。印證五南過去考試用書編纂體例的全新規畫、六法全書的內容更新以及《國語活用辭典》的活用取向，在在突顯「創新」在競爭市場的突圍作用；而要求同仁「積極負責，效率品質」，更是五南永續推進的動力，「現在如此，將來也是如此」。

經過四十餘年的辛勤耕耘，五南文化事業機構一路走來，由小鎮到都會，由單一到集體，由考試用書到學術專著，由出版到通路，由圖書到雜誌，成爲少數含括圖書出版上中下游的文化出版機構，工作同仁二百餘人，總計出書已達六千餘種，有大專教材、職場用書，也有學術專著、知識讀本，兼及生活叢書。數十年的心血，成就一方浩瀚無垠的閱讀國度，五南企圖打造一座「百花綻放的知識公園」，這裡面含括著知識的各個領域，統領學科的各個層次，百花綻放，「你可以在此播種，期待花開；也可以在此遨遊，摘粉釀蜜。」楊榮川如此期待！二〇〇七年獲新聞局頒授「金鼎三十，老字號，金招牌」獎座，是對「五南」的肯定，也是至高的榮譽，半生心血，終有所成。

原發表於二〇〇六年八月《文訊》二五〇期

台灣文史研究的寶庫

南天書局

◎顧敏耀

南天書局的命名，暗藏著文化的深意。

魏德文

1943年生於新竹關西，台北醫學大學藥學系畢業。南天書局有限公司創辦人與發行人。曾任藥師、台北市文獻會委員、出版事業協會理事、台北市出版同業公會監事、《出版界》總編輯等。著有《夏獻綸——全臺前後山輿圖解說》、《臺灣原住民分布圖》、《竹塹古地圖調查研究》（合著）等。

南天書局門市空間不大，卻蘊藏了無數珍貴寶物。

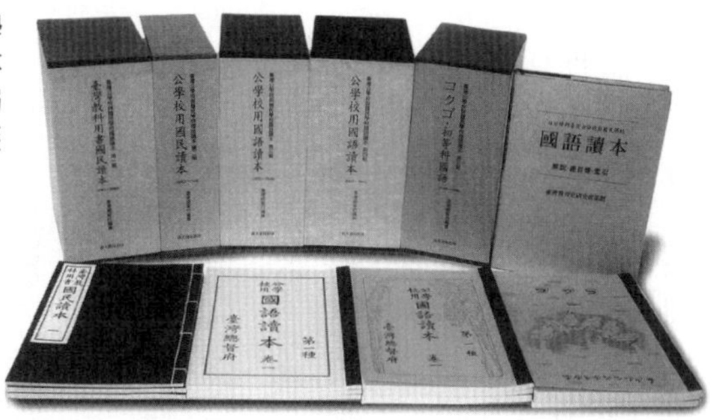

《日治時期台灣公學校與國民學校國語讀本1901-1944》是南天書局出版的殊有書籍，富歷史價值。

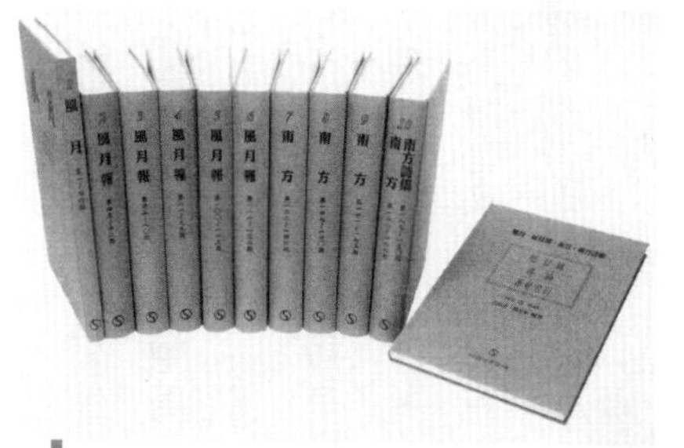

《風月》（後易名《風月報》、《南方》）為禁用漢文時期唯一的漢文綜合藝文雜誌，合訂本是不可多得的參考史料。

魏德文是台灣知名的古地圖收藏家，書店內亦陳設多幀珍貴的台灣地圖。

客家、台灣學、地圖，皆是南天重要的出版領域。

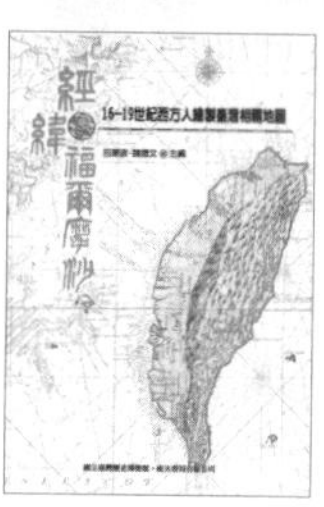

部分照片提供／南天書局

三十多年前，一位來自新竹客家小鎮的年輕人來到台北，創立了一家出版社，身兼發行人、總經理與總編輯，出版品前後十度榮獲行政院新聞局金鼎獎，二〇〇四年更以對台灣出版事業的傑出貢獻而獲得行政院新聞局頒發第二十八屆金鼎獎「終身成就獎」。他是怎麼辦到的？有什麼經營祕訣？當時畢業於台北醫藥大學藥學系的高材生，爲何會放棄穩定而高薪的藥師工作，義無反顧跳入挑戰激烈的出版事業？背後支持與推動他的理念是什麼？

這位出版界的奇人就是魏德文，一九四三年生於新竹關西，一九七六年創立「南天書局有限公司」，至今滿三十二年。除了曾經獲得前述獎項之外，台灣省文獻會曾於一九九九年以「台灣古地圖、古文獻之收集與展示」、「持續致力台灣文獻史料收集、整理、出版、推廣的文化義工」而頒給他第一屆「台灣省文獻會傑出文獻獎」，同年也獲得「中國地理學會（台灣）」推崇爲「推廣地理教育績優單位」而獲得表揚，其他的大小獎項更是不勝枚舉。這六、七年來，美國國會圖書館每年還編列兩萬五千美元（台幣八十二萬元），請南天書局的魏德文代購有關台灣研究的書籍，甄選圖書的眼光在國際上獲得專業肯定。

展望的歷程與期許

「回顧成果與業績是多麼的豐采與自豪，但是實際創業與突破困境的過程在那時卻是非常苦悶與生澀，如今早已拋到雲霄之外，這往往是常人的通病。」魏德文想起這段經歷，頗爲百感交集。他回憶創辦當時的出版環境說：「台灣在六〇、七〇年代，除了教科書、古典文學、通俗小說之外，較嚴謹的學術書籍相當有限，當我去日本看到書店中琳瑯滿目的各種好書，心中有無限感慨，總覺得需要有人出版具備學術深度與多元性、帶動大眾閱讀走向，並且有益社會的書籍，認爲在當時投入出版這一行業，應該有很大的揮灑空間。」在思索出版的方向與領域時，他認爲，若要培養寬闊的視野也必須先從認知身邊事物做起，也就是要考慮所謂「原生性」的問題，以自身做出發點，進而比較分析本身與外圍鄰近的地域或國家，建立起有如同心圓一般的認識架構。以台灣爲例，就應該先立足本土，繼而延伸到整個大中華圈、亞洲以及全世界。職是之故，魏德文當時便決定以台灣的人文與自然研究作爲出版的大方向。

至於南天書局的發展歷程方面，魏德文表示，初期是以重刊具有重要性的台灣文史經典古籍（含中、日、西文、藏文書籍），這些書籍本身沒有版權問題，重新刊印出來也可提供給更多研究者利用，其次則申請西文圖書出版發行台灣版，並且翻譯經典的外文著作，第三階段則向學有專精、功力深厚的研究者邀稿，出版他們的研究成果。這三個進程並沒有清楚明顯的界線，而且有同步並進的情形。此外，南天書局除了經常出版單行本書籍之外，每隔兩三年也都會規畫較大型的出版書系。

魏德文自述他的出版理念是：有限的地球資源應以珍惜與善用爲原則，亦即必須出版對學術研究或社會大眾有裨益的書籍，若是只能牟利而對整體社會沒有正面意義的圖書則從不會想出版，整體來看，南天出版品的類別與走向容或有求新求變之處，但是這項理念一直沒有動搖過。如果是十分有意義但不易回收的著作，只好在能力範圍內盡量去做；出版理念與商業考量這兩方面若能兼顧當然最好，但是能兩全其美的總是不多。例如對台灣早期歷史、原住民語言研究有重大意義的新港語（西拉雅語）與荷蘭文對照的《馬太福音》，那是十七世紀台灣荷西時代，一位荷蘭牧師倪但理（Daniel Gravius）為了宣教所需而將《聖經》翻譯為這個目前已經無人使用的語言，在一六六一年出版；這是荷蘭人用羅馬拼音來記錄西拉雅族語言的珍貴紀錄，西拉雅人也以書寫這種羅馬拼音，並且運用到與漢人之間的土地承租或買賣的契約，那就是著名的「新港文書」。南天書局依照一八八八年英國長老教會牧師甘為霖（William Campbell）註解的版本，在一九九六年重印這本珍貴而少見的書，書名為 *The gospel of St. Matthew in Formosan（Sinkang dialect）, with corresponding versions in Dutch and English*，雖然只印了三百本，到現今也只銷售幾十本，卻幫這本書的壽命延長了一百年以上，也讓相關研究者使用資料更為方便。

魏德文表示，印刷的技術在近三十年中，從傳統的密集手工業到尖端的電腦科技，可說日新月異，時時刻刻都在進步，一個出版人對於這些排版、製版到印刷的操作細節雖然無法全部瞭若指掌，但是對功能的應用則不可不知。

回憶當初出版社命名的緣由，魏德文說：「在亞洲諸多國家當中，對於書籍出版的質與量而言，以中國、日本、南韓、台灣以及香港較具有代表性，而台灣的地理位置剛好位於這個出版圈的南方，我心中總期望台灣也能成為出版界的重鎮、能夠闖出一片天，故而命名為『南天』。」而南天書局的商標是在一個圓圈之中有一個「S」字樣，讓人看過就有深刻印象，對於這個 logo，魏德文說：商標的設計原本就要線條簡潔明瞭，S 除了是南天書局英文全名（Southern Material Center, Inc.）的第一個字母，而且西方人看到太極的圖象就會想到來自東方，另外，「太極」圖案更蘊含著東方哲理所謂陰陽相生相剋、物極必反以及中庸之道的深意。

理念的堅持，意外的收穫

能夠有十種出版品先後獲得金鼎獎肯定的出版社非常少，南天書局是怎麼做到的呢？魏德文表示，在行政院新聞局剛舉辦金鼎獎的那年，正好是南天成立滿一年，而舉辦金鼎獎的基本精神是表揚對社會有效益而經濟回收較不易的著作，除了內容之外，美編、印製、裝訂各方面也都要有一定的水準才行。他自謙的說：「嚴格來說，得獎書籍也不代表在當年是最好的一本，或許當年那類的書剛好較少，或是評審委員對這本書特別青睞也有關。南天並非為了得獎才如此努力不懈，事實上是在追求理念與辛勤耕耘中，意外得獎。」

南天出版品中，曾經獲得金鼎獎肯定的有：顏焜熒《原色常用中藥圖鑑》與《原色中藥飲片圖鑑》（一九八一）、那志良《中國古玉圖釋》（一九九〇）、輔仁大學織品服裝學系《中國紋飾》四冊（一九九二）、王其鈞《中國傳統民居建築》（一九九三）、傅朝卿《中國古典式樣新建築》（一九九四）、呂理政《遠古台灣的故事》（一九九七）、李莎莉《台灣原住民衣飾文化：傳統・意義・圖說》（一九九八）以及張世明《九族創世紀：台灣原住民的神話與傳說》（二〇〇二），李瑞宗《臺北植物園與清代欽差行台的新透視》、李毓中《海洋台灣的故事——香料、葡萄牙人、西班牙人與艾爾摩沙》（二〇〇八），我們從這些得獎的書籍中可以發現：圖象與文字兼重是共同特色，魏德文認為這是南天出版的重要理念，他說：「文字雖然也能夠深入而細膩的描述事物，但是圖象更爲寫實而一目了然，能夠直接重現事物本身，與文字是兩種不同的呈現方式，甚至有時候圖象達到的效果比文字要更好。在資訊發達的今日，圖象也已經是傳播媒體的重要工具。」

其中以一九九八年的《台灣原住民衣飾文化：傳統・意義・圖說》一書值得一提，自創業開始就很想出版這樣的一本書。台灣一向未重視原住民的文化，事實上是台灣文化重要的一環，他們的紋樣呈現幾何形（菱形、三角形、方形、曲線、直線），是崇尚自然的，相當不同於漢人的圓形、橢圓或如意、太極意象。而且織繡時沒組織圖，完全靠記憶與傳承，能織繡出精采的紋樣。所以首先蒐集原住民的衣飾，其次尋找原住民相關的書籍與圖象，最早溯自三百多年前的荷蘭時期，最多的是在日治時期，最後仍需徵得研究原住民領域的作者與美編人才，前後共花費了二十年。當出版時這本巨著獲得了三項獎項：1 著作金鼎獎，2 美術設計金鼎獎，3 優良圖書推薦獎。這些獎座非偶然得來的。

對於這些得獎書籍，魏德文仍有深刻的印象，例如那志良《中國古玉圖釋》（共五二二頁，一六九張彩圖，一二八五張黑白圖）是這位國內首屈一指的玉器研究者累積了數十年的心血傑作，研究對象除了涵蓋故宮所藏歷朝玉製禮器、官制配飾以及裝飾品之外，還有考古挖掘所得、民間世傳以及海外各地的收藏品，是我國玉器研究的扛鼎之作。另外，《中國紋飾》之所以出版亦有適應時代需求的意義——台灣戰後紡織業非常蓬勃，機器與原料方面靠著進口可以獲得解決，然而要供應市場需求、建立本身特色，則精美的紋樣與顏色搭配更是不可或缺，該書便針對中國幾千年來的各種傳統紋樣，經過全面的整理與分類，足以讓紡織品具有更深層的文化意涵，全書共有九六一頁，圖片多達二一六一幅，亦爲劃時代之作。

「南天不變的原則就是所出版的書籍必有其社會效益，即使是漫畫書也不例外，這或許就是得獎的祕訣吧！」魏德文說。

從關西到台北，從藥師到出版家

魏德文接著指出，他是出身農家，在故鄉有位教育成功的楷模——范朝燈先生，他有「十子十登科」的美譽，從日治末期到戰後初期之間，經歷了社會大動盪的最艱困時期，他竟然能夠培育十個兒子都完成大學學業，五個以上獲得博士學位，這除了天分之外，還要後天的努力與良好的家教。正因爲那個時代能夠大學畢業是非常不容易的事情，所以范家便成爲關西甚至整個新竹地區眾人學習的榜樣。魏德文的父親與范家正是世交好友，純樸的關西也具有良好的學風，能夠治病救人的醫療業亦爲魏德文所嚮往，因此他選取了丙組，並且順利考取了台北醫學院藥學系，畢業之後先從事本行，但是他本身就喜歡接觸各種不同的知識領域，更愛好購買各種新書與古書，開始與出版事業結下不解之緣。

我們不禁好奇問起：「南天書局也出版過不少醫藥類的圖書，您本身甚至也爲中藥古籍如《重修政和經史證類備用本草》（一九七六）與《本草品彙精要》（一九八三）編輯索引以方便讀者使用，從中似乎可以看出藥師身分對於您出版事業的影響。您覺得在藥師與出版人這兩種身分之間，有何相輔相成的作用？有何相同與不同之處呢？」

魏德文娓娓道來：「我在大學畢業之後，進入外國廠商任職三年，不過總覺得出版工作對本身的個性而言十分適合，較能使力，因此在一九七六年創立了南天。但是，我當初就想要好好運用個人熟悉的醫學領域出版相關書籍，不過西方的醫學研究比較發達，台灣在西醫方面的發展空間較小，從事傳統醫學的領域在國際上的發揮空間反而比較大，因此便想由此入手。」

「重刊的兩本中藥古籍是傳統社會的『藥典』（pharmacopoeia），而《原色常用中藥圖鑑》與《原色中藥飲片圖鑑》這兩部姊妹作是我的恩師顏焜熒教授的畢生力作，書中將傳統中藥學理與現代化科學成分與藥理成功的結合在一起，我們不計成本的把出版品質精緻化，對於用色、排版與紙質都嚴格的要求，這也是一九八一年南天獲得的第一座金鼎獎。此外，我們還出版了這兩本書的日文與英文版，銷售量非常亮眼。」

此外，魏德文在從事出版行業中，也經常利用本行或是理科的思考模式，例如出版的書籍大多採用橫排，就是因爲覺得頸部的左右擺動比上下俯仰來得省力，而且與西文或是阿拉伯數字混排時也較方便；章節的分級會用「1」、「1.1」、「1.1.1」來呈現，顯得井然有序；索引之製作非常費時，但是對於後人的使用十分方便，南天不厭其煩的整理出來；理科書籍中常見的圖片或表格讓人一目瞭然，在出版品中也頻繁的運用。他對於古書或古地圖之維護也運用到生物學／化學的知識：紙張是由纖維所組成，纖維可分解爲澱粉，澱粉可再分解爲葡萄糖，正好是昆蟲所需的營養成分，因此在紙張的保存上，必須特別注意蟲害的問題。

亞洲學會成為出版的啟蒙地

魏德文表示，六〇年代由哈佛大學教授費正清推動的中國研究蔚然成風，但是當時中國大陸「文化大革命」卻也正如火如荼，西方學者要去中國往往不得其門而入，只好將台灣當作小中國而相繼透過台灣進行研究。費正清的得意門生艾文博（Robert Irick）在博士班時代來台研究「清代的勞工問題」，當時蒐集資料非常不容易，更沒有複印機而都要用手抄，所以找到黃成助爲研究助理，爾後「美國亞洲學會」成立，並在台灣設置「中文資料中心」，當時的籌備工作就是由黃成助策畫，爲艾氏的得力助手。開始將中文書籍提供美國、歐洲，進而擴及全球各地的研究所、各大學漢學中心或東亞圖書館。

魏德文回憶道：「當時台灣許多出版社都投入古籍的重印，大部頭的書籍相繼印出，譬如臺灣商務印書館的《四部叢刊》與《四庫全書》、中華書局的《四部備要》、藝文印書館的《百部叢書集成》、文海出版社的《近代中國史料叢刊》，另外還有世界書局、華文、大通與廣文等皆然，繁榮一時。黃先生早在六〇年代成立了成文出版社，重刊《中國方志叢書》、《中國方略叢書》以及許多西文書的出版，我在這個中心工作了三年，得到學術研究的洗禮，也學到西方人處理事務的方法，所有的製作流程也在這邊觀摩學習，因此，艾先生與黃先生都是我的啓蒙老師。」

南天書局重印或出版了許多珍貴的西文圖書，例如 Wm. Campbe 撰 *Formosa Under the Dutch*（二〇〇一）、Geo. L. Mackay 撰 *From Far Formosa*（二〇〇二）、Macabe Keliher 所撰的 *Small Sea Travel Diary*（《裨海紀遊》英譯版，二〇〇四）等，甄選的學術眼光與出版的膽識都讓人刮目相看，這些非常具參考價值的外文圖書，到底是如何挖掘、挑選到的呢？魏德文說：「主要有幾個途徑，第一是隨時注意全球學術期刊上的書評，第二是國內專家學者的推薦，第三是注意各大圖書館藏書的目錄，第四則是有的作者會毛遂自薦。西方學者研究學問的方法與角度往往與國內不同，對國內的學術研究頗具刺激思考、相互學習、切磋觀摩的作用。」

我們發現我國出版業有不少客家人，除了南天、成文之外，還有萬卷樓、桂冠、唐山、藝術圖書公司、藝術家、地球、文鶴、松岡、水牛、里仁等，爲何會有這種現象呢？魏先生說：「其實出版業界的『外省人』也不少，像是跟著國民政府來台的商務印書館、中華書局、正中書局、世界書局等出版社的經營者皆然；不過，客家人一向有『晴耕雨讀』的傳統，在素來務實的性格下，認識到讀書的重要性，因此對文教出版很注重，可能因此而有此現象。」

一九八七年解嚴之後，「台灣學」的研究風氣逐漸興起，甚至在今日有「顯學」之稱。南天書局也是台灣相關書籍出版風潮的開路先鋒，多年來不計成本的出版許多學術性濃厚的書籍，例如一九八八年，台灣原住民建築的研究泰斗千千岩助太郎與南天書局簽約出版《台灣高砂族の住家》；二〇〇一年將台灣日治時期重要的漢文刊物《風月》、《風月報》、《南方》共一九〇期全數重印出版；二〇〇三年與台灣教育史研究會合作出版《日治時期台灣公學校與國民學校國語讀本》全套六十一冊，諸如此類，不勝枚舉，造福甚多台灣的研究者，貢獻厥偉。但是，我們也十分好奇在書籍品質、學術價值以及商業考量之間，應該如何調節呢？另外，解嚴前出版台灣研究書籍是否曾遭到當時統治當局的干擾？而目前興盛的「台灣學」研究風氣，對南天書局有哪些影響？

魏德文說：「戰後國民黨壓抑台灣研究，造成日治時期的研究成果無法銜接的斷層問題，日治時期的眾多文獻都極有學術價值，卻有運用上的隔閡。台灣研究興起，師資與史料是兩大需求，南天蒐集重印的日治時期史料一方面正好可以供應學界所需，一方面也促成台灣研究更加蓬勃發展。至於商業考量方面，其一，出版者原本就應懷著理想與熱情，既然認定這部書值得出版，即使回收可能較慢，也會咬緊牙根為社會貢獻；其二，因為南天在全球藏書機構與研究學者的心目中都已經建立起良好的信譽，因此所出版的圖書，即使是冷門的學術用書，國內的銷售情形如果再加上國外的銷售數額，則整體而言仍然差強人意。」魏德文回憶起戒嚴時期，的確有調查人員來搜索檢查，不過，因為南天對於較為偏激的言論都持保留態度，整體取向比較學術、理性與平和，因此他們也一無所獲。

用心細心，永續經營

魏德文表示，一本書籍除了內容要充實之外，版面的設計也不能忽略。南天書局出版的書籍，版面編排非常用心，有一種十分精緻的整體感，可看出主事者在這方面的「專注完美，近乎苛求」。

另外，即使是舊書重印，南天也不馬虎，例如《日治時期台灣公學校與國民學校國語讀本》是透過許多管道才蒐羅齊全的，因爲年深日久所以總有蟲蠹、污點或破損的問題，魏德文領導的工作小組透過電腦修圖，花費很久的時間，細心的把文字以外的污漬都逐一去除，邊框歪斜不正的也妥善調整。今年七月與國史館台灣文獻館合作出版的《日治時期台灣都市發展地圖集》同樣是經歷了這般煞費苦心修圖才呈現在讀者眼前。全書製作經歷了三年時間，且用了三十年來的經驗做出最滿意的巨著，全書重達二十公斤。當年也參加了金鼎獎評鑑，不過沒有獲獎，問他是什麼原因，他微笑答道：「可能是評審委員不識貨吧！」魏德文指出，南天對書籍文字的正確性也非常重視，一定經過多人重複校對多次之後才會正式送印。至於書籍的印刷，則本著「同樣的成本，最好的效果；同樣的效果，最低的成本」以私人企業有限資源的原則來考量。

南天書局出版的圖書在二〇〇五年有以下數類：史地類（一四〇種）、人類學（一一二種）、社會類（一〇八種）、藝術類（一〇四種）、語言與文學（六十五種）、醫藥類（五十種）、動植物類（四十三種）、宗教類（十六種）、法律類（六種），史地類占首位，符合外界對南天的印象（「台灣學」的發展歷程中，也以史地類占最重要的角色），不過「人類學」的數量與史地類幾乎不相上下，其中的「原住民研究」在南天書局出版書籍當中，更占有不少的分量，關於原住民的有笠原政治《台灣原住民族映像》（一九九九）、湯淺浩史《台灣原住民族影像誌——鄒族篇》（二〇〇〇）；關於平埔族的有潘英《臺灣平埔族史》（一九九六）、潘大和《平埔族巴宰族滄桑史》（一九九八）等。

魏德文解釋，他覺得原住民文化是最能代表台灣的，而且台灣在人類學的研究上有得天獨厚之處——小小的島上，光是南島民族就有二十族以上，台灣還因此被認定爲全球南島民族向外擴散的原點；而且後來島內又有漢族移入，漢族本身又分爲福佬、客家與「外省」等，眾多族群在島上互動的歷史十分值得深入探究，是人類學與民族學研究的寶庫，因此南天也持續出版這方面的許多重要著作。

近年來國內「客家研究」越來越蓬勃發展，南天書局歷年來亦出版或重印甚多客家文化相關圖書，例如D. MacIver《客英大辭典》（一九八二）、Ray. Ch《客法大辭典》（一九八八）、徐兆泉《客家話小王子》（二〇〇〇）、廖德添《客家師傅話》（一九九九）等，最近更成爲中央大學客家學院的合作出版對象，致力於客家文化的保存與延續，主要原因除了魏德文本身就是客家人，帶有熱切的使命感之外，他也覺得這個領域的發展空間還很大，「國內出版的客家研究書籍的數量，只是原住民研究書籍的十分之一，但是客家人的人口卻是原住民的十倍！」他覺得客語的保存是當務之急，因爲語言是文化傳承最重要的載體，故而南天出版的關於客家的書籍，有許多都與客語相關，其中又以徐兆泉《台灣客家話辭典》是魏先生最大力推薦的：「這是目前最好的客家話辭典！」此外，他也覺得「客家文獻館」應該早日建立，保存重要的客家研究資料；而台灣也有實力成爲全球客家研究的重鎮，有朝一日成立「世界客家研究中心」絕對不是夢想。

南天書局在出版業務之外，亦經營門市，占地雖然不大，但店內常常看到許多內行人來此尋寶，國外學者也風聞而至，甚至曾有日本教授告訴研究生們：「來台灣做研究或找資料，必須要去拜訪南天書局！」網路上豐富的資料以及每年特地編印的《台灣研究書目》，更是便利研究者甚多，儼然成爲台灣研究的資料中心。筆者就曾經在南天書局裡買到對研究台灣日治時期文學發展非常重要的《新文學雜誌叢刊》（十七冊）與《三六九小報》（三大冊）等。

堅毅自信的「擇善固執」精神

魏德文除了是知名出版人，還是台灣著名的古地圖收藏家，收藏件數超過一千份，價值最昂貴的地圖，一張就要數十萬台幣，國立台灣博物館在二〇〇五年推出「地圖台灣」特展，展場三百多件展品中即有一百多件、超過三分之一的展品是源自於他個人的收藏，他也將個人興趣與出版專業充分結合，今年二月與國立台灣歷史博物館合作出版《經緯福爾摩沙——十六～十九世紀西方人繪製臺灣相關地圖》一書，展現台灣在各種地圖之中的豐富樣貌。魏德文說：「地圖能夠將立體的三度空間壓縮爲平面的二度空間，讓人看著地圖便可充分掌握地形與地貌，文字敘述有失真的可能，地圖則非常忠實的呈顯地理景觀，並且反應當時人們的地理認知。」

結束專訪之後，從南天書局走往捷運站，腦海中對於魏德文傳達出來的那種堅毅自信、全力以赴的氣質仍然印象深刻，這是否就是客家人特有的「堅持」精神呢？如果台灣文化界能多幾位像魏德文這樣的人物就好了！

原發表於二〇〇六年九月《文訊》二五一期

舊學商量加邃密
新知培養轉深沉

商務印書館與臺灣商務印書館

◎吳柏青

臺灣商務印書館歷史悠久，從早期（左）至現今（右），俱是歷史的軌跡。

張元濟

1876年生，卒於1959年。字筱齋，號菊生，一號鞠生，籍貫浙江海鹽。清光緒壬辰進士，選翰林院庶吉士。歷官刑部主事，總理各國事務衙門章京。1902年進入商務印書館設印刷所、編譯所、發行所，主持編印《四部叢刊》初、二、三編、《百衲本二十四史》、《續古逸叢書》等善本古籍。

王雲五

1888年生，卒於1979年。原名日祥，號岫盧，籍貫廣東中山。曾獲韓國建國大學名譽博士學位，受到孫中山先生賞識任臨時大總統祕書，後轉任教育部，受蔡元培器重，爲起草教學法令。歷任經濟部長、財政部長、考試院副院長、行政院副院長。1921年經胡適引薦進入商務任編譯所所長，此後主持商務印書館與臺灣商務印書館，前後達40年。編印有《萬有文庫》一、二集、《大學叢書》、《中國文化史叢書》、《人人文庫》，於近代教育、出版、圖書館等文化事業，卓有貢獻。（翻攝自《我所認識的王雲五先生》，臺灣商務印書館出版）

《四部叢刊》與《四庫全書》迄今仍是臺灣商務印書館極具代表性與歷史意義的出版品。

前臺灣商務印書館顧問王壽南。

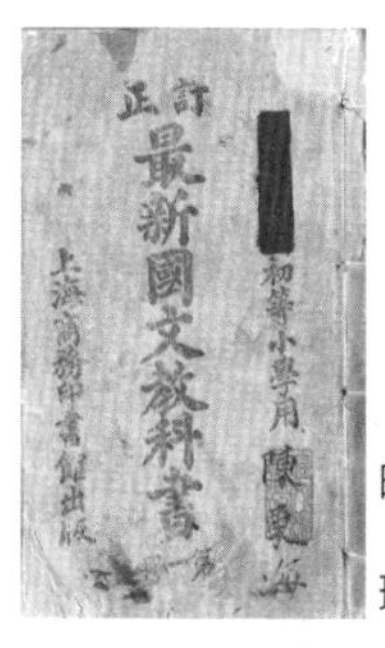

由上海商務印書館出版的《最新國文教科書》，成為珍貴的版本。

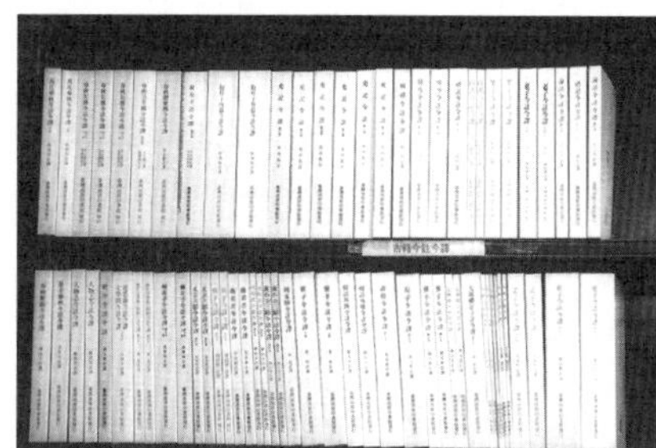

《古籍今註今譯》與《OPEN》系列各有書系發展方向，皆是長銷書籍。

臺灣商務印書館近年來朝向更多元的出版發展方向。

部分照片提供／臺灣商務印書館

臺灣商務印書館的門市陳設愈見現代感。

「昌明教育平生願，故向書林努力來。此是良田好耕種，有秋收獲仗群才。」這是張元濟老人（一八七六——一九五九）在一九五二年初勉勵商務印書館（以下簡稱商務）同人的詩句，也是老人從事教育出版五十年的心情寫照，與他和夏瑞芳（一八七二——一九一四）相約「吾輩當以扶助教育為己任」的初衷，貫徹一契。從翰林到出版家，他和商務揭竿上掛的都是救國的旗號，只是政治和出版的口號或異；但不論強硬和柔性、直接或間接，在近代中國的歷史分合中有他的見證，政局興衰中有他的牽綰，文化新舊中有他的傳承和注挹；臺灣商務印書館（以下簡稱臺灣商務）更不能置身於外，同樣地，在台灣的興復進程中，也有「老一輩」精神的灌輸，不斷涵養新知，翔向未來。

商務印書館的源遠流長

光緒二十三年正月十日（一八九七年二月十一日），夏瑞芳、鮑咸恩、鮑咸昌兄弟和高鳳池等籌資在上海江西路德昌里創辦了「商務印書館」。主要承印商業紀錄、票據和文具紙品，這些業務使他和學校有了接觸，於是夏瑞芳便注意到，在當時未正式興學前的教科書銜接問題，他便聘請友人謝洪賚牧師將英人所編的印度讀本譯成《華英初階》、《華英進階》，並配以中文注釋，未料這個出版品有了巨大的利潤，這位「頭腦靈敏，性情懇摯，能識人，能用人」的管理人才，更進而意識到印刷不足以填補文化教育的空洞，他深知：必須建立一個「編譯所」，聘請文化人來館主持，其熱切發展事業的心態，與張元濟若合符契。

光緒二十八年（一九〇二），張元濟正式入館。當時他在南洋公學任漢文總教習，提倡新學，有聲於時。而在經歷戊戌政變之後，同感「不變無以立」，於是轉以普及教育爲當務之急。在他給蔡元培的書信中便提到：「蓋出版之事可以提攜多數國民，似比教育少數英才爲尤要。」（一九一七年二月二十日）立刻著手籌設「編譯所」，特聘蔡元培爲首任所長，不久，又由自己接任所長（一九〇三—一九一八任職），以後歷任的所長如高鳳謙（一九一八—一九二一任職）、王雲五（一九二一—一九二九任職）、何炳松（一九二九到職）等皆實學碩彥；並陸續聘請蔣維喬、莊俞、高夢旦、孫毓修、惲鐵樵，續有章錫琛、陳叔通、沈德鴻（茅盾）、蔣夢麟、鄭振鐸、顧頡剛等……這樣一支龐大的編輯團隊，不僅爲商務出版諸多優秀書籍、期刊，更爲近代文化復興和民智提升奠下百世的根基。自此，商務一改面目，從印刷作坊而成爲出版重鎮，爲自己耕耘出一畦畦的良田。

從一九〇二年到一九五〇年六月綜計出版一五一一六種，二八〇五八冊（大部叢書未計算在內），茲舉出犖犖大者，分述如下：

一、教科書

在「勿濫讀四書五經及沿用洋人課本」的前提下，各科編撰者採合議討論爲編輯方法，不僅研擬編寫原則，亦討論修訂已編訖之課文，集思廣益，俾求內容的至當合宜。一九〇三年出版之《最新初等小學國文教科書》第一冊〈編輯規定〉即說明：於文字方面以教授日常普通文字爲主，筆畫由簡至繁[1]，由單字而單詞，再成句，且無虛字。於取材方面：以身邊事物爲主，不取外國、古代故事，所錄字詞，按進程與時令選事遺詞，並及於農工商界普通常識，一般尺牘、簿記、契約等，這正是普及教育的初衷。另外，並附「教授法」，於當時教育師資之提升，大有裨益。至清末，綜計館出「最新系列教科書」有六十九種之多，居使用之冠。民國成立，又出語體文「共和國教科書」系列，全國供應率達七成，這樣的成績不唯是「量」，其體例取材，才是「質」的重要影響。

二、期刊雜誌

「期刊雜誌」類：概計有三十餘種，館內自編約計十二種，足爲代表之期刊有：

光緒三十年（一九〇四）《東方雜誌》創刊，「以啓導國民，聯絡東亞」爲宗旨，內容除「撰譯論說，廣輯新聞外，並選錄各種官民月報、旬報、七日報、雙日報、每日報之名論要件」，至一九四九年停刊，計四十四卷；一九六六年在台復刊，一九七二年停刊，計六卷，綜計共五十卷，八八〇期。

宣統元年（一九〇九）《教育雜誌》創刊，「以研究教育，改良學務」爲宗旨，內容包含「社論」、「教管理、資料」、「法令」、「紀事」、「評論」等二十門，至一九四八年停刊，實得三十三卷，四十年間之教育史實及新教育思想之演進，得以記載無遺。

宣統二年（一九一〇）《小說月報》創刊，以「介紹世界文學，整理中國的舊文學，創造新文學」爲宗旨，自一九二一年十二卷起，由沈雁冰主持的改革主張「兼介紹世界文學界潮流之趨向，討論中國文學革新之方法」[2]，成功地加速了中西文學交流的步伐，總計出版二十二卷。

另有一九一〇年創刊的《少年雜誌》，一九一四年創刊的《學生雜誌》，一九一五年創刊的《婦女雜誌》、《英文雜誌》，後續有《英語周刊》、《小說世界》、《兒童世界》、《健與力月刊》及《東方畫刊》等。

三、景印古籍叢書

自一九一六年編印《涵芬樓祕笈》開始，至一九五〇年爲止，古籍叢書共計景印四十三種（不含近代人自著叢書），前此，張元濟爲編書之需，即著手蒐求善本，並進而體悟到：「況在書籍爲國民智識之所寄託，爲古人千百年來之所留貽，抱殘守缺，責在吾輩」，景印整理古籍，一旦提升到了文化的層次，也成了商務館人不渝的信念，以下舉出重要古籍叢書敘述：

《涵芬樓祕笈》由孫毓修主編，以涵芬樓舊藏之零星小種，世所絕無之宋元鈔本或稿本，彙聚成叢集，分集出版，至一九二六年止，計十集四十六種一三三卷。

《四部叢刊》初編、二編、三編[3]編輯用意在於「昌明國故，保存文獻」、「取便學者，用以流通」二端，採取傅增湘先生的倡議，仿《留真譜》之例，悉從原書景印。大抵《初編》所用多涵芬樓自有，《二編》、《三編》或借自常熟瞿氏鐵琴銅劍樓、江安傅氏雙鑑樓、烏程劉氏嘉業堂、蔣氏密韻樓、江陰繆氏藝風堂等著名藏書四十六家，甚至遠赴日本內閣文庫、靜嘉堂文庫、東福寺、崇蘭館等商借善本，攝製底片，工程之浩繁，卷帙之盛，鄭鶴聲將之與《永樂大典》、《古今圖書集成》及《四庫全書》並列「四大編纂」。綜計《初編》三二三種八五七三卷；《續編》七十六種一五二二卷；《三編》七十種一六六九卷。

《百衲本二十四史》有鑒於欽定的武英殿本二十四史的罅漏訛誤，張元濟「求之坊肆，丐之藏家，近走兩京，遠馳域外」，將各史版本殘缺者，補配成全。除了補全，並詳加校訂，糾正了殿本三百年來的混亂衍奪，於中國史學嘉惠無窮。

《續古逸叢書》是接續黎庶昌、楊守敬出使日本時，將所蒐得的《古逸叢書》，彙聚校刻之叢書。張元濟自一九一九年續之，將收得的善本、孤本，完全依照原書版式大小景印，至一九五七年最後一種宋刊《杜工部集》出版，歷時近四十年出齊，綜計四十七種。

在此著墨較多的張元濟，他無疑是帶領商務步向文化教育征途的人。在他的經畫延攬，擴展培訓下，應了他自己詩中「群才」的話；救國或企業，對於教育與人才，皆是不容切割的政策。當這些後繼者，一一迎向前時，他便退到「國固」的防守區域裡，所以孫毓修在序《涵芬樓祕笈》時[4]，提到「零星小種」歸入祕笈；宋元善本，有裨於實學研究的版本，即列入《四部叢刊》(初編)；至於足供把玩摩挲，合於舊式，古色古香的，就納入《續古逸叢書》，按部就班的將古籍化身千億，他說：這不是泛言存古，而是將一粒粒的讀書種籽，埋入沃野的書林田中。

在他退居幕後的時期，商務卻接二連三面臨了巨大的浩劫與事變，此時群才中足爲任重者，當推王雲五先生。

一二八浩劫的空前困境

王雲五從一九二一年進館，經由胡適引薦，翌年便任職編譯所所長。期間受到張元濟、高夢旦的賞識提攜，館內的諸多改革才能順利推展，在王雲五的《八十自述》中對此，是銘記難忘的。在任所長的八年中，共計出版新書三八五〇種，八一一二冊，其中以「萬有文庫」一、二集、「大學叢書」、「中國文化史叢書」、《叢書集成》等最受推崇。

一九三二年一月二十八日，日本海軍陸戰隊於當夜突襲上海閘北，商務印書館總館、印刷總廠、編譯所、東方圖書館、尚公小學等被炸焚燬，損失之鉅，難以想像：除價值一千六百多萬銀元的財產外，圖書館內無數珍本，如二十二省及所屬州、府、縣、市、廳之方志二六四一種二五六八二冊；外文書刊中尤以遠東唯一孤本的全套初版《德國李比希化學雜誌》，尚有歐洲十五世紀所印西洋古籍，於此役中一同化為灰燼，總計損失圖書六十多萬冊，紙灰堆積至膝，這是一場民族文化史上的浩劫！

此時的商務外臨幾乎無書可售的窘態，內負工潮的脅迫，王雲五當下決定北平、香港兩地印刷廠全力印製書籍，以利供應和復業；發放緊急救濟金，先度年關，最後不得不將上海職工全部付給解雇，這其中的紛擾，由胡適的信中所說「南中來人，言先生鬚髮皆白，而仍不見諒於人」可知一斑。所幸，於是年八月一日，如預期在上海復業。不唯如此，在此期間，除了行政管理上的興振，書籍的出版也定出：中小學教科書、各類普及社會教育叢書及學術性新書三項出版方針，據統計在此期間，新出版的叢書合計有二十九種，出版恢復正常，銷售日增，至一九三七年五月股東會盈虧結算，已將「一・二八」的損失資本額全數恢復，這是在灰燼瓦礫地中一次堅毅的抗戰，種籽在艱貧的田地裡，仍能拔地而出。

七七事變後的韌性展現

一九三七年，對日抗戰軍興，王雲五將總管理處名義上遷往長沙，實由先生長期駐港，主持館務。由於籌畫得宜，除維持「每日一書」爲長期規畫外，在重慶設編審處，贛縣新設印製廠；爲解決運輸困難，採戰時節約版式——天地空白處縮小，行距縮小，每頁增排千字，改用輕磅紙，此期仍屬穩定生存發展。後此，香港辦事處已陷（總管理處移至重慶），初期僅有王雲五、協理史久芸、編審張天澤、譚餘勤四人撐持，首先著各館將現存圖書，除保留二部，餘交重慶重印再版，由於重慶此地設備的不足，遂改採部分書籍委外代印，就地增設機材，二十四小時運轉印製，以解決無書可供的情形，甚至於此出版大部的《中學生文庫》，但半年之中竟能銷售四千多部，王雲五戲稱此時爲「商務的小康時期」，在他的《八十自述》中回憶「設一小規模圖書館，公開供人閱覽，定名爲東方圖書館重慶分館，而日夜前來閱覽者，平均每日二、三百人。在圖書的營業上，商務竟首屈一指」，這是他又一次民族文化韌性的挑戰。

「萬有文庫」於一九二九年編成初印，中經「一•二八」事變，至一九三三年共出版二集，初集一〇一〇種，二千冊，二集七百種，二千冊，平均每冊六萬字，王雲五曾述及編印此叢書的動機是「推己及人」，由於自己的不甘失學，其間的努力用以彌補的缺憾，最能感同身受，於是萌發「把整個大規模的東方圖書館化身爲千萬個小圖書館」，「以極低的代價，使窮鄉僻壤有志讀書之士，皆獲圖書館服務之便利」；具體作法是先創編各科小叢書，如《百科小叢書》、《國學小叢書》、《新時代史地叢書》以及農工商、師範、算學、醫學、體育各種叢書等，再進一步推廣其組織。第一集由十三套叢書匯集而成，以適當程度比例平均者奠其規模，第二集所選四套叢書逐漸擴充範圍，更藉此導讀而達奧祕之府。這項出版計畫，將他深懸多年的志願付諸實現，僅藉初集而新辦圖書館就達二千多所，初集原擬印五千部，二集售出六千套，增印至八千部，於營業及知識文化的普及上，都算是大功告成。

「大學叢書」爲使本國學子不徒依賴外國大學之教本，在「一・二八」的復興後便刻不容緩地著手進行，由館內編審代表及國內著名大學及學術團體教授代表組成「委員會」，徵集稿本並加以審查，自一九三二至一九三九年出版馬宗霍《文學概論》等二百種以上[5]（據一九八五年一月臺灣商務書目計有二一六種）。

王雲五認爲，我國於史之研究常略及屬於平民階層的文化，對於我國文化之研究，外國更甚於我輩，深以爲恥，所以在借鑒英國奧登、法國亨利・巴里所編纂的文化史叢書後，決定以專科史的方式編寫，「中國文化史叢書」原擬定八十種，分四輯出版，自一九三七年始，一九三九年因抗戰事廢，僅出版四十一種，但這部「最嚴謹」的學術著作，實足以樹立一座二十世紀中國文化史研究之豐碑。

《叢書集成初編》[6]是一部古籍叢書之集大成者，共收普通叢書八十部，專科叢書十二部，地域叢書八部，兼取實用與罕見，由張元濟發凡起例，具體選目，王雲五負責編目、撰述、校定等工作。以刻本時代分，有宋刻三種，元刻一種，明刊二十五種，清刊七十一種。百部叢書內合總數有六千多種，去其重複，得四千一百種，共二萬卷，以王雲五發明「中外圖書統一分類法」，打破舊有四部分類法，索引便利，確實頗具科學意義。自一九三五年十二月徵訂預約，後因戰事爆發，出書七期，實出三〇六二種，三四六七冊。

・臺灣商務印書館百廢待舉後的重生

在美國宣布馬歇爾計畫的一九四七年七月，商務印書館總管理處首先派來福州分館副經理葉友梅來台籌設「現批處」，九月，即指派趙叔誠擔任台灣分館經理選定現址（重慶南路與漢口街交叉路口），一九四八年一月十五日正式開幕（一九五〇年正式定名「臺灣商務印書館」）。

由於在台初期經營者的保守心態，再加上當時所售書籍皆自上海總館運抵，貨源受限，所呈現的是「商店老舊，陳列書籍陳舊髒黃，顧客稀少。」果至一九四九年五月上海總管理處停止對台發貨。此時，適行政院頒布「淪陷區商業企業機構在台分支機構管理辦法」，分館即按規定申辦登記爲「臺灣商務印書館股份有限公司」，經銷而爲獨力編輯印刷之機構；驟然轉型，在存貨不足的情況下，一方面有賴重版發行，較著者有「新小學文庫」初集（一三〇種，二〇〇冊），「新中學文庫」（四三〇種，四六三冊），及初、高中教科書三十種，此外，出版新編《國音字典》等新書約二百種，修訂《辭源》、《清代通史》，再版《說文解字詁林》、《國史大綱》等圖籍約計五百種，其間趙叔誠獨力撐持，不可謂無功。直到一九六四年王雲五任臺灣商務董事長，重主館務，展開又一次的苦鬥。

百廢待舉中，決計以擴大出版，增進營業與利潤。首先選擇適宜再版者印行，並考慮速編大部叢書，固定每月第一個星期一於當時暢銷報《中央日報》頭版刊登廣告，這個顯著效果，同時也帶動了「臺灣商務」營運的源頭活水，澆溉台員此地的讀書種籽，陸續印行新舊書籍，文化正默然領受，萌芽新發。

一、重印新編

《新編萬有文庫薈要》、《四部叢刊》初編、續編、三編（後名正編、廣編，種數內容已有出入）、《新編叢書集成簡編》、《新編漢譯世界名著甲編》、《嘉慶重修一統志》、《佩文韻府》、《百衲本二十四史》、《涵芬樓祕笈》、《太平廣記》、《四庫全書珍本》各集等，期刊有《東方雜誌》[7]、《教育雜誌》、《國粹學報》等。

二、新印

「新編袖珍本人人文庫」、「古籍今註今譯」、「新編中國名人年譜集成」等……至一九七二年止，歷年出版書籍，綜計五二四一冊，如上述的叢書即達三十七部之多，這樣的出版成績所憑恃的是王雲五個人企業經營的長才，豐富的經驗和收藏，以及人才提攜的不遺餘力，在他得意門生中如徐有守、金耀基、王壽南等，不論有無任館職，對於臺灣商務所澆灌的，不只讓一間百年老店，聲譽益著，挾著顯赫的歷史地位，他們仍秉持著「但開風氣不為先」的姿態。

「人人文庫」：自一九六六年七月開始編印，體例合自英國十九世紀「人人叢書」與「家庭大學叢書」，為普及供應青年知識，降低成本，以四十開為版式，定價一律，十五萬字以下為單冊，十六萬至三十萬字爲複冊，一九六九年七月增加特號；初期取材以重印大陸舊版爲大宗，其後新書增多，迄一九九〇年六月止，共出二四四〇冊，一九九二年嗣出有「新人人文庫」。

「古籍今註今譯」：有感於古文奧義，爲協助現代青年閱讀古書，分請專家教授重加註解，並配合今譯，一九六九年首部《尙書》，由屈萬里註譯，原擬經書十種，但以工程艱鉅，意義重大，王雲五於是建請中華文化復興運動推行委員會另選其他古籍，徵求教育部國立編譯館中華叢書編審委員會，由當時的執行祕書王壽南負責實際的編務工作。首次選目共計四十二種，其中臺灣商務承印其中十二種，至一九八四年又增印十五種。

以上二種叢書的編印目的都在於提供青年以閱讀的素材，適爲一今一古，各有偏重，在王雲五著力於普遍知識，充實圖書館之後，再將文化的根轉遞到青年身上，這一條思路亦是承繼著「昌明國故，提倡新知」而來，尤有甚者，他將「舊學」、「新知」的融鑄更予具體實施，因爲他認知到：不論新知、舊學，發揚擴張的重任都必須落在當代的知識青年上，唯有如此，旺盛的生命力，才能將文化的種籽深耕成林。

隨之，他也退守到「國故」裡，先後景印了《岫廬現藏罕傳本叢刊》（五十二種，一〇〇冊）、《四部善本叢刊》（十六種，七十冊線裝）、《精印歷代書畫精品》，其中最重要的便是編印及景印《四庫全書》之相關各書，計有《續修四庫全書提要》、合印《四庫全書總目提要》及《四庫未收書目禁燬書目》、《宛委別藏》，以及自一九六九年《四庫全書珍本初集》始，年出一集，又《別輯》（一名《四庫全書輯自永樂大典諸佚書》）一種，共十三集，計一八七八種，一五九七六冊，幾占《四庫全書》之半。似乎張、王這兩位老者在生命的進程上，都在新舊的交匯中奔馳，而他們所提倡的新——是普及教育的初衷，舊——則是保存文化的素志，不約而同地墾闢出良田，王雲五嘗戲稱自己是一頭牛，其實，毋寧讓我們視他爲一名耕者，引領方向。

《文淵閣四庫全書》的印成

一九七九年王雲五逝世，劉發克繼任臺灣商務董事長，但劉對出版事業完全外行，臺灣商務的營運全落在總經理張連生身上。張連生於一九四七年進入臺灣商務，由基層做起，工作認真負責，受王雲五之賞識，一九七四年任臺灣商務總經理。張連生帶領臺灣商務邁向新里程碑，那便是景印《文淵閣四庫全書》的實現。景印《文淵閣四庫全書》的目的：「在於傳播中華文化，實亦基於業務上的需要。」八○年代，正值台灣經濟低靡之際，張連生認真地考量了這套號爲「全世界最大叢書」在歷經四次付印的挫敗受阻；想到《珍本》十三集，歷時十三年，剩下未竟的二分之一，「人事滄桑，殺青難期」；而且各集各選，標準難以統一，最要者，「難以編制索引，查檢殊爲不便」。於是，他毅然地將自己投身到陽明山「中國大飯店」中，避去塵囂，冷靜思考，終於擬定出一套完善的印書計畫：從資金運轉、人事調度、印刷裝訂、甚至到包裝儲運，尤其是原書的複印及書稿整理，必須在院內複印，再將複印稿取回館內製版。書稿需經「抽檢」、「複檢」的過程，不僅費時而且費工，拆裝原書更需特別技術人員，務必回復原樣。經過十二道手續，每一道工續，經手人必須簽署以示負責，這樣的鉅細靡遺，都是藉此以確保全書品質的至善。計自一九八二年十二月一日開始複印起算，至一九八六年三月二十八日印裝完竣，爲時三年三月又二十八天（原預期五年出齊）。凡經部二三六冊、史部四五二冊、子部三六一冊、集部四三五冊，另含《總目提要》五冊、《簡明目錄》一冊、《考證》四冊，合共一五〇〇冊。中華瑰寶得以化身千百，「沾概無窮而不虞散佚」，這個殷切企盼，懷有一種深刻的歷史文化意義。《四庫全書》卷帙浩繁，查閱不易，臺灣商務又出版「四庫全書索引叢刊」十五冊，爲讀者提供檢索時極大之方便。

傳統現代，並翼而翔

郝明義在商務印書館創業百年，臺灣商務印書館五十年活動受訪時曾說：「商務擁有太多豐富的歷史資源，而當我接手商務時，我必須讓這些豐富的內容隨著時代的需求重新詮釋。」商務擁有深厚的文化根柢，隨著歷史軌道快速前進，可能被剝離，也可能蟬蛻重生。當京、港、台、新、馬五地商務總經理共聚一堂時，他們對百年商務的期待是「重新確認老一輩的精神」，深信是第二次創業的開始。臺灣商務選擇OPEN書系，標舉OPEN1「最前端的思想浪潮」，引介尖端資訊滿足讀者求新的需求；OPEN2「學術文化的經典」，以左右歷史的重量經典爲閱讀的深度基礎，如《希羅多德歷史》、《蒙田隨筆全集》、達爾文《物種起源》、《小獵犬號環球航行》，乃至孟德斯鳩《論法的精神》；OPEN3「小說」，OPEN4「小說之外的文學」，如張倩儀《另一種童年的告白》、《沈從文家書》……此系列以漢譯名著爲主，可視作當時的思想先鋒，而今讀之，是要涵養出更寬容的精神。如他自己解釋「OPEN」之意，即一種人本的寬厚、一種自由的開闊和一種平等的容納。

臺灣商務開始在新興氣象的推波助瀾下，展開一系列文化與思潮、傳統與現代、文學與生活的交融，以明亮、通俗的形象，活躍在出版舞台上。

「中國古代社會生活叢書」（四十種，一九九九年二月出齊），由李學勤、馮爾康主編，從育兒婚姻、家具服飾，甚至是游俠、隱士、乞丐、惡霸，分就時地階層和群體生活之現象，作深入有趣的探討。

「博雅文庫」由吳涵碧主編，意在兼具知識、文學與趣味，以一種「廣博、典雅」的胸襟容納知識的雋永，文學的悠揚，看樸月如何細繹鹿橋的《未央歌》，如讀一部歷久不衰的青春傳奇。

「新萬有文庫」由王學哲董事長總策畫，秉承「萬種知識，有益人生」的主題，無慮新舊，以開放的態度，讓歡喜充滿知識，願意享受閱讀樂趣的讀者，有盡量發揮的空間。

如此明確的標識轉型後的走勢，無非是要用更深入淺出的方式貼近讀者，「所謂學術，不應只是禁錮在象牙塔中的知識。」總編輯方鵬程明快地答著。

所以，透過「文學 plus」，我們可以重溫朱勒・凡爾納的《環遊世界八十天》，重新經歷馬克吐溫筆下《湯姆歷險記》，造訪沈從文的《邊城》。藉由「縱觀天下」系列，給自己更廣的視野，讀方鵬程筆下的北歐人可以從大愛中尋求個人的愛，自由地過自己想過的生活。

還有「生活勵志叢書」、「台灣萬象叢書」、「Ciel」、「J文學賞」、「白色墨水」等這些「軟性」的訴求，是希望把大雅之堂上的朝廟作品，重新回溯到生活美學的本具價值，以一種通俗的號召更多的閱讀大眾，不管舊雨，新知，搭乘臺灣商務這一節節知識列車，都能將文化的種籽散播飛揚。

註釋：

1 如第一冊中第一課所列為「天，地，日，月，山，水，土，木」，並配有彩色插圖。按早期商務印書館所編印「小學教科書」、「習字本」，範字均為張元濟親書製版。

2 茅盾於一九一六年入館擔任編輯，於一九二一年與鄭振鐸、葉聖陶、王統照、許地山、孫伏園等十二人發起組織「文學研究會」，並接編《小說月報》，在其〈革新小說月報的前後〉中說到：「這十一年中，全國的作家和翻譯家，以及中國文學和外國文學的研究者，都把他們的辛勤勞動的果實投給《小說月報》。」

3 以下所述《四部叢刊》之「初編或正編」，「續編、三編或廣編」，名稱各異，種數、卷數、版本亦各自有異，茲不詳述，可參筆者所著碩士論文〈張元濟及輯印四部叢刊之研究〉（一九九九年五月，東吳大學中國文學系碩士班）。

4 孫毓修（一八七一—一九二三），江蘇無錫人，字星如，自署小綠天主人。嘗就讀於南菁書院，從山長繆荃孫學習目錄版本學，亦嘗從美國女教士賴昂學英文，著有《中英文字比較論》。一九〇九年入館編輯《涵芬樓祕笈》、《四部叢刊》初編，助力甚鉅。所編譯《童話》一、二集，為我國最早出版之童話。另著有《中國雕版刻書源流考》一卷、《永樂大典考》四卷。

5 據《商務印書館百年大事記》一九三二年項下有「大學叢書編委會」蔡元培、張伯苓、梅貽琦、羅家倫、胡適等五十四人。又一九三七年項下有「大學叢書」目錄載五十二種；按其中與臺灣商務一九八五年一月目錄迴異，依照後目錄綜計有二一六種，顯係來台後續增者。

6 據陳抗〈《叢書集成》未出版部分中六百餘種書已有紙型〉乙文稱：「中華書局徵得商務印書館同意，準備重印《叢書集成》。在清點印刷資料的過程中，發現六百四十三種尚未出版的《叢書集成》所書的紙型。」此文收錄在《古籍整理出版情況簡報》第一〇八期（北京：中華書局，一九八三年九月），頁二二—二三。按：當時未及續出者一〇四五種，五三三冊。

7 據徐有守《出版家王雲五》第十三〈晚年在臺的第四次苦鬥〉提到有關於《東方雜誌》的全部景印事宜，在民國六十一年間，發現有部分篇章與現實台灣實況及法律規定違礙，必須抽出，王雲五乃親自一一揀出，逐頁檢查，歷時半月，全部景印的成品，才能如期交到訂戶的手中。

原發表於二〇〇六年十月《文訊》二五二期

補充：臺灣商務秉承百年傳統與在台六十多年的歷練，決定繼續以「傳承文化、輔助教育」爲己任，推動臺灣商務的文化復興運動。從九十七年起推展的臺灣商務文化復興運動，主旨在確認臺灣商務的發展目標，要藉由出版與重印臺灣商務出版過與未出版過知識性、學術性、文化性的經典好書，與各界讀者一起來參與文化復興運動，恢復我們的文化榮耀。經由這項自我期許，臺灣商務今年獲得台北故宮博物院的授權，開始以隨需印刷方式（POD），重印文淵閣四庫全書（整套與單冊均可預購），並將重印各套經典叢書，讓愛好經典文化的讀者有蒐藏與閱讀的機會。我們也將繼續出版最新的中外名著與創作，滿足各類讀者的需求與愛好，我們願意成爲知識的領航者，與讀者一起開創更美好的未來。**（臺灣商務）**

向大眾傳播幸福之音

道聲出版社

◎巫維珍

道聲出版社在台灣出版史上有其獨特的出版特色。

陳敬智

1950年生，世界新聞專科學校畢業。現爲道聲出版社副社長，已主持社務30年。

兒童繪本是道聲的另一重點書系。

「人人叢書」出版領域兼跨人文、科學等。

由美國作者陸可鐸著作的《你很特別》，是道聲曾得獎的出版書籍之一。

「百合文庫」涵蓋許多中外作家作品。

在愈趨多元的出版與閱讀市場裡，道聲出版社也朝多面向拓展。

每年印製福音年曆，亦是道聲的特色之一。

道聲有不少書籍曾獲獎項的肯定。

部分照片提供／道聲出版社

十九世紀中期，西方傳教士至中國進行宣傳工作，爲了推廣福音，有了出版福音讀物、宣教材料的需要，其中的 Loutheran Church 爲基督教的「信義宗」，在一九一三年三月二十九日於湖北灄口成立了「信義神學院」，負責對華人的宣教工作，出版簡單的釋經刊物與教育材料，後來又於當年九月十五日出版了《信義報》，這是信義神學院成立後的第一項正式出版品，也標誌了道聲出版社的起源。

福音工作本地化

《信義報》起初的編輯皆爲外國傳士，第一任主事者爲 Karl Reichelt，後有 A. W. Edwines、Erik Sovik、O. R. Wold 等人任該報記者。該報等於是基督教信義宗在中國的主要發言者，在全盛時期，銷數將近六千份。由於信義宗各分會的出版物日漸多樣，在一九一五年發表的「信義宗文字目錄」即有神學、教會史、聖經歷史、崇拜聚會、福音單張等一四〇種，於是獨立的「信義書報部」於一九二〇年正式成立，是專門負責出版的單位，該機構的章程指出其目的有三：一，編寫、翻譯、出版與發行中文的信義宗文字；二，出版其他與信義宗信仰不相抵觸的文字；三，出版《信義報》與其他必需的期刊。

一九二四年，信義書報部成爲「中華信義會」的出版機構，原本的經費與人事皆由各分會輪流指派，在明訂屬於中華信義會之後，該會成員與經費直接由董事會負責，從此它的成員也開始由中國人擔任。第一任的編輯爲一九二四年的楊道榮，陳建勛一九二六年接任，一九二七年爲賀越生。信義書報部的重要出版物有：一九二九年的《信義神學年刊》、一九三〇年的《信義宗神學誌》，一九二〇年《頌主聖詩》

暫用文字本，其中六%的詩歌爲中文創作，信義書報部也成爲中國的重要基督教出版社。

經過中日戰爭、國共內戰、文化大革命，中國信義會於一九五一年一月二十五日宣布與海外信義會切斷關係，信義書報部也宣告結束。一九五一年五月三日在香港的九個信義宗差會成立了「信義宗聯合文字部」，爲香港、台灣等海外華人教會提供基督教讀物，此時期的重要出版物有月刊《信義通訊》，作爲聯絡華人信義宗會之用，一九五五年停刊。自一九一五年開始進行的《頌主聖詩》編修計畫也在一九五四年出版《頌主聖詩簡譜本》，一九五五年線譜本出版，是華人信義宗教會很受歡迎的詩歌集。當時也有中國人至美國深造，學習相關出版事務，讓出版事務逐漸由華人開始負責，包括蕭克諧、顏路裔、蔡進明、鄧肇明、祖文銳、古樂人等人。一九六〇年一月信義宗聯合文字部成立「道聲出版社」，自此開始，正式負責港台兩地信義宗出版事務。

有了這段歷史，我們才能了解道聲出版社位於台灣出版史的位置：起於由外國人至中國宣教的需要，出版各項福音資訊，先是由外國人主其事，待中國的神學訓練成熟後，即由華人擔任，也開始了聯絡中西文化，並將福音宣教工作本地化的工作。

道聲出版社成立後，將《信義通訊》改爲《佳音月刊》，蔡進明主持編務，一九七二年三月停刊。一九六一年九月出版了「佳音主日學教材」，由蕭克諧主編，至一九六五年全部編輯完成，分爲初、中、高三級。這是華人教會第一套兒童主日學教材的本地教材，所有編輯工作皆由中國人擔任，除了香港之外，台灣、新加坡、馬來西亞、泰國等華人教會亦採用。當時知名的叢書還有「人人叢書」、「百合文庫」、

「少年文庫」書系。

向大眾傳播福音

一九七一年，殷穎牧師擔任道聲出版社社長與總幹事，這是第一次由華人主事。殷穎認爲，出版社必須自給自足，應當有八五%的書是人喜愛讀的，十五%是人應當讀的書。他於一九七二年開始推出「百合文庫」，一九六八年開始的「人人叢書」、一九七五年「少年文庫」，由顏路裔主編，此三書系爲此階段的道聲代表作。當時一年出版約十五種圖書，一九七三年並於台北道聲成立門市，成立約十年後結束。

與以往書種的最大差異是，「百合文庫」開啓了與非教徒的接觸之路。在此之前，道聲出版的多是提供給基督徒閱讀的福音讀物，殷穎主持社務時，靈修、布道、神學訓練的圖書仍持續出版，「百合文庫」則打開了非教徒的市場，進入了台灣的商業圖書市場。殷穎在「百合文庫」的序言說，「從日常生活的身邊瑣事，到涵蓋人生的真理，都無所不包，但多半是文藝性的。」此一段話定下了文庫的基調：選擇當時中外文藝名家，使得讀者能接觸好書，進而接觸生命的創造主。當時的作者，皆是文壇的名家：林語堂《信仰之旅》，趙滋蕃《寒夜遐思》、《文學與美學》，張曉風的《步下紅毯之後》、《曉風散文集》、《曉風小說集》、《曉風戲劇集》，蓉子《天堂鳥》，小民的《媽媽鐘》、《婚禮的祝福》、《多兒的世界》，徐薏藍《天涯路》、《長青樹》、《金縷曲》，張秀亞《石竹花的沉思》、《我的水墨小品》，畢璞《畢璞散文集》，趙淑敏《歸根》，趙淑俠《當我們年輕時》、《西窗一夜雨》、《落第》，保真《水幕》、《人性試驗室》。

外國作者則有赫曼・赫塞的《車輪下》，遠藤周作《沉默》，三浦綾子《愛的日記》、《綿羊山》、《家》、《自我構圖》、《殘像》，川端康成《最難懂女人心》，曾野綾子《遠離的腳步聲》，弗洛姆《假面具的告白》，譯者方面也是精選名家，如日文譯者朱佩蘭，三浦綾子的書皆由她翻譯，譯者周增祥則譯有《索忍尼辛短篇小說及散文詩集》，以及英國散文家潘馨・司屈朗（Patience Strong）的作品《人生道上》、《靜屋小語》、《良辰美景》等。殷穎則在該文庫出版了《耶穌的腳印》，周聯華牧師有《另一位見證人》、《他的傷痕》、《平信徒神學初階》等作品。

「百合文庫」最知名的作品為索忍尼辛的《古拉格群島》，曾獲一九七七年金鼎獎。百合文庫約出版了五十種，作者均為基督徒。現仍持續發行的有林語堂的《信仰之旅》、張曉風的《曉風小說集》、小民《媽媽鐘》、《母親的愛》等書。

「人人叢書」於一九六八年至一九七八年之間發行，約有六十種，出版方向為雜文、傳記，也有文學類，許多作品由顏路裔編選，如《聖經這本書》、《教會人物》、《趣味小品文選》、《世界小說選》等，他自己的作品有《嘉果集》。「少年文庫」於一九七四年開始出版，目標讀者為十至十五歲的學生，內容包含古今中外的短篇故事，由顏路裔編選，約出版二十四種。此時期其他書系另有：「路德文選簡介」，將原為八十冊的馬丁路德全集選譯為十冊，如《基徒徒的自由》、《基督徒大問答》、《路德語粹》等；「愛奇兒童叢書」根據新舊約《聖經》故事改編，加入彩圖，目標讀者為兒童，約出版二十四種；百合文庫結束後，「金蘋果文庫」接續類似的方向，約出版了五十二種，當時出版有張曉風《地毯的那一端》，小民《紫色的書簡》，三浦綾子《青棘》、《天梯》、《雁狩嶺》等書。顏路裔自一九五〇年神學院畢業後，即參與道聲的編務，台灣香港道聲各自獨立後，顏路裔接任殷穎，擔任副社長兼任總編輯，一九八五年退休。

出版、通路多樣化

一九八一年，殷穎離開道聲出版社，一九八二年香港台灣道聲出版社各自獨立，台灣道聲出版社隸屬「財團法人基督教台灣信義會」，董事由信義會指派，社長也由信義會的成員輪流擔任，分別由李長胤、俞繼斌、莊東傑、楊寧亞、陳俊光牧師擔任社長，現任副社長陳敬智已主持社務三十年。

香港、台北道聲各自營運之後，香港道聲曾出版周天和《山上寶訓的研究》、蕭克諧《基督教宗教教育概論》、李志剛《香港基督教會史研究》、湯清《中國基督教百年史》、羅倫・培登（Roland H. Bainton）《這是我的立場》（*Here I Stand*）等書，台灣道聲也以屬靈書籍爲主要出版類別，分別有：「禱告靈修」、「信徒生活」、「醫治釋放」、「傳記見證」、「神學教義」、「講道研經」、「教會事工」、「宣教布道」、「婚姻家庭」等九大類，知名的《天路歷程》、《荒漠甘泉》等書是標準書目，《荒漠甘泉》還有精裝五十開、精裝二十五開、平裝三十二開、精裝三十二開等多種版本；在九二一大地震時，道聲推出了五十元一冊的「心靈大補帖」，將《荒漠甘泉》、《天路歷程》等書編成小冊子《哇！福音》、《益音集》，希望能給予讀者心靈的安慰。與美國使者出版社合作的《標竿人生》，作者是華理克（Rick Warren），在美國銷售達二千萬本，台灣亦達二十五萬本，延伸出來的圖書有《標竿人生之每日靈糧》、《直奔標竿》、《新人新心奔標竿》、《脫胎換骨奔標竿》。

另一掀起風潮的是：韓國牧師金東煥的神本主義教育法《但以理讀書法》，主張「不看聖經就不能吃飯，不禱告就不要讀書」，訴求靜心而後讀書，二〇〇三年九月出版以來，已超過十刷，並於二〇〇五年獲中華基督教文字協會「年度金書獎」，在教會之間深具影響力，由此延伸的圖書有《但以理子女教育法》、《兒童但以理讀書法》、《但以理讀書實踐法》。另一在二〇〇五年獲中華基督教文字協會「銀書獎」爲《聖經繪圖本》。道聲的書種大多以翻譯類書籍爲主，目前已出版的圖書超過五百種。

道聲的另一重點書系是兒童繪本，二〇〇〇年開始著重童書出版，出版量約占全年的四分之一，分別有My Heart、磐石童書、聖經經文、磐石禱告、兒童生命教育、少年生命文學等系列。兒童類圖書不獨以教徒爲傳播對象，也進入一般通路，並繼一九七七年獲金鼎獎後，獲得多項童書獎項：《地球的禱告》獲得「二〇〇一好書大家讀」，《謙虛派》獲「二〇〇三聯合報讀書人最佳童書獎」，《你所需要的》獲得「國民健康局二〇〇三年優良健康讀物獎」，《最重要的事》、《露芭：貝爾森的天使》獲得「二〇〇五好書大家讀」、《愛你本來的樣子》爲教師會推廣閱讀圖書。童書也多爲翻譯書，從道聲選擇出書的標準來看，在國外獲獎爲重要指標，並能強調兒童人格的培養，從而吸引一般讀者，其中《因爲我愛你》、《你很特別》原本即爲得獎書，作者陸可鐸（Max Lucado）爲美國暢銷基督教書籍作家，他在道聲的作品還有《愛你本來的樣子》、《綠鼻子》、《你是我的孩子》。

七〇年代，台灣整體出版環境以文學書籍爲主流，帶起了道聲的「百合文庫」，文藝書籍在讀者心中留下一席之地。隨著現今的出版環境日趨多元，網路、電視影響了人們的閱讀時間，陳敬智認爲，以往是以文字傳播福音的時代，如今則是運用不同方式，向社會傳播福音訊息的時代，像是與不同宗教的比較，使讀者由不同宗教來認識基督教，如《觀世音菩薩真相》、《現存世界十一宗教》、《基佛專論與福音證道》等書。另一項推廣信仰的特色出版品即爲「福音月曆」，在香港台北聯合道聲的時期，即曾出版過。一九九八年開始，道聲的福音月曆結合了聖經文字與名家繪畫，如二〇〇五年爲李澤藩畫作、二〇〇六年爲奧賽美術館畫作、二〇〇七年爲張秋台畫作，每年印刷達到十萬份，陳敬智認爲這是道聲和社會溝通的方式之一。

目前道聲的編制人數約二十七人，含括發行、編輯部門，每年出版量約二十種。道聲除了自己發行圖書之外，部分圖書也由「財團法人華人基督教文宣基金會」發行，該機構自一九九六年開始，由四家基督教出版社：中信、天恩、道聲、橄欖共同組成。道聲發行的主要通路是全台三千多家教會，兼及一般書店。二〇〇四年開始，由於台北國際書展的攤位不足，基督教文字協進會另開辦「基督教聯合書展」，是台灣近四十家基督教出版社與讀者接觸的另一管道。道聲另有代理發行業務，共代理十九家出版社，其中，與美國的基督教華人出版社採取合作出版的方式，包括台福、麥種、飛鷹、磐石、使者、基石、旅途等出版社。

隨著台灣出版社向大陸發展，道聲也不可免於這股潮流。陳敬智指出，由於之前大陸福音書被管制得相當嚴格，現在可以體認到讀者的需求相當龐大，因此除了目前的版權交易之外，將來也會積極在大陸爭取更多出版機會。另一項未來的發展重點即是影音出版。陳敬智認爲，出版將來不完全是「書」的時代，數位化反而是重要的趨勢之一，道聲嘗試將已出版的文字書籍，轉換爲有聲書，或是將各類福音見證、詩歌音樂保存爲CD或DVD，代理發行的產品中也有劇團DVD與卡通，讓讀者可以更方便的接收福音訊息。目前較爲知名的是《天父世界》、《第一個動物園》兩部兒童音樂劇的作品。

自一九一三年起，道聲已超過九十年，其肩負的不只是傳播福音的角色，也在時代的出版潮流中，保持與教徒的密切接觸，並持續出版勵志書籍，向非教徒讀者傳達激勵的訊息，並肩負多家華人基督教出版社的編輯發行業務，是其能在宗教類出版社之中執牛耳的重要因素。

原發表於二〇〇六年十一月《文訊》二五三期

參考資料：

蕭克諧〈七十五來的道聲出版社〉，《道聲七十五週年紀念特刊》，一九八八年十月。

補充：《你是獨特的寶貝》CD榮獲第十八屆金曲獎最佳兒童樂曲獎。**（道聲）**

讓古籍生根再萌芽

世界書局

◎巫維珍

從世界書局早年的外觀與市街景貌，得見當時的社會文化情狀。

楊家駱

籍貫江蘇南京，1912年2月21日生於上海，卒於1991年9月11日。1945年出任世界書局總編輯，後兼任總經理。著書數十種，所主編之書達1500多冊。

成舍我

籍貫湖南湘鄉，1898年8月28日生於南京，卒於1991年4月1日。原名成勛，後名成平，舍我爲其筆名。一生從事新聞工作近77年，參與創辦媒體、刊物近20家，直接創辦12家，曾任世界書局來台後第一任董事長。

閻奉璋

內蒙古赤峰市人，1916年4月3日生，卒於2006年9月11日。畢業於上海復旦大學中文系，曾任國大代表、《公論報》常務董事兼發行人、《經濟日報》首任社長、世界書局董事長。

「中英對照莎士比亞全集」共39冊，以分冊銷售方式吸引讀者。

世界書局出版許多古典小說名著。

現今世界書局內部擺設活潑而時見創意。

整理國外青少年讀物而編成的「青少年文學種籽」系列。

由古典小說改編的連環圖書，為人所熟知。

「四庫全書薈要」是世界書局重要出版品之一。

部分照片提供／世界書局

曾有一說，世界書局的員工到各地出差，不必帶錢，因爲世界書局在許多地方皆設有分局，隨時需要花用皆很方便。這個傳說見證了世界書局於一九一七年成立後，不僅是個至少有數百成員的大型出版社，也是個販賣各類圖書的連鎖書店。民國成立後，新舊思想交替，也是個出版事業很熱絡的年代，世界書局與商務印書館、中華書局、開明書店並稱當時四大出版商，由此可見其規模之大。

綜合型出版社

世界書局一九一七年正式成立於上海福州路，由沈知方創立。沈知方（一八八二—一九三九）是浙江紹興人，曾任職於商務，並於一九一二年成立中華書局，一九一七年先創立了世界書局，出書二百餘種；一九二一年得友人幫忙，改組爲股份有限公司，地址在福州路、山東路，首懷遠里內[1]。

當時中國正處於變革之時，有一股追求振興的氣氛，格外需要歐美新知，創辦人基本上也都受過西方思潮的薰陶，因此想將西方思想帶進中國；當時的上海又是歐美思想的匯集地，在政局交替、東西思想相互衝撞之際，世界書局也成爲積極引進西方思潮的出版者。一九二四年開始出版小學教科書，改變了商務、中華書局獨斷的局面，一九二七年出版初高中教科書，也出版過文言白話對照的《古文觀止》、《論語》，還引進了歐洲、美國、俄國的文史哲類圖書，包括今日爲人熟知的「福爾摩斯探案全集」、「莎士比亞全集」。世界書局是中國第一個出版全套福爾摩斯白話譯本的出版社，一九二七年首次出版，主要譯者是程小青，嚴獨鶴、包天笑翻譯部分。程小青，一八九三年生，卒於一九七六年，蘇州人。一九一六年與周瘦鵑以文言翻譯「福爾摩斯探案全集」，後來又以白話重譯一次，並收錄了柯南・道爾陸續發表的故事。他曾借用福爾摩斯的框架，發表了當時膾炙人口的《霍桑探案》，被稱爲「中國的偵探泰斗」、「東方的柯南・道爾」。

一九四七年出版的《莎士比亞戲劇集》，由朱生豪翻譯，其用力於莎士比亞全集的翻譯工作，是世界書局歷史中動人的一頁。朱生豪，一九一二年生於浙江嘉興，朱生豪就學時，英文極好，據說他的老師夏承燾曾於日記記下：「聰明才力，在余師友之間，不當以學生視之。……聞英文甚深，之江辦學數十年，恐無此未易才也。」朱生豪在大學主修國文，副修英文，之江大學畢業後，一九三三年，二十一歲時至世界書局任職，參與編纂《英漢四用辭典》的工作。一九三五年，因當時的編譯主任詹文滸提議，朱生豪與世界書局簽訂合約，開始翻譯莎士比亞全集，他認爲翻譯莎士比亞是民族英雄般的事業，他給妻子宋清如的信中曾寫到，「有人說中國是無文化的國家，連老莎的譯本都沒有。」因此當時戰亂頻仍，譯稿幾次全毀，他仍執意留在上海翻譯該書，至三十二歲因病過世爲止，僅有歷史卷部分尚未完成。他曾說：「夫以譯莎工作之艱巨，十年之功，不可云久，然畢生精力，殆已盡注於茲矣……。」

世界書局引進西方經典的同時，也將古典小說改編爲「連環圖畫」。「連環圖畫」當時稱爲「小書」、「小人書」、「圖畫書」。一九二一年，世界書局出版了《連環圖畫三國志》、《連環圖畫水滸》、《連環圖畫西遊記》、《連環圖畫封神傳》、《連環圖畫岳傳》、《連環圖畫火燒紅蓮寺》六種，將「連環圖畫」四字印於封面上，從此這類形式的圖書即定名爲「連環圖畫」，即今日所謂的「漫畫」。其他爲人熟知的長篇小說有：張恨水的《春明外史》、《金粉世家》，平生不肖生的武俠小說《江湖奇俠傳》、《近代俠義英雄傳》等。

世界書局早年另一項重要的出版項目爲「休閒期刊」，當時約出版了一、二十種期刊，包括《快活》（一九二二年創辦）、《偵探世界》（一九二三年創辦）、《紅》（一九二二年創辦，後改爲《紅玫瑰》）等通俗刊物。《紅》的編輯主任爲嚴獨鶴，理事編輯施濟群。嚴獨鶴原名楨，獨鶴爲其筆名，他生於上海，十五歲中秀才，後入上海廣方言館學習英文，擔任過上海中華書局英文部編譯，世界書局成立後，沈知方聘其編輯英文書刊，也主編《紅》雜誌。《紅》可說是世界書局創辦的雜誌中特別受矚目的。《紅》是週刊，一九二四年七月十八日出至第一〇〇期後改爲《紅玫瑰》。嚴獨鶴在〈發刊詞〉說《紅》雜誌是「鼓吹文化、發揚國光」、「紅者心血，燦爛有光。斯《紅雜誌》，蓋文人心血之結晶體耳，以文人之心血之結晶，貢諸社會，文字有靈，當不爲識者所棄也。」這是一份含有雜文、小說等多種內容的週刊，曾登載朱瘦菊的〈新歇浦潮〉，第二十二期起連載平生不肖生的〈江湖奇俠傳〉。據說當時人們爲了等待《紅》出刊，往往到世界書局去排隊，形成奇觀，要是等了半天還是買不到，就會被讀者抱怨：這星期沒買到《紅》，週末真不曉得如何消磨時間！

《紅》後來在一九二四年七月改爲《紅玫瑰》，原本爲週刊，自第四卷起改爲旬刊，一九三二年一月停刊，共出七卷二八八期。由嚴獨鶴任名譽編輯，趙苕狂負責編輯。〈發刊詞〉中說「《紅玫瑰》之與《紅雜誌》，就歷史而言，就事實言，殆相銜接。……『紅玫瑰』爲名貴之花，謂能美而常新，斯則吾人所用以自勵者也。」內容是中外新知趣聞、電影劇場消息、婦女方面的話題、長篇小說等等。世界書局現任總經理閻初認為，《紅玫瑰》成為讀者新的休閒活動，也反映了當時的環境氛圍之下，讀者迫切需要新的資訊來面對世界的變局。

從其出版品來看，世界書局當時屬於綜合型出版社，並於各省設有連鎖書店，同時販賣樂器、運動器材、玩具，也設有銀行。

奠定古籍出版方向

國民政府遷台之後，世界書局也將總公司移至台灣。不同於以往的綜合出版路線，世界書局來台之後，以「古籍」為主要的出版方向。這是一九四五年楊家駱擔任總編輯後，開始致力的方向。楊家駱生於一九一二年，卒於一九九一年，出生於上海的書香世家，是近代國學大師，以目錄學聞名學界，他於擔任世界書局總編輯時，致力整理古籍，當時出版了「中國學術名著」八〇〇冊。一九四六年，他於上海世界書局出版自己主編的《四庫全書學典》。此書集合了他曾主編的《四庫大辭典》與《四庫全書概述》，他認為四庫全書與十八世紀狄德羅編的百科全書可相比擬[2]。一九四九年後，他曾在台大、台師大任教，也在世界書局任職，他的編纂研究成為世界書局在五〇年代最重要的出版資源。他有系統的出版中國文史哲書籍，每隔一天就出一本，創下了連續三年多「間日一書」的紀錄，當時曾出版了千餘種經史子集典籍。

世界書局最具代表性的古籍經典一是《永樂大典》，一是《四庫全書薈要》。《永樂大典》於明成祖永樂年間編修，被譽爲中國最大的百科全書，原有二二九三七卷，一萬一千多本，後屢經盜竊之劫，又經戰亂散失，世界書局收集了散佚於世界各地的卷本，編爲八六五卷，於一九六一年出版，是古籍出版相當重要的里程碑，曾於一九七八年獲金鼎獎。精裝五百冊《四庫全書薈要》，由台北故宮博物院簽約授權世界書局，依「摛藻堂四庫全書薈要」原件複印，並詳加編輯整理，歷時多年，終於一九八五年完成的重量級古籍經典。《四庫全書薈要》的編成，因清高宗敕纂「四庫全書」時，已屆高齡，恐不及親見「四庫全書」修成，於是另設四庫全書薈要修書處，網羅當時上選專才，慎選古來圖書精華，費時五年修成，貯於坤寧宮御花園摛藻堂，專供御覽。己亥年，又別鈔一份，藏於圓明園味腴書屋。咸豐十年，英法聯軍犯紫禁城，燬圓明園，味腴書屋藏本淪爲灰燼，至一九二四年始發現原存摛藻堂之薈要正本完好無缺，遂成世間僅存珍祕，後又歷經多次戰火，千辛萬苦輾轉運至台灣，爲世上唯一孤本，價值非凡。

世界書局至台灣之後，另一重要出版項目即是參與學校教科書的出版，自小學、國中、高中到高職，並且也編纂配合教材的參考書，不過因教科書開放版本，已停止此項工作。在參考書方面，涵括文學、史學、理工方面，最知名的即是英千里所編的英文教材。英千里生於一九〇〇年，卒於一九六九年，十三歲即至歐洲留學，一九二四年自英國倫敦大學畢業，曾協助父親創立北京輔仁大學，精通英、法、西班牙、拉丁文四種語文。他曾擔任台大外文系主任，也促成輔仁大學在台北設立，擔任副校長。他在世界書局編有《英氏國中英語》、《新世紀初中英文文法》、《高中英語讀本》等書。當時初中一年級至大學四年級，曾有他編纂的英語教科書。目前世界書局仍出版了高中職、大學等參考書十多種。

年輕化以吸引新世代讀者

世界書局先後由李石曾任總經理，張靜江、杜月笙任董事長，吳稚暉等為監察人，六〇年代由知名報人成舍我擔任董事長，閻奉璋於民國七十年代初買下了經營權，但為尊重長一輩經營者，直到一九九一年才接任董事長。閻奉璋是新聞界的老報人，他接手世界書局的目的是為文化傳承，秉持「為往聖繼絕學，為萬世開太平」的理念，一方面延續古籍出版，一方面開展新的路線，並堅持做別人不想做，但對社會教化有長遠意義的工作，同時也指示他的女兒閻初接任後也應延續這樣的宗旨。閻初為了因應出版環境的改變，世界書局的門市開始銷售簡體字書籍。一九四九年以前，世界書局的門市屬於綜合型書店，來台之後，門市只銷售世界書局的出版品，二〇〇五年開始銷售簡體字書，書種不限於文史哲類，也包括休閒、民俗文化、稗官野史等類別，當然，線裝書與藝術類書籍仍是讀者印象深刻的類別。閻初認為，在傳統出版的工作項目之外，也希望藉由選書多元化，吸引讀者進入世界書局。

閻初認為，世界書局一向有文化傳承的使命感，擔心文化斷層，希望能藉由出版而使文化生根；同時，也認為當台灣社會發展日趨成熟，古典素養的薰陶是相當必要的，因此，目前首要的工作是讓讀者能親近古典文化，例如，曾獲中小學優良讀物獎的「四靈文化叢書」，以淺近的筆法寫出龍、鳳、虎、玄武的傳奇故事，與以往只針對成人讀者的內容不同；再者，重新整編過去的古籍出版物，增加新資料，另闢書系推出，例如，早年的名家詩文集，又於一九九六年重新出版為「中國名家詩文大系」，該系列目前整理出版了十四種，包括《蘇東坡全集》、《黃山谷詩集》、《陶靖節集注》、《白香山詩集》等。曾於六〇年代出版的通俗小說，一九九二年改為大字本，以「中國通俗小說名著」系列重新出版，目前已有十餘種，囊括了人們熟知的中國古典小說，並加入詳細的補充資料，例如《紅樓夢》有人物世系表，《西遊記》、《水滸傳》加入連環畫等。

另外，近年來，閻初持續出版世界書局保有的冷門古籍原本，例如《說文解字注》、《清儒學案》、《全上古三代秦漢三國六朝文》、《宋本樂府詩集》，雖然過去積極出版古籍造成了財務的困窘，但閻初認為，目前有限的人力與財力雖不能將所有古籍加以完整的白話注釋，至少要將古籍珍貴版本的原貌保留下來，後人才有閱讀的可能。

世界書局於一九九八年與二〇〇〇年分別出版了《李光耀回憶錄一九二三－一九六五》、《李光耀回憶錄一九六五－二〇〇〇》，這是新加坡主動連絡世界書局合作出版的李光耀親筆傳記，此外，世界書局近年出版品「時代彗星」的人物傳記路線，透過與大陸版權交易，出版了張愛玲、林徽音、豐子愷等傳記。一九九六年，世界書局再次推出「莎士比亞全集」。當初朱生豪譯了悲喜劇與傳奇劇的部分，世界書局請台大外文系教授虞爾昌補譯了歷史劇與十四行詩的部分，加入日本學者小泉八雲的《莎士比亞評傳》，推出「中英對照莎士比亞全集」，共三十九冊，加入英文原作，以分冊銷售的方式，期待吸引年輕朋友注意。一九九七年，八冊的「福爾摩斯探案全集」也重新出版，將七十年前的鋼筆漫畫封面重刊於新版封面，同時修潤過程小青的上海方言與文白夾雜的文體。「青少年文學種籽」系列，則是整理國外青少年經典著作，如《紅番公主》、《菩提樹》等，作爲面對青少年的另一種嘗試，又不失世界書局重視古籍的傳統。

已出版過數千種圖書的世界書局面對出版環境的更替，嘗試在原有的方向中傳承將近百年的出版事業，近年來重新包裝以往重量出版品的努力，維持了古籍的出版路線，是一種再次扎根、使其重新萌芽生長的嘗試；同時，古籍圖書面對通俗書籍的競爭，與大陸出版的資源，亦有需突破的困境，這也是台灣古籍出版界，需要深入討論的議題。

註釋：

1 朱聯保：〈關于世界書局的回憶〉，《中國出版史料》（現代部分）第一卷上冊，頁二三〇—二六六。

2 參考陳東輝：〈二十世紀上半葉四庫學研究綜述〉，《漢學研究通訊》第九十八期，二〇〇六年五月。

參考資料：

上海出版網站 www.book.sh.cn/shpub/index.asp

原發表於二〇〇六年十二月《文訊》二五四期。

謙沖無畏的出版勇氣

三民書局

◎巫維珍

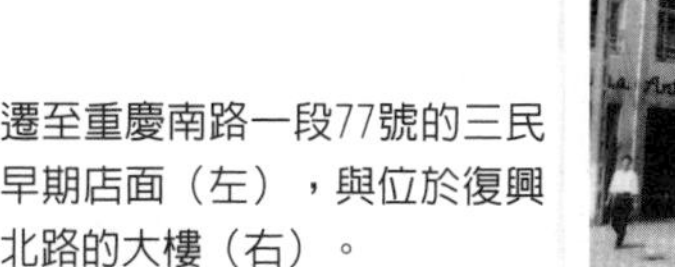
遷至重慶南路一段77號的三民早期店面（左），與位於復興北路的大樓（右）。

劉振強

三民書局創辦人、董事長，1953年與友人創立三民書局，迄今已經五十多年，出版七千多種書籍，內容廣及社會科學、自然科學、人文藝術等領域。謹守做出版就要為學術、為社會努力，絕不可急功近利。此信念也造就了三民書局在台灣出版史上的特殊位置。

由劉振強親自邀約出版的三民文庫，曾是三民重要的書籍系列。

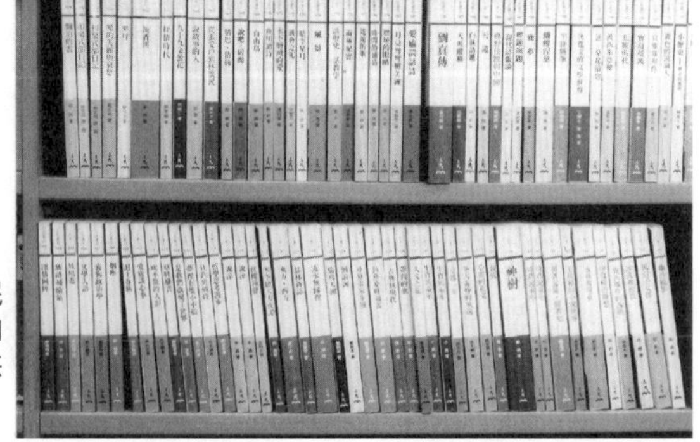

「三民叢刊」接續「三民文庫」之後推出，主題內容涵括各個人文領域，共出版300種。

「古籍今注新譯叢書」是諸多研究者與學生讀用的學術叢書。

《大辭典》的編纂，耗時費力，所涵蓋的內容及於古今中外各種領域。

三民書局門市務求書種齊全，以建立「圖書館式的書店」為目標。

部分照片提供／三民書局

三民書局成立之初，有人曾說過，三民的特徵是三小：資本小、年紀小、書店小。經過五十三年，大概沒人想過，當年二十二歲的劉振強能在半世紀之後，將三民書局經營成台灣重量級的出版事業。

從書店走向出版社

劉振強的父母對於子女的教育相當重視，因此養成了他自孩提時，無論環境如何困難，也要讀書的習慣。在後來顛沛流離的歲月中，他一向是自行修習，連社會、法律、政治的書籍都不放過，涉獵很廣；令他印象最深刻的是古籍方面的書，像《古文觀止》便是當時讀得很勤的書。來台之後，劉振強自學的習慣一直保持著，當他開書店時，甚至自己研讀會計，建立三民書局的會計制度。

一九五一年一月一日，劉振強到遠東圖書公司的前身「讀者書店」上班；出於對書的喜愛，一九五三年七月十日，他與二位朋友各出資五千元，在台北市衡陽路四十六號成立了「三民書局」，「三民」即「三位朋友」之意。劉振強回憶，當時三民和虹橋書店共用店面，三民的書架放在最裡面，除非刻意進去找，經過時是看不到三民書局的。

那時經常為了付不出貨款而煩惱，往往是「賣了一本書，才有資金再進一本書」。為了使公司的成長不受其他因素干擾，劉振強更與其他股東約定了「五不可」：一、不可以向公司推薦私人；二、不可以向公司借錢；三、不可以要求公司作保；四、不可以干涉公司業務；五、盈利轉為資本，不可以要求分配利潤。八年後，三民果然有了一番成績，遷到重慶南路一段七十七號，是獨立的店面。

當時台灣出版業不發達，書種不多，許多書需從香港進口，而這些書大多來自上海，再進口到台灣，往往要費一番周折；另一個進書管道，則是大陸來台的出版社重印的書，數量也不多；後來香港的圖書無法進口，於是，劉振強興起了辦出版社的念頭。

辦出版社要出什麼書呢？劉振強很重視法治社會的概念，認爲國家要走上法治的道路，而不是人治，才能富強，加上鄒文海先生的影響，因此他先從法政方面的大學用書著手。他記得，當時這方面作者不多，只有台大與行政專校（中興大學法商學院前身）有這樣的師資；遷往重慶南路後，財務比較穩定，出版種類大增，開始推出財經方面的書籍。當時法政權威學者鄒文海、薩孟武、林紀東、曾繁康、鄭玉波、張金鑑、戴炎輝等先生，相繼爲三民寫書，陶百川先生並爲三民編輯《最新綜合六法全書》。法政大學用書，確立了三民出版品的方向與地位；鵝黃色的封面，不僅爲當時台灣的學術界增添幾許新意，也成爲那個時代的莘莘學子求學過程的一部分。

三民的另一項重要出版項目是「古籍今注新譯叢書」。傳播學術思想、延續文化發展爲三民出版的方針。一九六七年，台灣經濟起飛，社會變遷之際，劉振強找當時的大學教授注釋《新譯四書讀本》，以爲學生及社會大眾自修之用，是爲「古籍今注新譯叢書」的開端；第二本《新譯古文觀止》亦大受歡迎，於是開始大規模規畫古籍注釋的工作；後來更結合兩岸學者，詮釋自先秦至近世的傳統典籍，範圍遍及經史子集，甚至宗教、教育類別均擇優注譯，至今已出版近兩百種。

這套書投入了龐大的時間與精力，在古文、注釋、白話譯文的不同單元上，希望讓不同程度的讀者都能適用。目前正在進行的還有《新譯漢書讀本》、《新譯史記讀本》等。

剛起步的三民書局除了大學用書的出版之外，也在一九六六年推出「三民文庫」，並率先採用歐美袖珍書的開本。劉振強說，最初編輯的目的是希望自大陸來台的作者能寫回憶錄，留下歷史，一方面也希望三民的出版品能更親近年輕讀者。前後出版包括學術界如錢穆、方東美、唐君毅、牟宗三、薩孟武、陶百川、洪炎秋等，與文學領域如琦君、張秀亞、彭歌、余光中、蓉子、白萩等人的著作。爲了編輯此系列，劉振強當時花了不少心力，親自投入約稿、看稿的工作。

「三民文庫」的每一本書都是劉振強親自邀約出版的，後來因爲業務繁忙，無法再親力親爲，於是「三民文庫」在出版了二百種以後，在一九九〇年，忍痛畫下句點，改由「三民叢刊」接續。「三民叢刊」多面向出版文學、文化、藝術等方面的書籍，涵蓋有莊因、白樺、黃永武、李明明等人的作品，到二〇〇五年，也出版到三百號了。十五年，三百種書，每一本都記錄著這一段時間台灣文化發展的軌跡。進入新世紀之後，爲了因應資訊多元化與配合現代人忙碌的生活形態，三民於二〇〇五年另闢「世紀文庫」，分爲文學、科普、傳記等類別，以方便讀者挑選。此一書系以出版當代作品爲主，所邀約的作家均爲一時之選，至目前爲止，已有郭強生、鄭寶娟、林黛嫚、嚴歌苓、蘇偉貞、楊念慈、陳義芝、潘震澤、張海潮、宇文正、莊因等人的著作。

劉振強記得，剛開始踏入出版界的時候，那時年紀還輕，去約稿時，往往都會得到「你連鬍子都還沒長，還想來出我的書！」的回應，意思是擔心三民書局無法長久經營，這些經驗給他很大的刺激。不過，劉振強「先奉稿酬」的作風在學術界跟出版界廣爲人知。出版社通常在書賣出之後才結算版稅給作者，三民的作法則是在簽約之際，即奉上部分稿酬，請作者慢慢寫；劉振強認爲寫書需要一段漫長的時間醞釀，奉上稿酬是對讀書人的尊重。據說，三民目前還有巨額的預付稿費尚未交稿。劉振強說，他開辦三民之初，是許多作者對他的支持，才有了今天的成果，他所能做的就是對作者的尊重。新聞學者李瞻曾回憶到，一九八〇年劉振強邀請政大新聞所學者編輯「新聞學叢書」書系，當作者同意簽約，即付稿費十萬元，完稿後一字一元計算，在當時可說是相當優厚的做法。

自刻銅模，完成造字工程

劉振強說，他自學的時候，經常依靠字典來學習，認爲字典是讀書過程中不可或缺的工具。然而，當時字典的標音都是以切音方式呈現，由於南方人與北方人的口音不同，藉由切音所念出來的字音並不一致，且由於早年辭書上的注解或引文未能確實查證，有許多前後矛盾或誤植的地方，因此開辦三民之後，他便有了編纂《大辭典》的想法。

劉振強表示，要編《大辭典》之前，他不曉得這裡頭有多少困難。當時曾有位台大的老師對他說，「千萬不要編字典，不然，你會跳海的。」沒想到，後來是十四年的經營、一億五千餘萬元的經費、百餘位教授的參與、準備《百部叢書集成》、《四庫全書》、《四部叢刊》、《四庫備要》等逾萬種書籍，對於所有詞條，都逐一核對查證，甚至還動員二、三十人到各圖書館蒐集珍罕的資料，才終於完成這項工程。

單就經費而論，足可買下當時重慶南路的五棟店面。《大辭典》從一九七一年開始編寫，於一九八五年出版，是以大百科的形態編纂，內容涵蓋古今中外，收羅包括人文科學、社會科學、自然科學等領域的詞彙詞條，詞條超過十二萬條，敘述文字更高達一千六百萬字，共分爲三大冊。《大辭典》出版時，曾獲頒教育部、文建會、新聞局金鼎獎等殊榮。

製作《大辭典》時，有鑑於一般印刷廠的銅模都是日本漢字的銅模，許多字在筆畫上與中文頗有出入，而且缺字很多，若勉強用之，恐怕誤人子弟。於是三民決定自行刻模鑄字，總共刻了宋體、黑體、標頭字三套銅模，所有字體均依照教育部當時剛公布的標準字體，以因應內文排版上的不同需要。

爲了刻模鑄字，三民先請人撰寫所需字體，並將確定的字體交由「華文銅模廠」雕刻銅模，再將銅模交由「中台印刷廠」依所需文字灌鑄鉛字並進行排版，總共排出十六開本的活版高達一千六百頁。因爲用字數量龐大，共用掉了七十噸鉛。爲解決活版置放空間不足，還在印刷廠的後院增建廠房。在「中台印刷廠」的全力配合下，經過十年的努力，終於完成排版工作。今日憶起，對於印刷廠老闆及所有排版工人在經濟與體力上的負擔，劉振強十分感念。而鑑於當時台灣的製版與平版印刷技術還是人工操作，油墨濃淡無法一致，日本則已有電腦控制的印刷技術。在新聞局出面協助，並感謝中央銀行同意結匯（當時外匯受到管制，不得任意匯出）的情況下，最後在日本找得印刷廠，分三批交稿，終於完成《大辭典》的出版工作。

一九八九年起，三民也陸續編譯英漢辭典，包括《三民皇冠英漢辭典》、《三民英漢大辭典》、《三民最新簡明英漢辭典》等，並特意收錄大量的口語、片語，期望讀者能以最輕鬆的方式達到查閱、學習的目的。目前已出版將近二十種英漢辭典，滿足中、小學生到社會人士，不同階段的需求。

早在一九八九年，有感於電腦將成為出版的重要工具，並考量從鑄字到排版過程所可能造成的鉛中毒問題，同時解決罕用字的缺字困擾，開始研發排版軟體與解決中文字碼不足的問題。通用的排版軟體僅有一萬三千零五十碼，而中文字卻超過四萬多字，相形之下，遠不敷學術書籍印刷所需。為此，三民特別籌組研發團隊，並投入大量的人力與資金，開發出一套字碼達七萬多碼的字型，以及能以這套字型來排版的軟體。這項工程迄今仍持續進行與改良中，希望能研發出盡善盡美的軟體，以符合出版所需。

其中有關字體的撰寫，既要考量漢字的美觀，又必須兼顧正確性，牽涉的問題更是複雜。且有鑑於當初刻模鑄字時，外聘寫字人員無法按時交件，造成鑄字、排版進度跟著延誤的痛苦經驗，因此劉振強決定聘用專屬的美術人員，以傳統手寫的方法來造字。每一字的組合安排都必須適切，不恰當的話，必須重來。劉振強依據中國書法的美感，建立每套排版字體的常用字、次常用字、罕用字、異體字，並配合排版的需要而有四種不同粗細字體的變化。劉振強表示，造字工作的困難，是當初始料未及的，七萬多碼的明體就已重寫了十幾遍；十多年來，為了做好這個工作，他連作夢都在想怎麼把字寫好。計畫撰寫六套字體，目前已完成四套，另有兩套尚在進行改良。

大學用書以外：兒童讀物與網路書店

一九七四年，又成立「東大圖書公司」，主要目標是出版學術性書籍，進而涵蓋一般文學作品。例如主要書系「滄海叢刊」，概分為國學、哲學、宗教、應用科學、社會科學、史地、語文、藝術、比較文學類，囊括了各領域的重要理論與作者。比較為人所熟知的幾位學者的作者集分別是：「錢穆作品精萃」、「余英時作品集」、「許倬雲作品集」、「李澤厚論著集」、「逯耀東作品集」。再者，為填補工業社會日益嚴重的人情疏離，特邀請傅偉勳、楊惠南策畫「現代佛學叢書」系列，以淺顯的文字敘述佛法，希望藉由宗教的力量，撫慰人們空虛的心靈。此外，由於物質文明的種種誘惑，造成一般人生活作息不正常，為了讓社會大眾能培養健康的休閒娛樂，遂邀請陳郁秀主編「音樂，不一樣？」書系，以期提升現代人的休閒品味。此外，東大圖書也積極投入高中職各種教材的編纂，希望能為台灣的教育盡一分心力。

近十年來，三民特別重視兒童相關教育，認為兒童是國家未來的主人翁，故持續出版兒童讀物。在童年時養成良好的讀書習慣，日後肯定受用無窮，因此在成人書之外，為兒童扎根閱讀習慣，也是三民的目標。三民的兒童讀物有很強的特色：一是強調語文相關的英語教材或是文學能力的培養，再則是將成功人物的故事趣味化，希望達到教育的目的。出版品共分兩大類，一類是聘請外國作者撰寫兒童文學，並採英漢對照的方式呈現，例如「探索英文叢書」、「愛閱雙語叢書」、「Fun 心讀雙語叢書」就是以中英對照的方式來說故事。另一類是請知名作家執筆，以國人的思維邏輯來學習，例如「兒童文學叢書」的

「小詩人系列」，作者均爲知名的詩人，如葉維廉、蘇紹連、張默、夐虹、陳義芝等；「兒童文學叢書」的「藝術家」、「文學家」、「音樂家」、「影響世界的人」，敘說各領域傑出人物的生平，目前已出版超過四百種。由簡宛所主編的「世紀人物 100」系列，則是最新推出的兒童讀物。內容涵蓋更多的中外名人，以更豐富的內容、更精采的文筆與插圖，讓兒童在閱讀名人傳記之餘，也能耳濡目染，見賢思齊。

三民在剛開始成立時，是先發展門市，爾後才著手出版業務，三民書局於一九八三年成立「弘雅圖書」，專門負責發行的工作，以服務讀者爲宗旨。三民書局一直以建立「圖書館式的書店」爲目標，在一九五三年開書店之際，即依據《中國圖書分類法》規畫書籍排架的位置，現於各樓層配有電腦，方便讀者找書。三民將自己定位爲服務業，即使是罕見的書籍也盡量陳列銷售，爲的是讓讀者能夠一次將所需書籍找齊，而無需再跑到第二家書店。一九九三年，復興北路門市落成，編輯部門也遷到新址，於是三民書局擴充到兩個門市，擁有近千坪的營業面積，販售全國出版社的出版品，陳列圖書多達數十萬種，種類齊全，凡是來到三民書局的人，都感覺像是進入圖書館一般，流連忘返。

隨著網路世代的來臨，籌備多時的三民網路書店（http://www.sanmin.com.tw）也於一九九六年開始營運，開國內網路書店風氣之先。藉由網路的無遠弗界與無時間限制，配合實體書店的優勢，庫存與門市同步，能夠在二十四小時內出貨，讓許多忙碌的都市人與位處偏遠地區的讀者，均能透過網路在三民網路書店買到書，因此，三民網路書店已是愛書人不會錯過的知識寶庫。現在三民網路書店有會員逾二十萬人，並定期發送電子報，提供會員各種新書及優惠訊息。

文化春圃，歷久彌新

五十三年來，劉振強默默耕耘著書的園地。從書店跨足出版，從早期的法政大學用書、三民文庫、古籍今注新譯叢書、《大辭典》，到各式英漢字典及兒童、青少年讀物，三民書局成立至今已出版了七千多種各式書籍，涵括八十個書系，作者群六千多人。目前三民書局與東大圖書一年合計的出書量共約四百種，加上負責經營門市的弘雅圖書及三民網路書店，三民書局已轉型爲多元、綜合、全方位的出版機構。所出版的書籍不僅讀者佳評如潮，贏得金鼎獎、小太陽獎、好書大家讀等獎項的肯定；圖書館式的書店及現代化的經營更滿足愛書人對知識的渴望。

屹立五十餘年而歷久彌新的三民書局，面對未來的競爭，劉振強表示，做出版除了將整副精神全部投入之外，別無他法；在方向上，因應出版業的不景氣，將來的出版規畫會更加謹慎。

早期三民訂定不私下任用人員的規矩，所有前來應徵的員工，一律需經過考試，合格後才能錄取。而平日工作時，公司上下就像一個大家庭，絲毫感受不到階級或身分的隔閡或疏離。劉振強公平的另一面則表現在他對員工的感謝，就像他與員工共桌吃飯的習慣，因爲他認爲員工不是夥計，而是共同打拚的伙伴。不僅是員工，協力廠家也都對他深深感念。劉振強記得在建造第一棟門市時，恰好是能源危機的時候，原料物價上漲，營造廠卻沒多收他錢，他心裡覺得不安，還是依照當時物價，多付了金額。結果，開幕時，營造廠反倒送來了極大的賀禮。劉振強在《三民書局五十年》一書特別感懷了同事、作者等人的鼎力支持，才有三民今日的成績。劉振強的不居功，正傳達了他謙沖的態度，以及三民能一直走到今天的原因。

劉振強記得政大教授鄒文海曾多次勉勵他，做出版工作就要爲學術、爲社會去努力，絕不可急功近利。這些話他一直銘記在心，而這個信念也造就了三民書局在台灣出版史上的特殊位置。五十多年來，三民敢於投資大部頭辭典、研發排版與造字的電腦軟體，目的在於爲社會樹立閱讀的風氣，三民書局與劉振強也成爲具有影響力的當代出版指標。

參考書目：

1 張錦郎：〈台灣地區四十年來古籍整理的成就〉，《兩岸古籍整理學術研討會論文集》，一九九六年。
2 《三民書局五十年》，逯耀東、周玉山主編，三民書局，二〇〇三年。

原發表於二〇〇七年二月《文訊》二五六期

補充：三民書局成立迄今（民國九十七年），已堂堂邁入第五十六年。在這一年裡，三民書局陸續出版眾多優質好書。特別是籌備多年、耗費巨資所完成的史學新譯鉅著「四史」(《史記》、《漢書》、《後漢書》、《三國志》)與《資治通鑑》，終於在千呼萬喚之下，於二〇〇八年陸續問市。期盼藉由這套史書的出版，讓讀者能更正確且深刻地了解中華文化，甚至作爲行爲處世的借鑑。另外，由海內外眾多作家所合力編纂的「世紀人物 100」系列童書，亦於二〇〇八年全部出齊。書中以淺近有趣的文章，將各個傳主一生奮鬥的過程忠實地呈現於讀者面前。希望透過閱讀這套童書，讓年輕學子能夠見賢思齊，積極進取，矢志成爲下一位世紀人物。**（三民）**

定靜如榕的姿勢

爾雅出版社

◎徐開塵

位於廈門街的爾雅出版社，已成為113巷不變的文學風景。

隱地

本名柯青華，1937年生於上海。籍貫浙江永嘉。1947年來台，才開始認字。15歲開始寫作。26歲時出版短篇小說和散文合集《傘上傘下》。曾任《純文學月刊》助理編輯、《新文藝月刊》編輯、《書評書目》主編。1975年創辦爾雅出版社，任發行人至今。30餘年來，他經營出版社和寫作不曾偏廢。重要著作有：《心的掙扎》、《人啊人》、《眾生》等「人性三書」；詩集《法式裸睡》、《七種隱藏》、《十年詩選》等；自傳體散文集《漲潮日》曾獲聯合報讀書人2000年最佳書獎，中國時報開卷版「影響2000年度特別注目」，文訊雜誌主辦專家推薦「新世紀文學好書60本」。曾獲行政院文建會「十大文學人」、台北市文化局「向資深文化人致敬」及「年度詩獎」等。

「年度短篇小說選」、「年度詩選」、「年度文學批評選」是爾雅當年極具代表性的出版品。

1966年，隱地曾與八位文友在文星書店出版創作集。1986年，他們又在爾雅合出《光陰的故事》，並歡聚合影。前坐者為文星書店負責人蕭孟能、王劍芬夫婦；後排右起：張曉風、康芸薇、劉靜娟、隱地、邵僩、舒凡、趙雲。

創業初期爾雅即出版了許多蔚為風潮的指標性作品。

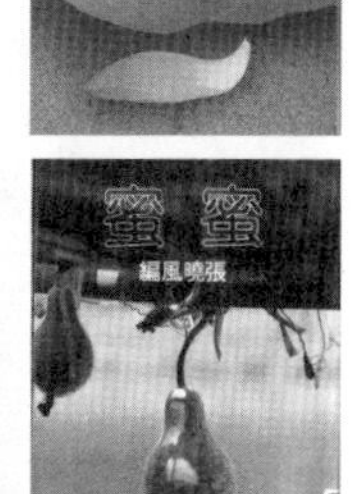

王鼎鈞《開放的人生》為爾雅創業作，一砲打響名號。圖為隱地（左）於1985年赴美旅遊三週，與已八年未見的鼎公見面，合影於紐約機場。

1996年，隱地（右）前往美國紐澤西，於火車站與琦君合影。

張曉風、席慕蓉、愛亞等女作家在爾雅推出諸多重要作品。

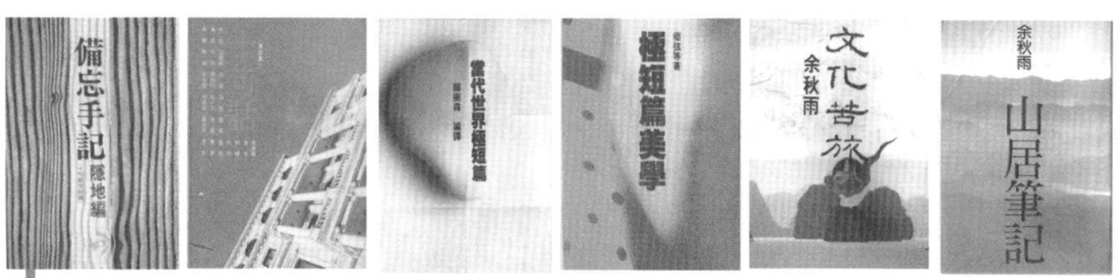

在各個不同階段，爾雅皆有不同的出版氣魄與轉折。

爾雅慶祝13週年時，羅斯福路金石堂櫥窗裡出現《開放的人生》、《十句話》、《左心房漩渦》書影。

爾雅書房布置雅致，成為文學心靈相聚之地。

部分照片提供／爾雅出版社

廈門街一一三巷的傳奇

詩人余光中筆下「廈門街的巷子」，早已隨著歲月遞嬗而變了樣。廈門街一一三巷有一棵百年雀榕，倒像是一個守護神，在時光流轉之間，見證了這個社區裡人來人往的故事。與老榕樹相對映，長年駐守於此的，還有一位老園丁及一座文學花園，那正是作家隱地和他創辦的「爾雅出版社」。

德不孤，必有鄰。這條著名的文學巷，早年曾有余光中、王文興等作家居住於此，「爾雅出版社」和「洪範書店」這兩家文學出版社，更是長相左右，經年不移，已成爲巷內一景。尤其是隱地，從一位作家、編輯人，到爾雅出版社發行人，文學照亮了他的生命，他也爲文學出版寫下重要的歷史篇章。

談到隱地進入文學出版的故事，就得從《書評書目》雜誌說起。

隱地的妻子林貴真，與企業家洪建全的長媳簡靜惠是昔日同窗，簡靜惠旅居美國期間，有感於海外留學生什麼都有，獨缺精神食糧，越洋找上熱愛文學的隱地，請他開列一份書單，由洪建全文教基金會購書，轉寄美國，贈與海外遊子，以解思鄉之情。隱地覺得這個點子不錯，想到台灣的讀者也需要這樣的推介書目，於是向簡靜惠提議創辦一份刊物，同時服務海內外的愛書人。兩人理念相投，開始籌辦《書評書目》雜誌。

《書評書目》最初定位爲文學書評雜誌，隱地邀集沈謙、鄭明娳、景翔、覃雲生等文藝界好友一起動腦兼撰稿，評論文章、閱讀隨筆加上推介書目等，內容紮實，出刊後叫好叫座，單期曾印行四千本上市；探討作家瓊瑤愛情文藝小說那一期，因爲多篇評論獲得熱烈回響，供不應求，還加印三千冊上市。《書評書目》後來也成立了出版社，出版了《文學探索》、《冷血》等書。由於姚一葦、柯慶明編選的《文學評論》專書，市況不如預期，加上基金會有意擴大此刊物的社會功能，擬改爲綜合性書評雜誌，與隱地獨沽一味的想法不同，於是他選擇離開。這個決定，也改變了隱地的人生。

創業初期的彼此奧援與一炮而紅

那一年，隱地已經三十八歲，過了創業的年紀，手中只有十幾萬元積蓄，三個孩子都還小，面對未來，他感到徬徨不已。簡靜惠告訴他：「你若想創業做出版，我可以投資。」當時政府明訂登記成立出版社的門檻是三十萬元，簡靜惠投資十萬元，隱地拿出僅有的十五萬元，景翔以五萬元相挺，湊齊三十萬元的創業基金，決定放手一搏。

在文學起飛的年代，「爾雅出版社」於一九七五年七月二十日正式加入了一起飛翔的行列。過去的工作經驗，使他對約稿、編輯、印刷等前置作業十分嫻熟，可是對出版後端的發行和通路等工作，卻很陌生。遠景出版社負責人沈登恩聽說隱地要成立「爾雅」，主動伸出援手，帶著他全台走一圈，把他和爾雅介紹給各大書店的老闆。隱地說，當時遠景才創立一年，但黃春明的小說集《鑼》、《莎喲娜拉‧再見》及鹿橋的《人子》等書暢銷，打響了知名度，沈登恩顯得意氣風發；經過沈的引薦，書店業者都允諾會把爾雅的新書擺在很好的位置。

爾雅的創業書，是散文大家王鼎鈞的《開放的人生》。王鼎鈞在《中華日報》有一個很受歡迎的專欄，叫作「人生金丹」，隱地是忠實讀者，籌辦爾雅時，他就期望將「人生金丹」文章結集出版，可是同時有五、六家出版社都在爭取這本書，王鼎鈞考慮再三，還是把書交給了正要創業的隱地。

《開放的人生》是爾雅的第一本書，也是爾雅累積銷量最高的一本書，至今已印行四十五萬冊，等於每五十三個台灣人中就有一個是這本書的讀者。

現在很多出版人為暢銷書找答案，原因之一是「書名」也要取得好。隱地將「人生金丹」改為《開放的人生》，王鼎鈞為此還特地寫了一篇〈開放〉置於書前。

爾雅創業時也有大手筆大氣魄，居然以十全批的超大廣告，在連載「人生金丹」的《中華日報》第一版上刊出《開放的人生》的預約廣告。刊出一週，四千冊已銷售一空，真是空前絕後。新書面世後，幾天就賣出數千冊，學校、老師的團購電話應接不暇，印刷廠加印裝訂都來不及滿足市場的需求。

第一本書就一炮而紅，同時推出作家琦君的著作《三更有夢書當枕》，也有不錯的反應。這兩本書像是奠定爾雅日後發展的兩根棟樑，結結實實地扎根在文學的土壤裡，讓隱地安了心。

禁制氛圍下澎湃而出的藝文

次年，爾雅出版了張拓蕪的《代馬輸卒手記》。張拓蕪筆下的油坊小學徒，歷經大時代動亂，演變成代馬小卒的漂泊人生。作家以平實筆調書寫自傳，卻深刻感人，震撼文壇。張拓蕪陸續又寫出了續記、餘記、補記、外記，構成「代馬五書」，文友的評論和讀後隨筆一波接一波見刊，這部大兵的日記也從一九七六年延燒到一九八二年，令張拓蕪的人生自谷底翻身。

張拓蕪現在住的房子，就是當時的版稅屋。隱地說：「能用版稅買房子，那真是台灣作家最風光的年代。」風行一時的「代馬五書」，也爲爾雅創造了第二個亮點。

事業草創初期，成績亮眼，股東簡靜惠和景翔見隱地已站穩腳步，助人任務完成，退出股分。於次年一九七六年讓隱地單飛，從此獨資經營迄今。

現在回想起來，那真是輝煌的文學年代。一九七五至一九八〇年代末期，文學是台灣出版界的一枝獨秀，一百位讀者當中，大約有百分之七、八十以上均在閱讀文學書籍，財經、心理、健康等類書，都是小眾。因此，隱地常說：「爾雅的成功，是天時地利人和，時勢造英雄，是前人種樹、後人收成。」

那個時代，文壇人稱「林先生」的林海音創辦了「純文學出版社」（一九六八年七月）；作家姚宜瑛成立「大地出版社」（一九七二年七月二十六日）；隱地催生了「爾雅出版社」（一九七五年七月二十日）；詩人楊牧、瘂弦和好友葉步榮、沈燕士合資創立了「洪範書店」（一九七六年八月二十五日）；擔任《中華日報》副刊主編的蔡文甫也籌辦了「九歌出版社」（一九七九年三月十日）。這五家由作家文人創設的出版社，規模雖小，卻各具特色，且有志一同，以推廣文學爲志業，被稱爲出版界的「文學五小」。與其說那是文學的興盛期，更準確的說法，那是一個政治戒嚴、卻擋不住文化藝術萌發的年代。在「文學五小」之外，遠流、時報、聯經出版公司，以及藝術家雜誌社等，都於同時期誕生。民歌手楊弦將余光中詩作譜曲，在台北市中山堂舉辦「民謠演唱會」，揭開民歌時代的序幕。洪建全文教基金會視聽圖書館啓用，爲閱聽人開啓了認識世界的一扇窗。高信疆主編的《當代中國小說大展》、王禎和的《嫁粧一牛車》、小野的《蛹之生》、張系國的短篇小說，以及洛夫、葉維廉、羅青、羅智成等人的詩集出版，都是民眾豐富心靈的滋養。

五小相濡以沫的黃金時代

那也是一個同行不相忌，大家相濡以沫的年代。文學，瀰漫在整個環境裡。

隱地還記得峨嵋街「文星書店」以一簍雞蛋襯托胡適著作的櫥窗設計，「都很文學」。新潮文庫加上仙人掌出版社、水牛出版社，以及白先勇的晨鐘出版社、高信疆的言心出版社，彼落此起，像是承接文學薪傳的火苗，爲後起者鋪好了前行的道路。

他說，如果沒有一家帶一家出來，爾雅、洪範、九歌等出版社不會那麼快在出版界站穩自己的腳步。

爾雅的第一年，人少，書不多，發行業務委由遠景協力執行；隔年才收回發行權，自己發書。洪範和九歌初入行時，也由爾雅援例代爲發行。後來，「五小」在大姊大林海音登高一呼下，開始了每月一次在福華飯店中庭的早餐會。五家出版社負責人聚在一起話文壇點滴，論出版理想，也決定印製共同行銷宣傳的《五家書目》，大家互相扶持，資源共享，還傳爲文藝界美談。

在七〇年代，文壇流傳兩句話：「文章發表要上兩大（報），出書則要找五小。」偶爾，在早餐會上有人聊起哪家書店付款不乾脆，其他人立即義氣相挺地表示拒絕發書給對方。當年沒有「公平交易法」，他們說了就算，這也凸顯了五小在文壇和出版界的分量與影響力。

儘管那段時期「文學」是主流，也並非出什麼書都賣。隱地堅持爾雅走小規模路線，一年出版二十本書，他自任總編輯，加上一位編輯，像是做手工藝品一樣，孜孜矻矻爲每本書縫製嫁衣。即使到今日，爾雅依然年年只出二十本書，三十年如一日，也真是文壇永遠的傳奇。

在創業初期，因爲有了前面良好的基礎，隱地更放手去做。一九八〇年爾雅開始和張曉風合作，曉風主編的「有情四書」：《親親》、《蜜蜜》、《有情天地》和《有情人》，暢銷一時。一九八一年出版十一位女作家執筆的《十一個女人》短篇小說選，還由張艾嘉製作拍攝成單元劇，在電視上播映，帶出了楊德昌、柯一正等新銳導演。一九八三年又爲張曉風、席慕蓉和愛亞出版散文合集《三弦》，榮獲當年金石堂排行榜文學類圖書的年度冠軍；這三位風格不同的作家，後來分別以《我在》、《時光九篇》和《曾經》等書大受歡迎，在爾雅各有十年風光。這些女作家以溫潤的筆觸爲文，也照亮爾雅的第三個高峰。

在文字中發覺無限珠璣

白先勇也是最早支持爾雅的作家，他的代表作《臺北人》原本由自己的晨鐘出版社出版，後來晨鐘結束，自一九九二年起交由爾雅出版，到今日仍是爾雅的招牌書。白先勇的新作《紐約客》系列，也將於近期由爾雅印行。

除了要在眾多約稿和投稿中發現珍珠，隱地也已開始用企畫編輯的概念構思新書。在散文的年代，策畫出版了「十句話」和「作家極短篇」系列，作家筆下的智慧精華，字字珠璣，與文經出版社印行的《800字小語》等類書，掀起一陣文學小品出版熱。「十句話」從一九八七年推出第一集，到一九九五年以《備忘手記》的出版，爲這套歷時七年的「手記文學」畫下句點。

同時，他也嘗試以不同的操作模式，尋找更大的發展空間。林海音的代表作《城南舊事》，原本由純文學出版社印行，早年純文學的出版品是書店通路極力爭取的，因此林海音訂下「八折，不退書」的條件，書店都得買帳。《城南舊事》出版後，頗受好評，但隱地認爲純文學的發書條件太硬，使得這本書的銷量難以突破，因而說服林先生授權印製一個爾雅版，讓兩個版本同時發行；結果爾雅版一度賣得比純文學版還要好，他由此看見了一本書的無限可能。

一九七五年至一九八八年可說是爾雅的黃金歲月，走進書店，最耀眼的幾個書架，總是排滿爾雅叢書，每有新書出版當天，門前總是擠滿中盤商，想要以最快的速度拿到書，再送到書店去。回顧過去，隱地說：「那段時期我走在人生的大運上，好像怎麼做都對。」

但隨著一九八七年政府宣布解嚴，台灣社會轉型開放，出版市場展現百花齊放的多元樣貌，競爭激烈，文學不再獨大，爾雅的營運受此影響，只能維持平盤。

《文化苦旅》曾挽救經營困局

文學市場一路下滑，文友的創作持續送到爾雅，期待出書。那一陣子，隱地的愁苦與焦慮不安寫在臉上，對於讀者大眾棄文學而去的不解和憤然，找不到紓解之道，轉而開始嘗試寫詩抒懷。那年他已五十六歲。

「大家都說詩是票房毒藥，我想既然文學已經式微，那就來出版最不被看好的詩集吧！」這也是隱地抗議的另類方式。他承認當初是帶著賭氣的成分開始寫詩，生命低潮，與詩相遇，竟意外地爲他打開了另一扇窗，成爲受歡迎的詩壇新人；跨越文類創作、發表和出書的過程，都充滿愉悅，完全是「無心插柳柳成蔭，柳暗花明又一村」。

寄情於詩，解自己一時的苦悶，卻無助於挽救爾雅下滑的業績。後來幫助爾雅脫離第一次困局的，是余秋雨的《文化苦旅》。

大陸學者、作家余秋雨於一九九二年十月應邀來台演講，作家白先勇特地致電隱地，要他一定去國賓飯店和余秋雨見一面，爭取出版余的書。初見面時，余秋雨贈送隱地一本簡體字版《文化苦旅》。他讀後深受感動，立即提出出版繁體字版的想法。

隱地舉出了兩項修正意見，一是書名太冷，一是有些文章太長有些太短，編排次序最好調整。當下，余秋雨並沒有接受，反而說：「我的書不會好銷，讓我和台灣朋友以及和你交個朋友，依照原樣出版就可以了。」隱地一見作家如此爽快、瀟灑，也決定尊重余秋雨的想法，用輕鬆的心情促成《文化苦旅》在台上市。

原本連作家本人都不看好的書，在台灣市場上獲得熱烈回響，令人跌破眼鏡。《文化苦旅》出版後，隱地主動贈書給多位作家，很意外地，這些文友開始陸續回來向爾雅買書，一買就是五、十本，二、三十本，再分贈親友。《文化苦旅》就這樣靠著口耳相傳，像水波漾開般，在文藝圈紅了起來。接著，作家們紛紛主動爲文評介，效應擴散，一時間成爲文化界最熱門的話題。

此書不但獲選一九九二年《聯合報・讀書人》最佳書獎，金石堂年度最具影響力的書，一九九三年誠品書店選書，而且讓余秋雨從台灣紅回了大陸。

三年後，余秋雨應邀赴香港中文大學擔任訪問學者期間，完成的另一著作《山居筆記》，甚至先交由爾雅在台灣印行繁體字版，相隔年餘之後，才在大陸發行簡體字版，顯現他對台灣市場的信心。

這兩本書的熱賣，使爾雅重新感受到被讀者擁抱的快樂，和市場的價值。只是大環境已經改變，閱讀的選擇多了，偶然回眸的讀者，未必就此停下腳步。沒多久，隱地就感覺走到了「似乎變什麼戲法都不靈了」的文學衰頹期。

年度選集停擺的傷痛

是那份對文學的熱忱，是堅持與執著，隱地決定以不變應萬變，繼續在文學路上奮力前行。然而，今非昔比的營業額，是無可迴避的殘酷現實，這位文學老兵爲了固守疆土，也不得不割捨理想。「年度小說選」的停擺，應是隱地內心最深層的痛。

當他還是個除了文學、別無所有的青年時，已認定了編選「年度小說選」是爲文學留下時代印記的重要工作。一九六七年，他以此理念去遊說曾在「文星書店」任職，後自辦仙人掌出版社的林秉欽，不久仙人掌出版了《十一個短篇——五十七年短篇小說選》，一圓隱地的夢想。

「年度小說選」的出版，有意義卻沒市場，命運多舛，歷經仙人掌、大江、書評書目等不同出版社編印，至一九八一年才由隱地取得之前的所有版權，「年度小說選」終於在爾雅落戶入籍。

隱地曾編《這一代的小說》，收錄民國四十五年至民國五十六年最優秀的短篇傑作，每篇評介彙編，就是他的成名評論集《隱地看小說》。眼見「年度小說選」重回自己的懷抱，他欣喜萬分，「一下子，彷彿我又年輕了，開始重新作著夢想，不但一年一本要請評論家和傑出的小說作家編下去，而且，我也希望從五十六年、五十五年往回編，一年一本，編到三十八年，這樣，三十八年以後每年的優秀短篇小說彷彿一條龍，全部接連在一起。」他甚至覺得爲免編選者因個人偏見，而有缺憾，應再補編《遺珠集》，讓好作品可以保留下來，成爲創作歷史裡的一個腳印。

在小說選之外，爾雅還出版了「年度詩選」、「年度文學批評選」，認真地爲每年台灣的文學創作留下紀錄。只可惜這份理想終於不敵大環境的劣勢，文學批評選、詩選和小說選相繼在一九八八、一九九二和一九九八年全部停刊了。爾雅三十二年歲月，六百多種叢書中，也有近一百五十種斷版了。

如老榕一般守候文學園圃

時間像一面鏡子，讓所有人與事無所遁逃地在它面前上演「對照記」。提起當年，隱地難掩複雜的情緒，臉上的表情也出現微妙變化。爾雅誕生初期，趕上了文學的鼎盛年代，五小每有新書上市，開印至少四千冊，「三、五版，七、八版都是常事，銷個五千或一萬冊至爲普遍，銷到十萬冊也不是新聞，運氣好，還真能碰上印個二、三十萬冊的紀錄。」到如今，有的書首刷連二千冊都守不住，一千五百冊就開印了，出書後可能還有一半堆在倉庫裡，等於僅賣出了六、七百冊。這種銷售數字，讓隱地偶爾覺得，出版事業不再有影響力，也失去了意義。

他感歎文學已變成「小眾中的小眾」，許多好書「連一千雙眼睛也找不到」，作家和出版人豈能不感到落寞呢！

隱地近年頻頻爲文發出「文學已死」的慨歎。然而檢視三、五年來的暢銷書，從《哈利波特》、《魔戒》、《達文西密碼》、《追風箏的孩子》、《風之影》到《歷史學家》，也都是文學作品；顯然只是讀者的閱讀取向轉變，翻譯小說的吸引力代替了本國作家的作品，而導致失衡的發展。

當諸多出版社積極調整方向，去適應市場變化時，隱地依然不動如山，守護著文學的花園。他說：「爾雅走的路，始終如一。現在的理想，依然是當初的理想。」問他爲何不擴大出版路線？他輕輕搖頭表示，正因爲當年不能編一本純文學書評雜誌，而離開《書評書目》，今日若再轉彎，豈不等於否定了自己的過去。

「我已經是出版界的異類。」隱地笑說，此時的他，好像應該急著為爾雅尋找行銷長才，以補其短，但人生又行至隨心所欲的階段，心態上如同票戲，只要不去面對書的銷量，他其實過得很踏實。爾雅至今不曾出現赤字，他也就順理成章的仍走著老路。繼續保有爾雅的特色：一家像手製品式的出版社。

心念轉換，他可以更輕鬆的面對工作。他和妻子林貴真將原是住家的舊宅重新裝潢，改成窗明几淨的「爾雅書房」。與出版社相鄰的「爾雅書房」，用文藝沙龍的形式，以書會友。這四、五年，近悅遠來，一批批讀者陸續到訪，在這裡和出版人、作家交流，在紛亂不安的時代，他們仍然藉文學相互取暖，用流動的情感，繼續灌溉這方文學花園。

一向被隱地當作「貴人」的王鼎鈞勸說，只要有一位讀者，爾雅就要辦下去。偶爾隱地意志消沉時，「鼎公」還會越洋提醒他「把姿勢站好！」其實，每每望著靜靜守護一一三巷的那株老榕樹，隱地已有了定靜的力量。樹猶如此，守著文學，何必怕寂寞孤獨！

原發表於二〇〇七年四月《文訊》二五八期

補充：二〇〇八年，爾雅又收到了一本余秋雨的新稿《新文化苦旅》，距離前一次的《文化苦旅》出版日期，中間經過了十六年。余秋雨這本新書和王鼎鈞的《關山奪路》、白先勇的《臺北人》，匯合在一起像是文壇的三大男高音，爾雅真以能擁有這三本書的出版權而驕傲。剛爲白先勇編好一冊《白先勇書話》，啊，透過一個出版社，我能繼續從事自己喜歡的編輯工作，營運雖不理想，但從事文學出版，仍然讓老年的我樂此不疲。**（隱地）**

鍛鑄一枚經久不朽的戒

聯經出版公司

◎徐開塵

聯經內部的陳設表現出與時並進的現代感。

劉國瑞

早年爲《聯合報》編輯。1974年參與籌辦聯經出版事業公司，出任總經理，後來升任發行人，至2004年退休。現爲聯經出版公司董事。

劉先生投身出版事業近半世紀，人脈和經驗豐富。1959年曾與馬全忠、沈克勤等人發起成立「台灣學生書局」，爲股東之一；學生書局於1966年創辦《書目季刊》，收錄圖書文獻學及版本學等領域學術論文爲主，深受海內外學界重視。此外，劉先生並曾與何凡、林海音等人共同籌辦《純文學》雜誌與「純文學出版社」。

林載爵

1951年生。東海大學歷史研究所碩士。英國劍橋大學歷史系博士班，美國哈佛大學訪問學人。1979年至2001年任教於東海大學歷史系，主授中、西近代思想史。1977年進任聯經出版公司擔任編輯，1987年升任爲聯經創立以來首位總編輯。2004年起擔任發行人兼總編輯。2005年出任上海書店董事長。2007年起擔任台北書展基金會董事長。著有《譚嗣同》（1977）、《東海大學校史，1955-1980》（1981）、《台灣文學的兩種精神》（1996）等書。

1994年聯經出版公司編委會主委侯家駒（左起）、董事長王必成、發行人劉國瑞、總經理姚為民、總編輯林載爵合影於20週年慶祝會上。

1984年聯經十週年時，創辦人王惕吾攝於慶祝會上。

「中國文化新論」是具氣魄的文化史集體撰述工作，1983年獲得金鼎獎肯定。

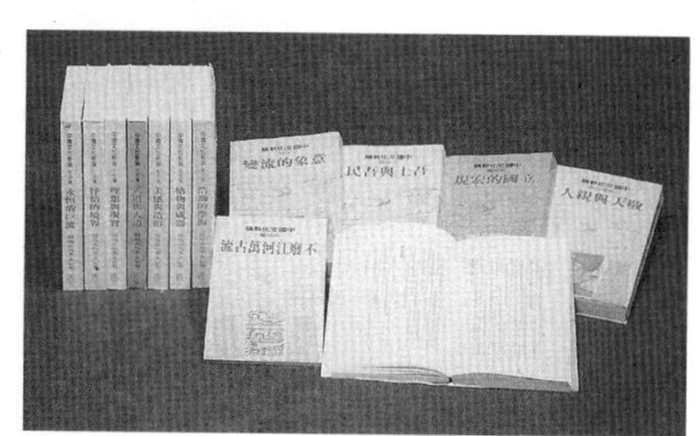

聯經已出版30餘位中央研究院院士的重要代表著作。

諾貝爾文學獎得主高行健來台時與聯經同仁及友人聚餐。前排左起：李行、胡耀恆、楊芳芳、高行健、馬悅然、馬森、龔鵬程；後排左起：初安民、林載爵、姚為民、王必成、劉國瑞、陳義芝。

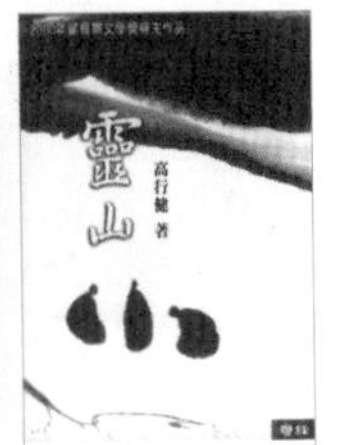

聯經出版李家同、黃仁宇、高陽、高行健、蕭麗紅等人的著作，皆曾引領風潮。

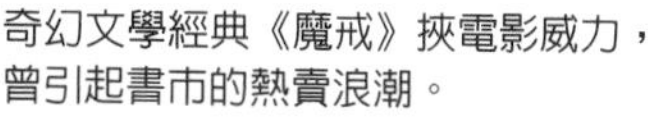

奇幻文學經典《魔戒》挾電影威力，曾引起書市的熱賣浪潮。

「台灣研究叢刊」展現聯經墾拓台灣文化研究的魄力與持續力。

「聯經經典」與「全球視野」等叢書，為讀者開啓了通往世界之窗。

部分照片提供／聯經出版公司

以學術出版回饋社會的初衷

一九七〇年代的台灣，是一個經濟正要起飛的年代。在「全力拚經濟」的國家政策下，絕大多數資源都投注於經濟建設，文化卻是相對的弱勢，整個社會呈現傾斜的發展狀態。

台灣經濟的躍升，反映出國人對美好明天的期待。但發展過程中，也突顯了工商企業在理念、技術和經營管理知識方面的匱乏；另一方面，隨著中小企業主拎著皮箱主動到海外去尋找機會和市場，也打開了面向世界的窗，許多人更渴望透過閱讀豐富心靈，開拓視野。

當時，聯合報系創辦的《聯合報》與《經濟日報》已穩健成長，扮演著傳播最新資訊的重要角色。然而，聯合報系創辦人王惕吾先生認爲要全面提升國人的知識水平和人文素養，還有賴學術思想和文化教育的普及。王惕吾深感時代的需求殷切，遂與當年《聯合報》社長劉昌平商議創立一個出版公司，期望藉由學術文化的出版與傳承，回饋社會。

一九七四年五月四日，取《聯合報》和《經濟日報》字首而命名的「聯經出版事業公司」誕生，成爲聯合報系的第三個事業體。

聯經創立時，王惕吾與劉昌平屬意由與出版界相熟的《聯合報》二版編輯劉國瑞出任總經理。在此之前，劉國瑞曾與何凡、林海音、唐達聰、馬各、丁樹南等人，共同籌辦《純文學》雜誌與「純文學出版社」，同時他也是「學生書局」的股東。劉國瑞回憶當時的情形，侯家駒等學者已有意與他合資開辦一個新的出版社，因此他向王創辦人、劉社長說明不便參與的難處；豈料王創辦人問明原委後，欣然表示大家既有共同的理想，欲爲社會盡一分心力，何妨加入聯經，一起擘畫這項文化新事業的藍圖。這是聯經成立之初，有學者參與原因，也是聯合報關係企業中首次開放外資加入的一個事業體。

繼承五四，開風氣之先

多位學界人士的參與，更彰顯了聯經以「五四」作爲生日的意義。「五四」是民國初年知識分子發起的一項思想啓蒙運動，主張跳脫傳統的窠臼，汲取西方思潮，透過思想的覺醒與轉化，建立一個嶄新的文化。聯經以「五四」的精神，對應當下台灣社會的需求，提出了「會通中西文化，開拓知識領域」的宗旨，並確立「文化的傳承與創新」的目標。

爲了貫徹理想，聯經諸多想法和做法都走在同業前面，開風氣之先。

最特別的一項，應是組織章程中明定設立「編輯委員會」。初期，禮聘了屈萬里、虞兆中、臺靜農、張玉法、侯家駒、于宗先等多位學界名家組成編委會，針對學術著作進行初審，由各領域專家學者發表意見，使作者有說明和修改的機會，然後由編委會綜合相關意見，最後再決定是否出版。

劉國瑞道出一則小故事，說明聯經編委會的一絲不苟。早年有一本書在編委會議中遭到否決，事後他才告知審查委員，那本書是聯經發行人王必成的岳父請託、轉交送審的。那天王必成和他都列席會議，但王必成沒說一句話去干預討論，也尊重其結果，「那才是真正尊重學術和民主的運作。」劉國瑞說。

這項審查機制，爲聯經出版的學術著作嚴謹把關，三十年如一日，亦使「聯經出版」在海內外學界樹立了良好的品牌形象。

自創立迄今，聯經先後出版了三十四位中央研究院院士的著作，包括：吳大猷的《理論物理學》（七冊）、陳省身的《微分幾何講義》、楊聯陞的《國史探微》、許倬雲的《中國古代文化的特質》等。還有多位知名學者，更將自己在台灣出版的第一本書，託付給聯經，例如余英時的《歷史與思想》、林毓生的《思想與人物》、張灝的《幽暗意識與民主傳統》等。

中國近現代出版史上著名的思想家、出版家張元濟，一九〇二年進入「商務印書館」後，力主「以扶助教育爲己任」，網羅嫻熟中西學思文化的人才，參與編輯出版工作，而使商務一躍而成爲中國首屈一指的出版企業。七十年後誕生於台灣的聯經，巧合的走著相同的道路，成爲台灣學術出版的重鎭。

因使命而成史哲經典重鎭

現任聯經發行人兼總編輯林載爵說：「台灣的大學出版社一直沒有發揮應有的功能，長年來倒是聯經認真的扮演了這個角色和功能。」

標舉文化願景，開啓新事業時，王惕吾特別言明：「成立這個出版公司，目的是爲了文化，不是營利。」同時強調：「只要是學術著作的好書，一本賣不掉，也沒有關係。」日後，王惕吾的確用實際行動去支持聯經團隊成就理想。

聯經在規畫出版《錢賓四全集》時，預估需要一千八百萬元才能完成這項計畫，正當劉國瑞苦於不如知何籌措這筆經費時，王惕吾只說了一句話：「我全力支持。」就化解了這個難題，讓國學大師錢穆的學思論著得以完整呈現。

著名的思想家牟宗三病逝後，王惕吾前往致祭時，聽到牟的學生陳癸淼說起：「老師生前一直期望出版全集。」回來後就告訴聯經，「應該做就去做，不論多少錢，都要出版。」

王惕吾以文化薪傳爲首要，而展現的大氣魄，使得錢穆、牟宗三、蕭公權、屈萬里等名家的全集，至今仍是聯經書目裡熠熠閃亮的焦點。

重要古籍史料的存續，以及對歷史文化的新詮，原本應該是國家級學術研究單位責無旁貸的事，但是聯經以一個民間出版機構有限的資源，卻能不計成本地投入多項重要出版大計，是真正落實了文化的傳承與創新。

《中國文化新論》的策畫出版，可說是五四運動以來，首見最大規模的中國文化史論述，也是百年來華人社會最大氣魄的文化史集體撰述工作。

這套書的主編劉岱教授曾說明出版的意義，「我們想要對八千年來，中華民族所創造的文化世界，重新去做一次不偏不倚的認識，平平實實的闡釋，既有發諸歷史性的同情了解，又有合乎時代意義的價值判斷。」

爲此，選定了文化的根源與拓展、歷代的學術、典章制度、社會結構、經濟發展、思想、文學、科技、藝術及宗教禮俗等十個層面爲論述的範疇。整個編撰工程動員了海內外中青壯輩學者，多達九十六人，包括李弘棋、龔鵬程、黃寬重、張哲郎、杜正勝、李東華、呂正惠、洪萬生、李豐楙、李孝悌、陳國棟、王明珂、張榮芳、林載爵等，而且所有學者的聯繫協調工作，都由林載爵一人包辦。當時各領域的一時之選，如今多已成爲台灣學界的主流。

這項計畫歷時兩年，共十三冊，於一九八三年問世，在海內外漢學界廣獲好評。多年後的今天，這套書仍是時下青年學子認識中國歷史文化的重要入門書。中國大陸也肯定這部巨構的價值，一九九〇年代曾由北京三聯書店完整保留原樣，以繁體字在大陸印行，爲當地讀者提供一全面觀照中國文化的新視窗。此書在大陸絕版多時，目前北京中華書局正在重新整編，準備推出新的簡體字版本。

致力於古籍重刊與史料整理

對中國歷史文化提出新時代的解讀之外，聯經也不忘搶救史料及保存史料的重要。《明清檔案》的重現，背後又有一段特別的故事。

宣統元年，清內閣大庫失修，移出的庫存檔案無處存放，當時任職學部的官員羅振玉發現這批史料的重要，在它被賣給紙廠前，趕緊攔阻，並花錢買下。後來，中研院史語所所長傅斯年在一九二八年出面購得。爾後，又隨著史語所播遷流離運送來台。

史語所在一九五〇年代清點原檔時，還有三十一萬件無力整理。多年以後，這批珍貴史料已因年代久遠，保存條件欠佳，屢受蟲蝕、水傷，搶救和整理工作的迫切性，已到了必須和時間競賽的程度。但是以史語所的人力，即使全力投入，還需要三十年才能完成。一九八六年，劉國瑞得知此事後，秉持創社的初衷，當即決定提供聯經的人力和財源，協助史語所展開搶救和出版《明清檔案》的大工程。

《明清檔案》重現天日後，中研院院長吳大猷了解救存明清內閣大庫檔的重要意義，及聯經參與的始末，深受感動，特別寫了一封謝函，向王惕吾先生致意。

古籍重刊與史料整理，多年來一直是聯經的重要工作，其他出版品還有《明清未刊稿彙編》、《全唐詩稿本》、《清代起居注冊》等。

商業管理、西方經典、當代思潮俱重

聯經成立之初，已勾繪出學術著作、新知譯介、古籍重刊、商管實用到文學與生活等多元發展的架構，足證學術文化菁英與普羅大眾，同爲這家綜合性出版社服務的對象。

雖然「學術掛帥」的形象鮮明，其實聯經的創業作是彼得・杜拉克的《管理學》，以及《投資新機會》等因應當時經濟發展需求的書籍，後來更乘勝出版了展望未來趨勢的《第三波》。商管書的陸續上市，搭起了與工商企業人士對話的管道。

西方經典與當代思潮譯介則是聯經爲讀者開啓的另一扇窗。從《柏拉圖理想國》、《堂吉訶德》、《羅馬帝國衰亡史》、「莎士比亞四大悲劇」、康德的「三大批判」、「西方思想家譯叢」、「現代名著譯叢」，以及一九九〇年代後增加的「全球視野」系列，都是期望讀者透過閱讀，建立新的世界觀。

放眼世界，與關懷台灣，同為聯經的重點。「台灣研究」還不能稱之為一個出版類型時，林載爵在一九七八年即主動建言啓動相關計畫。一九七九年推出的「台灣研究叢刊」，率先出版曹永和院士的《台灣早期歷史研究》，接續推出社會學分析、民族誌、農業發展、民間戲曲、原住民社會文化探討等各類主題專書，涵蓋面廣泛，參與學者包括陳紹馨、陳奇祿、王世慶、林滿紅等多人，是光復以來本土學者研究成果的一次大整理呈現。

台灣研究與文學的持續墾拓

「台灣研究」在今日已成為顯學，回望近三十年前聯經所扮演的角色，可謂真正的先行者。

一九八〇年代末期台灣解嚴後，社會自由開放，聯經也擴大出版領域，加入勵志、旅遊、心靈、保健、生活、兒童、漫畫等貼近市場和大眾的類別，使得普魯斯特的不朽名著《追憶似水年華》、台灣本土作家蕭麗紅的代表作《千江有水千江月》、達賴喇嘛的自傳，和偶像團體F4的影像專輯，揉合出聯經三十年豐富多樣的書目。

儘管王惕吾一開始已強調不以業績來檢視聯經的表現，但是一個出版社想永續經營，必然要兼顧理想與現實。林載爵說，聯經一年出版一百三十種新書，其中學術書維持占六分之一的比率，可是許多學術著作一年只印一千本，不可能有利潤，而且資金的壓力大。聯經能在激烈的市場競爭中持續成長，一個重要的原因，是每年再版書的數量，都是新書出版量的一倍以上，「再版書是聯經最大的資產」。高陽、黃仁宇、李家同、劉興欽、蕭麗紅、蔡素芬、京夫子和伶姬等作家的書，從暢銷到長銷，都是聯經穩定發展的基石。不過，也有一些特殊個案，必須在聯經的歷史上記下一筆。

著名歷史學家余英時任職香港中文大學新亞書院院長時，是劉國瑞最早將其大作引進台灣，發表於《聯合報》上，因而引起台灣學術界的重視與討論，余英時與聯經之間三十餘年情誼由此展開。後來余英時的多部著作都由聯經出版，其中有三本小書，對聯經來說是個意外的禮物。

原來林載爵在不同時期邀請余英時爲三本新書作序，不料名家文思泉湧，提筆即欲罷不能，把三、四千字的序文，寫成六、七萬字的長篇。余英時專文的論述精闢，讓聯經決定另行出版，而有了《中國近代思想史上的胡適》（爲《胡適之先生晚年談話錄》而寫）、《重尋胡適歷程》（爲《胡適日記全集》而寫）及《未盡的才情》（爲《顧頡剛日記》而寫）這三本書。

出版諾貝爾文學獎得主高行健的作品

二〇〇〇年十月十二日台北時間晚上七時，諾貝爾文學獎揭曉，第一位華人作家高行健獲得諾貝爾文學桂冠的消息傳遍全世界，不僅中文世界，就連西方媒體也急於認識高行健是何方神聖？有哪些著作問世？獎落高行健家的同時，聯經也成爲媒體追訪的對象，因爲高行健的重要作品《靈山》、《一個人的聖經》，都由聯經出版發行。此時此刻，聯經上下的興奮之情，絕不亞於作家本人。

高行健獲獎前，曾數度來台，在台灣文化界有不少朋友。可是他先後向兩家出版社探詢出書的可能，都遭到拒絕。後來馬森教授將《靈山》的書稿推薦給聯經，總經理劉國瑞秉持「凡有價值的書，都願意出版」的信念，欣然接受。《靈山》於一九九〇年在台出版。

高行健曾說，撰寫《靈山》的時候，「就知道這本書不會暢銷，愈發主張這樣一種冷的文學。」冷的不只是此書的美學形式，還有市場的反應。《靈山》出版第一年，只賣出了一九八本，其中有一百本都是高行健自己買下的，甚至十年後，他榮獲諾貝爾獎殊榮時，這本書也不過才賣出了一千一百本。

時隔多年，林載爵今日才透露一個幕後趣聞。原來二〇〇〇年諾貝爾文學獎揭曉時，高行健的《靈山》和《一個人的聖經》因爲退書太多，正在聯經新生南路門市舉辦五折拍賣。自從遠方傳來佳音，一時洛陽紙貴，各通路又紛紛補貨上架。

二〇〇一年二月，高行健應邀來台擔任台北國際書展的貴賓，他的作品也成爲聯經展位上的焦點，民眾爭相搶購，作家簽名會大排長龍，場面熱鬧不已。聯經讓好書有出頭天，高行健感念這份情誼，他其餘著作《八月雪》、《沒有主義》、《周末四重奏》及《另一種美學》，也全數交由聯經印行。

挑戰《魔戒》終成書市浪潮

在聯經寫下另一則傳奇的，是托爾金的《魔戒》在台出版的故事。

林載爵赴英倫進修時，經常聽同學談起西方奇幻文學經典《魔戒》，對托爾金的學術深度和寫作廣度歎服不已，就決定要將這部名著引進台灣。一九九三年聯經取得《魔戒》和《哈比人歷險記》的中文版權，由於篇幅龐大，翻譯困難，遲遲無法出版。合約到期，又重新續約後，改聘大陸譯者進行翻譯工作，直至一九九八年初，才以三千套印量，堂堂上市。

可惜當時台灣對奇幻文學仍然非常陌生，媒體少有關注，市場反應更是冷淡，《魔戒》初版三千套，直到二〇〇一年九月才售罄。

就在聯經爲不知如何推介這套奇幻經典而發愁的時候，國外傳來《魔戒》將改編拍成電影的消息。此時另一奇幻小子《哈利波特》已闖出名號，在全球掀起熱潮，加上熱愛奇幻文學的年輕讀者朱學恆，捧著自譯《魔戒》新稿找上聯經洽談出版的可能，因緣俱足，聯經決定再度挑戰《魔戒》。

二〇〇〇年十二月在台上市的新版《魔戒》，命運徹底翻轉。魔書三部曲連同改名的《魔戒前傳——哈比人歷險記》，挾著電影造勢的威力，一年多就售出上百萬冊，三部曲電影相繼上映，這股狂潮延續了三年。《魔戒》每冊厚達五、六百頁，市場不斷追書，一再加印，用紙量極大，一度因爲叫不到紙，書市還出現了斷貨現象。

兩度出版魔書，市況天差地別，林載爵笑說，以前沒人知道托爾金，不識奇幻文學的魅力，是聯經跑得太快，後來已完全不必解釋，反而是印書速度趕不上市場需求，「這是我在聯經這麼多年，最不可思議的一個例子。」

出版者與寫作者間的濡沫之情

由此可見，作家、書和出版社的緣分，有時真是奇妙難解。「通靈作家」伶姬完成第一本書《如來的小百合》時，正在思索要和哪家出版社合作，眼前就出現了兩個畫面，第一個上有兩個鐃鈸，是分開的兩半，第二個畫面中出現了一條粉紅色絲帶。她依此圖象去書店蒐尋各出版社的logo，發現圖示所指正是「經」，而選定了出版者。這段看圖找出版商的故事，後來變成自動送上門的暢銷作家和暢銷書，雙方至今合作愉快。

聯經視作者如家人，早已在學界和出版界傳爲美談。歷史小說家高陽一生瀟灑不羈，每遇經濟拮据、晚年因病入院及喪葬處理；前中研院院長吳大猷退休後的生活陷入困境，乏人照料；牟宗三來台講學和安頓生活等事務，幾乎都是由劉國瑞出面打理。

多年前，黃仁宇教授因任教的紐約市立大學紐普茲分校系所被裁撤，賦閒在家撰寫新書《資本主義與廿一世紀》，王惕吾自余英時處輾轉得知此事，即指示劉國瑞寄給黃仁宇兩年的研究費用，使其生活無虞，能夠專心寫作。

負責居中連絡的林載爵，藉著書信往返，與黃仁宇結爲好友。

一九八八年林載爵赴美探視黃仁宇時，黃告訴他：「已交代太太，在我過世後，一定要將未曾發表的英文回憶錄，轉交給你，由你全權處理出版的事。」

林載爵說：「一位大歷史學家像託孤一樣，把自己最重要的著作交託給我，那份感動是無法形容的。」二〇〇〇年一月八日，黃仁宇辭世，未久，林載爵果真收到黃的遺稿。次年，黃仁宇逝世周年時，聯經出版了《黃河青山──黃仁宇回憶錄》中文版。

邁入全球市場的空前挑戰

劉國瑞敬重賢達，愛才惜才，還成就了另一則佳話。民國初年，上海商務印書館編譯所所長高夢旦舉薦王雲五出任總編輯，世代交替，「成事不必在我」的大度，在二十一世紀的聯經重現。二〇〇四年五月四日，聯經歡慶三十歲生日時，劉國瑞仿傚前人，宣布退休，將發行人職位交棒給總編輯林載爵。

林載爵在聯經由編輯做起，早年曾受王惕吾資助出國深造，是劉國瑞相當倚重的工作伙伴。多年來，林載爵在任教的東海大學歷史系，和台北的聯經公司兩邊奔忙，成爲學術界和出版界之間重要的媒介。劉國瑞決定交棒退休前，曾與林載爵多次懇談，期望他專心執掌聯經，以因應日趨複雜的競爭環境；林載爵感念王惕吾和劉國瑞的知遇之恩與提攜之情，毅然放棄還有六年即可領到東海大學四百多萬元的退休金，一肩挑起了重責大任。

二〇〇四年二月，聯經投資設立新形態的簡體字書專賣店「上海書店」；同年也在上海投資成立「三輝文化諮詢公司」，迄今已和大陸出版社合作出版二百五十餘種書。二〇〇八年九月又和農學社公司合資創立「聯合發行公司」，成爲台灣最大的圖書、雜誌發行公司。若以人的年紀來看，邁入壯年的聯經，顯然已做好全方位發展的準備。

林載爵表示，數位閱讀對傳統出版的衝擊，大華文出版版圖的整合，中文學習熱的興起，使台灣出版業者沒有選擇的進入了全球市場的競爭，如何尋找新的模式去因應快速變化的大環境，是這一代出版人的機會，也是未來最大的考驗。

當年栽下一個「文化的傳承與創新」的種籽，如今已成結實纍纍的風景。林載爵說，下一步是將「台灣的聯經」，推展成爲「華文世界的聯經」。

原發表於二〇〇七年五月《文訊》二五九期

昔時門柳，今日猶飛揚

大地出版社

◎徐開塵

現今大地出版社外觀。

吳錫清

籍貫台灣彰化，1957年生。淡江大學經濟系畢業。曾任洪範書店業務經理、吳氏圖書公司副總經理。現爲大地出版社社長、中華民國圖書發行協進會常務監事。

姚宜瑛

籍貫江蘇宜興，1927年生。上海法學院新聞系畢業。1949年來台後，曾任《掃蕩報》、《經濟日報》記者，《中國文選》主編。1972年獨資創立「大地出版社」，出版眾多好書。1999年，她決定放下經營了27年的大地出版社，交由吳錫清接辦。出身書香世家的姚宜瑛，第一部短篇作品〈搶親〉於1962年發表在《中央日報》上，〈等虎〉和〈尋親記〉分獲《自由談》、《皇冠》雜誌的小說徵文首獎。著有散文集《春來》、《十六棵玫瑰》；小說集《煙》、《明天的陽光》等。

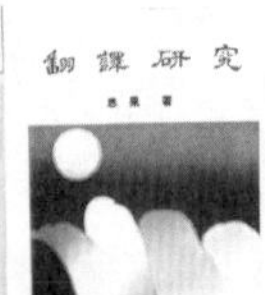

大地早期推出了許多膾炙人口的作品，由左至右為：《嘉德橋市長》、《唐魯孫談吃》、《翻譯研究》、《白玉苦瓜》、《張愛玲的小說藝術》、《講理》、《七里香》。

作家席慕蓉（左起）、姚宜瑛、夐虹、橋橋攝於大地出版社門前的柳樹下。

《影響中國歷史的重大事件》、《影響世界歷史的重大事件》等歷史書籍現仍為大地重要叢書。

大地對教育類書籍頗為看重。

姚宜瑛與高陽（前排右）、唐魯孫（前排左）合影。

近年來，大地新出版或舊作重出仍受矚目的書籍，圖為：《圍城》、《梵谷傳》、《中國農民調查》、《帝國的惆悵》。

部分照片提供／姚宜瑛、吳錫清

不讓鬚眉的創業拚搏

辦雜誌、出版社或開個書店，常是文人作家一生的夢想。生長在江南書香世家的姚宜瑛，回首人生數十載，優游於讀者、作家和出版人的不同角色中，她常感激歲月不驚，終日有書爲伴，圓了人生的夢想。

姚宜瑛早年曾在《掃蕩報》和《經濟日報》擔任記者；因爲結婚生子，淡出職場。後來，她與父執輩文人孫如陵等人合資創辦《中國文選》月刊，由她負責編輯工作。

一九七一年的春天，香港洋紫荊盛開的季節，姚宜瑛赴香江一遊。任職《讀者文摘》香港分公司的作家思果，特別邀請她去參觀《讀者文摘》的工作環境。思果從姚宜瑛欣羨的神情裡，讀出她的心思，誠摯地對她說：「你既然喜歡閱讀，何不辦一個出版社。」鼓勵她勇敢地去「做自己想做的事」。

思果的提議，牽動了她的心念。自港返台後，她幾經深思熟慮，決定退出《中國文選》，獨力籌辦出版社。

那個年代的台灣，大多數人還在爲生活溫飽而打拚，突然要創業，少有人能拿得出一筆閒錢來圓夢。女性創業，在那個保守的社會，難度更高。姚宜瑛除了有決心和毅力，最重要的是家人的支持。當時她剛好賣掉一棟房子，於是徵得公公和先生的同意，就以這筆錢作爲創業基金，著手規畫成立出版社。

爲了兼顧家庭，一九七二年她就近在住家隔壁賃屋，作爲「大地出版社」的起點。

喜愛大自然的姚宜瑛，以「大地」為出版社命名，是取「大地生萬物，包羅萬象，欣欣向榮，生生不息」的意涵。出版社所在的環境，無巧不巧地呼應其精神象徵。

大地上開出的真摯花朵

早年的台北市瑞安街，是一條著名的「文學巷」。靜謐長巷裡，梁實秋、陳之藩、沉櫻等文學名家，以及報人閻奉璋，陳運通的音樂家庭，都與姚宜瑛比鄰而居。家家戶戶繁花繽紛，陳之藩《在春風裡》一書中描寫他喜愛的垂柳，梁實秋在《槐園夢憶》裡記述他的麵包樹，姚宜瑛家爬滿牆頭的常春藤，都增添了巷中靜美的氣氛，也為「大地」出版的文學、教育、藝術等類書籍，提供了絕佳的出場場景。

從創業初始，她的態度即是認真的，也是隨性自在的。每天早上，她讀報、喝茶後，帶著輕鬆愉悅的心情，穿過門廊，到住家隔壁的出版社上班。這個過門的動作，像一個儀式，讓張家女主人，頓時轉換角色，成了「大地出版社」的發行人。

閱讀與寫作，原本就是姚宜瑛的最愛。「出版」對她而言，與其說是一門生意，不如說她更像一個「文學花園」的主人，用栽植花木的心情來經營出版事業，樂在與作家互動，有好書先睹為快，到分享讀者的整個過程。

姚宜瑛溫厚、謙和的特質，使她在以男性為主的文學和出版界，贏得長者和同輩一聲「姚大姊」的敬稱。她待作家如親人，彼此間建立的深厚情誼，也為「大地」寫下許多真情至性的故事。

出身貴胄世家的唐魯孫先生，擅寫民俗掌故，美食文章也揚名海內外。唐老生前謙沖爲懷，在他過世後，摯友高陽主動向姚宜瑛建議「爲唐魯孫出版全集」。姚宜瑛深感作品對作家而言，「如嘔心瀝血扶養長大的一群孩子，有生之年能見它們團聚在一起，是人生另一種幸福。」於是，花了一年三個月時間，把唐魯孫四散的著作，共十二冊，集中於「大地」出版。高陽在病中，還特別作序紀念老友。

述說不盡的出版因緣

翻譯名家吳奚真教授在師大任教時，就曾對姚宜瑛說過退休後要翻譯英國作家哈代的作品，她則建議吳先生從著名的三十萬字長篇小說《嘉德橋市長》做起。這對譯者來說，是一項重要的鼓舞。後來，姚宜瑛赴美探望女兒，也造訪吳先生位於洛杉磯的玫瑰小屋，吳先生果真將他投注三年時間完成的《嘉德橋市長》譯作，沉甸甸一疊手稿，捧交到她的手中。「大地」將《嘉德橋市長》編印出版，於一九九二年獲得首屆國家文藝翻譯大獎，吳先生和她同感欣喜。

姚宜瑛主編《中國文選》時，就常向思果邀稿，相識三十餘年，兩個家庭更是通家之好。一九七七年，思果的《林居筆話》獲得第十四屆中山文藝獎，專程來台領獎，她在家中設宴慶祝，「飯後，他就和我的家人拉開嗓子，唱起京戲，真是熱鬧。」她說。多年過去了，那個畫面卻一直停格在她的腦中。

作家張愛玲生前如孤島，少與外界接觸，卻有一段和姚宜瑛不曾謀面、但通信數十年的情誼，是另一則特別的故事。

早年，台灣多家出版社都在爭取張愛玲的書。姚宜瑛透過香港的宋淇教授居中連繫，雖然沒能合作，張姚二人卻開始書信往返的因緣。張愛玲長居美國，在中國人重要的節慶時，總會自遠方傳來清雅卡片或簡短信箋，寥寥數語，卻見一份真情。張愛玲離世後，夏志清向姚宜瑛推薦出版司馬新所著的《張愛玲與賴雅》，這本書讓她對張愛玲有更多的認識，也藉以紀念這位「筆友」。

別具慧眼的出版路向

這樣隨性，看來姚宜瑛好像把做出版視爲玩票，其實不然。有記者的背景，作家的身分，和編輯的經驗，使她能從容地投身出版業。而且在創業之初，許多事情都想清楚了。她說：「我是有毅力，也相信自己有能力的人，只要開始，就一定要把事情做好。」但是，她也不會盲目地被一腔熱情所左右，從開始她就爲「大地」設定了停損點，「那筆創業基金用完時，如果還不見起色，就要另作打算了。」

在感性與理性間尋找平衡點，一點也不令她感到爲難。雖然姚宜瑛對文學情有獨鍾，「大地」的創業書，卻是非文學類的翻譯書《父母怎樣跟孩子說話》。

由張劍鳴翻譯的《父母怎樣跟孩子說話》，曾在《大華晚報》刊載。姚宜瑛在報上讀到這些文章，非常喜歡，主動找上張劍鳴，提出出書的構想。張劍鳴告訴她之前已被三家出版社退稿，肯定不好銷，勸她不要出版。但她覺得這些親子教育的觀念，完全符合當下台灣社會的需求，極力爭取下，雙方才談成合作。

這本書一炮而紅，成爲暢銷書，爲「大地」開啓了教育書系，接續出版了《父母怎樣管教青少年》、《怎樣培養孩子的興趣》、《快樂的成長》等翻譯和本土創作書籍，長銷十餘年，也爲出版社奠下良好的基石。

出書前，先想清楚其意義與價值，是姚宜瑛多年不變的習慣。「大地」爲思果出版了十幾本書，其中《翻譯研究》和《翻譯新究》等理論書籍，在香港找不到出版社願意出版，姚宜瑛也認定它對青年學子大有助益，二話不說，在台印行上市。

她說，當年要做出版時，思果告訴她「股東多，意見雜，不好做事，最好是獨資。」後來證明，「大地」能隨心所欲出版喜歡的書，都是因爲這個緣故。「我只看一本書有沒有出版的價值，而不考慮賣不賣。」

文學種籽的萌芽茁壯

早年新聞工作的訓練，的確使她對外在環境有獨到的敏銳度，加上鍥而不捨的精神，「大地」經常「爲人所不爲」。

她剛出版余光中的詩集《白玉苦瓜》時，出版同業都把詩集當成「票房毒藥」，沒有哪家願意出版，朋友也笑她傻，還問她：「詩集能賣嗎？」結果《白玉苦瓜》一推出即大受歡迎，一九七五年民歌手楊弦將其中八首現代詩譜曲，在「中國現代民謠創作演唱會」上發表，「我們的時代，唱我們的歌」，開啓了台灣民歌輝煌的時代。那場演唱會，「大地」還是幕後出資贊助者之一呢！

之後，她又出版了席慕蓉的《七里香》，以及後來的《無怨的青春》，也轟動書市，捧出詩壇一位巨星。「大地」爲詩打開一條生路，陸續推出敻虹、向陽、羅青、張錯等人的詩集，也帶動國內詩集出版的熱潮。

那個年代，還沒有「行銷企畫」這種時髦的名詞，加上她個性低調，也少有爲書宣傳的大動作，卻一點也不減少讀者對「大地出品」書籍的支持與喜愛。

除了開發新書，她也如淘金一般，在一些老出版社的書目裡，蒐尋市面上已不易找到的好書。余光中翻譯的《梵谷傳》，就是最好的例子。《梵谷傳》最早是由文壇前輩陳紀瀅先生的「重光出版社」印行，後來重光停止出書，《梵谷傳》幾乎在書市消失。姚宜瑛數度親自登門拜訪前輩，表達重印此書的意願，「磨了很久，終於打動了他老人家，同意把版權還給余光中。」接著，余光中花了很長時間，重新修改了一百多處，再交由「大地」以新版問世。《梵谷傳》能夠再見天日，長銷至今，都是姚宜瑛的功勞。

其他重要出版品，包括：風靡一時的沉櫻譯作《一位陌生女子的來信》、王爾德的《不可兒戲》、《理想丈夫》、赫曼赫塞的《悠遊之歌》、三島由紀夫的《金閣寺》，以及《莎岡小說選》、《毛姆小說選集》等。藝術類有吳冠中的《畫外音》上下冊、何懷碩的《苦澀的美感》及《藝術・文學・人生》。還有雲門舞集創辦人林懷民的小說集《蟬》，及劉枋、小民、張曉風、季季、劉靜娟等當代女作家著作，都照亮了「大地」光譜。

「大地」最風光的時候，也是文學最興盛的年代，與純文學、爾雅、洪範和九歌出版社合稱「文學五小」，每有新書出版，中盤商就把車開到出版社門口，排隊等著拿書。她說：「我常懷念五小時代，那真是美好的年代。」說這話時，她的眼中閃著一抹光采，彷彿重新照見了多年前門庭若市的景象。

這些年姚宜瑛忙著爲人作嫁，卻疏於經營自己的文學，漫長的歲月，就這樣一去不復返。作家沉櫻曾對她說：「你的出版社做得很好，可是你若把做出版的時間用來寫作，會有更好的成績。」得失之間，難有定論，她既不遺憾，也不後悔，每每看到出版的好書爲人喜愛，收到讀者鼓勵和致謝的信函，她已滿心歡喜。

當年創業時，她爲「大地」親筆畫下一棵大樹，作爲標幟，像一棵種籽在心裡萌芽，深深期許將來能茁壯成美麗的大樹。她真的做到了。

美好的過去，留在記憶裡。說到這裡，「大地」的故事要進入第二章了。

易手耕耘的新血注入

一直守著「大地」這個園圃的姚宜瑛，有感於台灣出版市場陷入景氣的低潮，尤其文學書的市況明顯衰退，爲免出版社營運績效欠佳，對不起作家，她在一九九九年做了一個重大的決定——把一手創建的「大地」，交棒給年輕一代。

「大地」有意易手的消息傳出，五、六家知名出版社主動提出企畫案，欲爭取經營權。由此證明，過去二十七年來「大地」的品牌與出版品的市場價值。

姚宜瑛慎思後，決定把「大地」託付給專長於發行的吳錫清。

這個選擇，令出版同業大感意外，然而姚宜瑛卻自有她的想法。她說，有些出版社只想爭取「大地」出版的書籍，可是吳錫清卻一口允諾會保留「大地」這個品牌，而且未來出版的書，仍會在版權頁上標示出「創辦人姚宜瑛」。吳錫清傳續歷史和念舊的想法與承諾，爲他贏得這個文學書知名品牌的經營權。

姚宜瑛當時決定將出版社易手，而非結束，一方面是爲了延續這個品牌的生命，同時也是對作家的一份責任，爲了讓這些書有好的歸宿。她多次與吳錫清深談後，感覺他是一個誠懇、實在的人，才放心把「大地」交給對方。

回憶那個過程，吳錫清也透露了一則小故事。他說，當初「姚阿姨」不只與他數度見面詳談，在簽約前，還特別邀請他的妻、子一同進餐，藉以觀察他的家庭，他與家人互動的細節等，確認他是個值得信賴的人。姚宜瑛對這件事的審慎，由此可見。

姚宜瑛在自己的散文集《十六棵玫瑰》（爾雅出版）的序文中，寫著：「我在盛年時開創自己喜愛的事業，待隱隱看到黃昏的光影，『當止即止』，我放下。」

對任何人來說，把自己的事業交託出去，都不是件容易的事，她選擇適當時刻交棒傳承，展現上一代文人的風範，也留下退場時漂亮的身影。

開拓新局的品牌經營

事實上，對吳錫清來說，從發行跨入出版的領域，是一次大躍進，也是一項大考驗。

進入出版這個行業時，吳錫清就在洪範書店負責發行工作。一九八四年，他與曾任爾雅出版社發行業務的吳登川一起出來創業，兩人合資成立了「吳氏圖書公司」，與「農學社」一樣，是台灣較早專事圖書發行的公司。

由於過去的淵源，吳氏圖書初期以代理文學書籍爲主，王鼎鈞的《人生試金石》、《我們現代人》和《碎琉璃》等書，都在原來的代理商四季出版社倒閉以後，由作家將發行權轉交給吳氏代理。

經過十六年的歷練，吳錫清已對台灣圖書發行通路的運作十分嫻熟，而有意嘗試「出版」這一領域。那時候，剛巧聽到「大地創辦人姚宜瑛想退休了」的消息，他覺得機不可失，於是積極遊說「姚阿姨」讓他接棒。

對一個出版新手來說，接續一家知名品牌的經營權，所背負的壓力，絕對大於自創一個全新的品牌。吳錫清仍然選擇站在「大地」過去豐厚的基礎上，繼續前行。

「大地」易手的過程中，部分書籍由作家拿回出版發行權，其餘一、二百種書籍，轉由吳錫清接手。他採取穩紮穩打的做法，編輯和校對工作都外包出去，以節省人事成本。後來爲了掌握出書品質和時間，才聘任專業編輯與發行業務各一人，至今仍維持三、四人的精簡編制。

吳錫清從市場價值高的書先做起，爲「大地」開展新的階段。「唐魯孫全集」十二冊，思果的《香港之秋》、《翻譯研究》、《翻譯新究》，以及余光中翻譯的《梵谷傳》、王鼎鈞的《講理》等，都陸續重新排版，改換開本和封面，以全新面貌推向書市。這個動作，也讓書店裡的「大地」專櫃，又活絡起來。

同時他採取雙線並進的方式，開始向大陸探路。揭露大陸九億農民困苦生活的《中國農民調查》，在大陸從熱門話題書被打成禁書，吳錫清卻將本書引進台灣，印行繁體字版。他眼見文學市場競爭激烈，難有作爲，爲新「大地」增加了其他類別，例如他偏愛的歷史類書，陸續出版了《影響中國歷史的重大事件》、《影響世界歷史的重大事件》、《豪門深處——蔣家生活紀實》等，以及《漢武大帝》、《大玉兒》、《江山風雨情》等改編電視劇的歷史小說。

拭目以待的園圃榮景

剛接下「大地」時，他這新手上路，獨自摸索之餘，偶爾也會向「姚阿姨」請益，待了解出版作業流程後，就放膽去做了。這些年，有的書原本不看好，卻意外暢銷，《影響中國歷史的重大事件》等二書，至今已銷售上萬套，令編輯跌破眼鏡。有些書出版了才知道市況冷到不行，一位出版同行好意告誡他：「發不出去的書，就不用出版了。」

從業務出身，到成爲一個出版社的負責人，吳錫清坦承這兩種角色經常在內心爭執，令他左右爲難。他說，過去從事發行的經驗可能派上用場，但出版最奇妙的是誰也無法預測結果，有時候經驗法則就是不靈。回顧這八年來的出版路，吳錫清笑說：「的確交了不少學費。」

很多人不知道，大陸暢銷作家易中天紅遍半邊天之前，吳錫清已找上門，商議合作。那時候，易中天剛在大陸電視上打開知名度，《品三國》還未出版，吳錫清在大陸看到易中天在電視節目裡把中國經典文化講得精采萬分，決定爭取出書。可惜後來易中天把多本著作的繁體字版授權交由香港三聯書店，「大地」只拿到《帝國的惆悵》一書繁體字版權，他仍樂道：「這是台灣出版業最早取得易中天版權的書。」

最近，他又積極爭取到多部文學名著的版權，包括多年前由書林在台出版，已斷版一陣子的錢鍾書名著《圍城》，及原由新地出版社印行的阿城代表作《棋王樹王孩子王》等，都將陸續推出。

現今很多出版人大嘆「出版難爲」，其中的苦與樂，吳錫清都細細體會。早年「大地」累積的品牌形象，讓他與作家互動，將書推向市場時，加分不少。他說，未來仍會全力以赴，繼續擦亮「大地」這塊招牌。

原發表於二〇〇七年六月《文訊》二六〇期

只取這一瓢飲

文史哲出版社

◎徐開塵

文史哲出版社守在城市的一隅，為非主流的文、史、哲學出版領域默默累積可觀的成果。

彭正雄

1939年生於新竹市，曾任台灣學生書局會計、編輯，文史哲雜誌季刊總編輯。1971年創辦文史哲出版社。現任文史哲出版社發行人兼社長、中華民國圖書出版事業協會常務理事、中國文藝協會理事、中華民國新詩學會理事、台北市青溪文藝協會理事等。曾獲中國文藝協會文藝工作獎章。著有：《歷代賢母事略》、《出版經營瑣記》；論文〈台灣地區古籍整理及其貢獻〉、〈台灣地區古典詩詞出版品的回顧與展望〉等。

1998年，彭正雄（右一）與無名氏（右二）邀約美國百老匯《西貢小姐》歌劇演員王洛勇（右三）來台訪問，參觀聯合報副刊，左起王牌、蘇偉貞、陳義芝、楊錦郁、葉憲、田新彬。

文史哲出版社出版2500多種書，彭正雄將這些出版品皆視為資產而非負擔。

「現代文學研究叢刊」系列，彭正雄不因銷路不佳而影響出版意願。

大陸知名的台灣文學研究學者古繼堂（中）與大陸詩人雁翼（左一）於1995年參觀文史哲出版社。右二為彭正雄。

彭正雄與無名氏交誼甚篤，包辦其後事與追思會。圖為尉天驄在「作家無名氏先生文學作品追思紀念會」上，主講無名氏生平事略。

參觀羅門和蓉子的燈屋，右起彭正雄、淡瑩、羅門、陳正雄、王潤華、陳慧樺、戴維揚。

「文史哲學集成」收錄了眾多學者的學位論文。

1996年5月4日，彭正雄（右二）榮獲中國文藝協會頒發的第37屆文藝工作獎章。

2006年3月，彭正雄（左）會晤馮馮，交付《趣味的新思維歷史故事》一書書稿。

部分照片提供／文史哲出版社

台北市羅斯福路上人車川流，但轉進巷子裡，城市的喧囂被隔離在外。寧靜的巷道，自成一個天地。位於羅斯福路一段小巷內的文史哲出版社，三十六年來安居於城市一隅，自得其樂。守在這裡，也守著文、史、哲學類學術著作的出版領域，就像在台灣圖書出版市場裡一直屬於非主流類型，卻默默累積出可觀的成果。

「文史哲」始終維持出版社與門市二合一的經營模式。塞滿一屋子的自家出版品，標示著一路走來的軌跡；後面狹窄空間擺放三張桌子，就是出版社的辦公室了。

「文史哲」社長彭正雄指著其中一張方桌說：「這還是當初買的桌子，到今天仍然是我的編輯檯，也是一家人的餐桌。」多年來，彭正雄和妻子、女兒三人共同撐起文史哲出版社。到訪的那天下午，聊到近黃昏時，彭太太已經在後面廚房裡又洗又切，開始準備晚餐；大女兒彭雅雲忙著接電話，每有讀者上門，她動作俐落的幫忙找書，提供諮詢服務。在這裡，依然可以看到早年台灣出版「家庭手工業時代」的典型樣貌。

歪打正著投身出版

以家庭手工業的方式經營出版，彭正雄選擇的卻是文、史、哲學這條冷門且專業的路。即使時代變了，出版生態也不同於以往，他只取這一瓢飲，而不改其志。彭正雄形容自己投身出版業是「歪打正著」。民國五十一年他退伍後，進入「學生書局」工作。高職畢業的他，初入行時，對出版一無所知，不免左顧右盼尋找其他可能。有一天，他向老闆請了一小時假，騎著腳踏車偷偷去參加日立電器公司的徵才考試（爲時三小時），結果試算表還來不及再核對就急忙交卷，又趕回去上班。沒想到後來接到錄取通知，被分派到台中工作。可是父母反對他離家太遠，只好放棄這個機會，繼續留在學生書局。當時學生書局給他的月薪只有六百五十元，日立提供的待遇已有一千元以上。他說，捨高薪而就出版，其實是發現自己對出版業產生了興趣。

學生書局以出版古籍、經典和學術著作爲主，彭正雄從店員做起，然後是業務、會計、編輯等工作，幾乎他都做過。由於人少事多，身兼數職更是常有的事。那個時期，因爲工作的關係，他日日環繞古籍經典，邊做邊學，開始閱讀和研究古籍，整理目錄版本。他曾受教於台大教授吳相湘，並經常向毛子水、鄭騫、高明、嚴靈峰、戴君仁、夏德儀、昌彼得、林尹等知名學者請益，深受啓發；尤其是對宋元明清善本書，特別感興趣。

他在學生書局一待九年六個月，在古籍研究的專業，以及版本學和其他基礎學問上，扎下根基。如同在少林寺練功期滿，彭正雄覺得自己已了解如何經營出版社，也懂得古籍整理印製的需求，他決定「出山」。

隻身創立文史哲

民國六十年七月彭正雄離開學生書局。八月一日，中華民國退出聯合國的重要時刻，他創立了「文史哲出版社」。那個年代登記設立出版社的門檻是新台幣九萬元。彭正雄離開學生書局時，老東家給了他一批約五萬元定價的書，作爲離職金。

他把這些書以六折賣給美國亞洲協會台灣分會，所得新台幣三萬元，加上朋友的資助，才湊齊了創業基金，開始自己的事業。循著原本熟悉的出版領域，他將自己的出版社定調爲文、史、哲學論著總集成，連名字都不用費心多想，直接叫做「文史哲」，讓人一目了然。

創業之初，由於財力不足，他只能選擇低成本的書，例如影印明版善本書，出版了「中國文史哲叢刊」，接續又影印殷商篆刻等藝術史料。後來，故宮副院長莊嚴推薦他出版英文版 *Chinese Painting*（中國繪畫史），學會計的他，竟忙中有錯，估錯了成本，精裝七冊才售價一千二百元，一時間藝術學系教授、學生和故宮研究人員都爭相訂購。爲守信經一個月後趕緊調回一千八百元，半年內就收回成本。但後來增印的三百套書，到現在還未售完。

早年印行古籍爲主的出版社，還有學生書局、文海出版社、藝文印書館等，別看這是小眾專業領域，仍然競爭激烈。彭正雄刻意避開老東家往來的大學圖書館，靠著以前建立的人脈，找到國立中央圖書館、台灣師範大學等客源，讓「文史哲」的營運穩定下來。他說，當年出版古籍利潤不錯，「一本精裝書賺的錢，可以買三斤豬肉呢！」

不過，學術典籍畢竟是專業書籍，一般的銷量十分有限，一版印刷三百冊到一千冊不等，反應好的，五年、十年可以再刷。真正讓他嘗到「暢銷」滋味的，是一九七九年出版張仁青編著的《應用文》。這本書被許多大學院校選為教材，年年再刷，已成為「文史哲」的招牌書，至今已銷售五、六十萬冊。彭正雄說：「我的出版社前十五年都是靠《應用文》養的，每年帶來的利潤，可以養十本專業書，十五年就讓我多出版了一百五十本書。」

只問價值不問銷量

翻開「文史哲」的書目，「文史哲學集成」、「文史哲學術叢刊」、「台灣近百年研究叢刊」、「現代文學研究叢刊」、「藝術叢刊」、「南洋研究史料叢刊」等，洋洋灑灑排滿了一大張、兩大頁。其實「文史哲」自成立至今，出版了二千五百多種書，有七百餘種已絕版，其餘一千八百種仍在流通。環顧一屋子的書籍，彭正雄嘴角揚起淡淡笑容，在文、史、哲學領域能照顧到的類別或面向，他都不偏廢，理所當然的將這些智慧財視為資產，而非負擔。

他選書出書不太問價格、銷量，在意的是價值。溫和、不計較的個性與行事風格，使他在文、史、哲學學術界頗得人緣，主動上門找他出書的人，自然也不在少數。作家無名氏生前曾撰寫〈台灣出版界的奇人俠士〉一文，記述多年好友彭正雄。文中提到，有一年詩人紀弦自美返台，帶來一本二十餘萬字的雜文集《千金之旅》，期望在台出版，卻沒有出版社願意合作。彭正雄念及紀弦是台灣現代詩先驅，在文學史上的地位無庸置疑，明知這書必難回本，還是一口答應出版，理由是應該要有一本紀弦的書留給未來史家和研究者參考。

曾經有一出版社計畫推出多本台灣現代詩名家評論集，才印行了李瑞騰編的《詩魔的蛻變》，即因銷路不佳，打了退堂鼓，讓其餘幾本專書難以爲繼。後來，彭正雄得知此事，立即同意由「文史哲」出版蕭蕭所編，分別評論瘂弦、張默和葉維廉的三本專書《詩儒的創造》、《詩癡的刻痕》和《人文風景鐫刻者》。

不僅如此，「文史哲」也出版了許多個人詩集和作家全集，例如羅門、方祖燊、無名氏、童真等。其中詩壇怪傑羅門的作品，幾乎都由彭正雄出版。他景仰羅門的才情，主動徵詢合作的可能，兩人因書結緣，相交數十年，羅門的詩集、論文集、視覺藝術評論到著名的《燈屋》等二十餘種著作，都收錄在「羅門創作大系」中。

代印論文，維繫學界互動

「文史哲」還有一重要業務項目，在出版界傳出口碑，那就是「代印」博士和碩士論文，以及教授的升等論文。以前，博、碩士研究生的論文即使自行付費，也少有出版社願代印出版，因爲這些論文不具市場性，人力和時間的投資，完全不敷成本。然而彭正雄在學生書局工作時，已開始接觸這項業務，「文史哲」也自民國六十一年起提供此服務，繼續維繫與學界互動的關係。

最先找上他的是黃永武教授。那個年代，連影印機都不算普及，影印一頁就要新台幣八元，黃永武的博士論文共一千多頁，需印三十份，還分上、下冊，由於量大、費用太高，才找上彭正雄幫忙。彭正雄採用照相打字方式處理，三天就完成。高效率的服務，贏得口碑，前來求助的人也陸續增加，二、三個月內就接了三、五十部論文，每部印製五十到一百冊，成爲文史哲重要收入之一。

從此每年四月到六月，研究生交論文、口試的旺季，印製論文就變成「文史哲」的重點工作。後來他變成了「救火隊」，每有學者急著交論文，或趕著提出升等申請，都會找他幫忙。一般來說，「文史哲」收取數千元的助印費用，博、碩士生取得一定數量論文，其餘的才交由出版社展售。

日本岩波書店的出版精神，在強調業者提供好書，讀者總會回報以感激的心。彭正雄開啓代印碩、博士論文的服務，正是受到日本岩波書店的影響。他深信今日名不見經傳的學者，他日可能成爲學界大家，因此抱持傳播知識與新思維的想法，陸續推出「文史哲學集成」、「文史哲學術叢刊」、「文學叢刊」等書系，像黃永武、龔鵬程等眾多知名學者的博士論文都名列其中，龔鵬程在《四十自述》一書中，還特別對他表達謝意。「文史哲」迄今收錄了數百種博、碩士論文。

此外，國內舉辦的學術研討會，經常匯聚海內外學界菁英，熱鬧登場三兩日，如煙火一陣，過後即逝。有鑑於此，彭正雄也將學者在會中發表的論文，納入出版計畫，爲諸多學術研討會留下紀錄。到目前爲止，「文史哲」出版的學術研討會論文集和祝壽論文集，已多達一百種，包括：《魏晉南北朝文學與思想學術研討會論文集》、《唐代文化研討會論文集》、《慶祝藍乾章教授七秩榮慶論文集》、《慶祝蘇雪林教授九秩晉五華誕學術研討會論文暨詩文集》、《日本福岡大學《文心雕龍》國際學術研討會論文集》等。

這些學術專書可說是「出一本，賠一本」，別家出版社避之唯恐不及，但彭正雄不以爲意，他語氣堅定的說：「這些書若不能出版，文化就無法傳承。為了一份文化使命感，別人不出，我出。」多年來，「文史哲」因此累積了豐富的書目，很多學者也與他建立深厚情誼。

國立台北大學古典文獻學研究所教授王國良三十一年前為了印製碩士論文，結識彭正雄，長年來幾乎所有學術論著都交由「文史哲」出版。王國良表示，正因為彭正雄的「願意」，使他的論著得以流傳海內外，一九八七年兩岸剛開放交流，他去大陸開會，當地多位學者都表示已讀過他的書，令他相當驚訝。為此，他對彭正雄一直心存感激。

多年來「文史哲」也將這些學術著作行銷日、韓、香港等地，是台灣學術研究成果推向海外的重要管道。在王國良心中，「文史哲」的影響力，一點不亞於「商務印書館」等大出版機構。一個出版社的價值，由此得以印證。

雖然業務廣及海內外，彭正雄依然是社長、總編輯、美工、校對、發行等工作，總攬一身。以前是騎著腳踏車到處送貨，後來改為摩托車，就這樣從年少到白頭，歲月流轉，也不怨不悔。別人勸他多用個人，他說，每月省下幾萬元，一年下來又可以多出一些書了。直到四年前，他才雇用一個外務，接下繁重的送貨工作。

老作家的黃昏摯友

在文化學術圈內，彭正雄律己甚嚴，寬以待人，是出了名的。尤其多位作家晚年無依無靠，都由他來照料，甚至送別人生最後一程。誠屬難能可貴。

知名作家無名氏來台時，新聞炒熱一陣，復歸平淡，後來婚姻出現問題，乏人照料，詩人王牌和彭正雄聽聞此事，趕到無名氏在淡水的住家附近，無名氏匆忙整理了書籍文物，把他送到木柵安頓下來。從那以後，彭正雄經常去探視無名氏，天南地北地話家常，且為老作家張羅生活起居，偶爾也接他到家裡作客，互動頻繁，成為黃昏摯友。

彭正雄中學時就非常喜愛無名氏的代表作《北極風情畫》和《塔裡的女人》等，更珍惜這段因緣。後來兩人閒談中，才得知這些名著已不再流通，他徵得作家同意，將無名氏著作十冊，重新出版上市。

二〇〇二年十月十一日無名氏病逝，彭正雄不但忙裡忙外為他安排後事，並主動與當時的台北市文化局局長龍應台爭取舉辦「無名氏學術研討會」。兩年後，他又為無名氏策畫舉行了一場追思會。

曾被誤認為匪諜而遭監禁的五〇年代重要作家馮馮，生平曲折離奇，充滿神祕色彩。早年以百萬字小說《微曦四部曲》，轟動一時；後來長居加拿大、夏威夷等地。馮馮晚年返台治病，苦於巨著《霧航》全三冊寫到政治問題，無人願意出版，請託唐潤鈿接洽，由賴碧玉將書稿交給彭正雄過目。彭以身為「二二八受難家屬」的同理心，承諾為其出版，馮馮最後遺作才得以問世。

去年底，馮馮再度入院，彭正雄經常前往陪伴。病榻前，馮馮將自己的後事、文物史料和藏書，都託付給彭正雄。馮馮於二〇〇七年四月十八日離世，彭正雄與慈濟人在五月也為他合辦了一場追思音樂會暨告別式。

只要讀者需要，會一直做下去

有人說彭正雄行事做人就是一股傻勁，他自己則認爲「以誠待人」，是爲人的本分，只要生活過得去，出版社能勉強維持，人生不必計較太多。

他的身教言教，也影響了自己的子女。深受家庭環境影響，而從事學術研究和教學的彭雅玲說，父親執著學術典籍的出版，多少源於成長環境難以自由吸收知識的遺憾，因此當他有能力、可選擇時，義無反顧地投入這個領域，是一種內在補償。

另一個角度來看，從知識荒蕪的年代，到追求商業利潤的出版市場，學術書籍的生存空間十分有限，彭雅玲卻看到父親在學術推廣上的努力不懈，獲得各方肯定，也感佩於心。她說，專注於出版事業，是父親生存的方式，與外界溝通的語言，「文化出版是他的第二生命」。

這幾年，大陸簡體字學術書籍大量進口，書種多、價格低廉，搶佔了不少市場；就連印製博、碩士論文集，都有新技術取而代之，出版愈來愈難爲。已屆七十的彭正雄，難免倦勤，偶有退意，只是每次一本好書到手，他又開始生起鬥志，忙裡忙外，他說，數十年來全心力投入，很難割捨了，只要有讀者需要這些書，他會一直做下去。

原發表於二〇〇七年七月《文訊》二六一期

永恆的風景

洪範書店

◎巫維珍

洪範的文學眼光，是台灣文學的重要焦點，圖為洪範書店早年辦公室。

楊牧

本名王靖獻，早期曾用筆名葉珊，籍貫台灣花蓮，1940年9月6日生。東海大學外文系畢業、美國愛荷華大學藝術碩士、柏克萊加州大學比較文學博士。曾任教於麻薩諸塞大學、普林斯頓大學及華盛頓大學。1975年回國講學，並曾暫寓香港，爲科技大學創校人之一。歷任國立東華大學文學院院長、中研院文哲所所長等職。曾獲中山文藝獎、國家文藝獎、吳三連文藝獎。著有：論述《陸機文賦校釋》、《隱喻與實現》；詩集《楊牧詩集Ⅰ（1956～1974）》、《時光命題》；散文《葉珊散文集》、《搜索者》等五十餘種。

葉步榮

籍貫台灣花蓮，1940年生，花蓮中學畢業，入合作金庫就職，歷任助理員、辦事員、襄理、高級專員等。1976年與瘂弦、楊牧、沈燕士共同創辦洪範書店，1984年辭退銀行職務，專責主持洪範書店業務以迄於今。

沈燕士

1943年生。美國麻州大學生化、分子生物博士、美國康乃爾大學博士後研究員。三泰儀器工業股份有限公司創辦人，1973年返國參與清華大學創設分子生物研究所並任教授，1981年創辦五鼎生物技術股份有限公司董事長，從事生物技術產品研究、製造及行銷。

瘂弦

本名王慶麟，籍貫河南南陽，1932年8月29日生。政工幹校影劇系畢業，曾應邀赴美愛荷華大學國際作家工作坊訪問兩年，威斯康辛大學東亞研究所碩士。曾任《幼獅文藝》主編、幼獅文化公司總編輯、華欣文化事業中心總編輯、《聯合報》副總編輯兼副刊組主任、《聯合文學》月刊社社長、《創世紀》詩雜誌發行人。現旅居加拿大。曾獲軍中文藝獎、藍星詩獎、金鼎獎副刊編輯獎、五四獎文學編輯獎等。著有：論述《聚繖花序》（Ⅰ、Ⅱ）；詩集《瘂弦詩抄》、《深淵》、《如歌的行板》等十餘種。

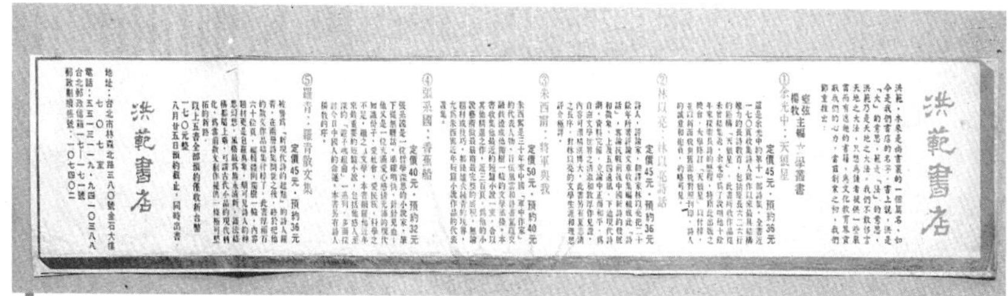

1976年8月25日，洪範刊登在《中央日報》上的創業廣告。

洪範隨身讀系列，曾引起一陣出版熱潮。

洪範創業作，自左至右：《天狼星》（余光中）、《香蕉船》（張系國）、《林以亮詩話》（林以亮）、《將軍與我》（朱西甯）、《羅青散文集》（羅青）。

洪範不定期出版《洪範書訊》，保持與讀者的互動。

洪範出版屢獲各種經典選書活動的肯定。圖為獲「二十世紀中文小說一百強」與「台灣文學經典」的書籍。

洪範以做手工書的心情呈獻給讀者一本又一本文學佳構。

洪範以文學出版路線為主，一路走來亦創造了不少銷售佳績。

洪範書店創辦人葉步榮（前左）、瘂弦（前右）、楊牧（後左）、沈燕士（後右），於洪範28週年時再度合影，位置不變，風範依舊。

瘂

部分照片提供／洪範出版社

三十年前，四個年輕人走進台北市文星書店所在的衡陽路上，在白光攝影社拍了一張合照：前方左邊坐的是葉步榮，當時在銀行上班；右邊是瘂弦，穿著西裝打領帶，擔任《聯合報》副刊主編；後邊左方站著的是楊牧，已從美國念完書回來，在台大教書；右邊是穿著有花紋格子襯衫的沈燕士，專長研究生化。當時的照片是黑白的，三十多歲的四人沒有皺紋，距離洪範書店成立是一週年。

楊牧在美國求學時，已在文星書店出了《葉珊散文集》，當時就有了開出版社的想法，他向同是花蓮中學的同學葉步榮與王禎和提起，但兩人評估後覺無把握而作罷，那時沒有什麼新的出版社成立，重慶南路上大多是由大陸來台的出版老字號；及至楊牧回台灣教書，他曾爲志文出版社主編「新潮叢書」，結識了不少作者，有人向他提起合作開出版社的想法。那時遠景、爾雅甫成立，台灣出版業正好是起步的階段，重慶南路上開起了不少書店；恰好，與楊牧結識的沈燕士、瘂弦，加上是楊牧中學同學的葉步榮，四人聚在一起，心想，既然要開出版社，不如自己人來合夥，他們以《尚書・洪範》爲參酌，取「天地之大法」的用意，將出版社取名爲「洪範書店」，由沈燕士的妻子孫玫兒擔任發行人。早期，出版社多取「書店」之名，像是文星書店，甚至是更早的良友書店、開明書店，其實不是真正的書店。「那時還想，用這個名字將來還是可以開書店！」葉步榮笑說。那時四人分別拿出七萬五千元，共三十萬元，端午節時請臺靜農先生題了「洪範書店」四字，一九七六年八月二十五日出了第一批書：《天狼星》（余光中）、《香蕉船》（張系國）、《林以亮詩話》（林以亮）、《將軍與我》（朱西甯）、《羅青散文集》（羅青）。

五小榮景

一九六〇年代起，台灣文藝風潮特別盛，當時不少出版社陸續成立，像是晨鐘、水芙蓉、好時年、出版家、書評書目、遠景、純文學等，都已在文藝領域耕耘了一段時間；及至洪範成立時，純文學（一九六八）成立了八年，大地（一九七二）已成立四年，爾雅（一九七五）已經週年，加上不久後成立的九歌，時稱「五小」，終於將文學書種帶起了全面的熱潮。有人說：「文章要上兩大報，出書找五小。」意思是，若要投稿的話，首要找《中國時報》與《聯合報》，若要出書的話，一定要找五小。瘂弦認爲，「當時的社會較安靜」，每個年輕人都曾經過文藝青年的階段，文學書是一定要讀的，加上兩大報的文學獎設立、副刊版面的重要性，且在解嚴之前，文學書就是主要的出版書種，自然形成了五小榮景。

雖然洪範主其事的葉步榮認爲，除了琦君的《橘子紅了》以外，洪範沒有特別爆量的書，不過，游淑靜在《出版社傳奇》即指出，洪範成立四年，已有「長銷書」：《家變》、《昨日之怒》、《葉珊散文集》、《香蕉船》、《鄭愁予詩集》。後來，洪範的書也曾進過排行榜，如簡媜《水問》、張系國《沙豬傳奇》、蘇偉貞《流離》進入金石堂與民生報暢銷書排行榜、袁瓊瓊《蘋果會微笑》進入民生報暢銷書排行榜。

《橘子紅了》原本一直維持平穩的銷售，直到改拍成電視劇，頓時狂銷，登上金石堂暢銷書排行榜，銷量有二十五刷之多（現爲四十三刷），葉步榮說：「這是第一次感受來不及印的狀況。」而早在一九八七年，也有類似的例子，一九八七年一月十日出刊的《洪範雜誌》記載，張系國的《棋王》已售十八版，新象藝術中心於當年五月改編爲舞台劇，中視也改拍爲電視劇，徐克電影工作室改編爲電影，是洪範作品改編爲影視作品的另一個熱銷例子。

手作風格

如果沒有特別的暢銷書，好像不是個做出版的生意之道，然而，三十年來，當初的三十萬元持續至今，四位股東沒有再投入成本，所能支持這一切的，是文人開出版社的理想。受到五四時期文人開出版社的影響，愛好閱讀的洪範老闆們，一直想出版好書，也想好好照顧自己的書。瘂弦認爲良友書店的趙家璧，二十七歲時還只是個小編輯，卻找了魯迅、朱自清、茅盾、阿英、周作人主編「中國新文學大系」，編成了五四運動以後第一套新文學大系，還有像是余上沅、梁實秋開的新月書店，劉吶鷗在上海辦的水沫書店，白馬湖作家群朱自清、葉紹鈞、夏丏尊開的開明書店，施蟄存的現代書店等等，都是文人辦出版社的典範；葉步榮說，開出版社「就是將自己喜歡的書推薦給別人而已」。具有理想的文人出版色彩，聽起來比五四時期還要遙遠，卻是今日最流行的「手作」風格——以手工製作的細緻感，傳達製作者投入的細心與耐心，產量不高，風格獨具，預備成爲最永恆的經典。

洪範出版品的細緻典雅還包含了每本書摺頁的雋永文字，短短的幾百字裡，簡介了作者與書籍內容的短評，也點明了作者與作品的文學表現與意義。瘂弦說，這些幾乎皆出自楊牧的手筆。楊牧則表示，這是多年的祕密，雖然早年余光中曾猜到，但多半不爲人所知。楊牧說，這三、四百篇的短文，其實也是他對當代文學的意見，執筆了這麼多年，直到近一年來才易手。

有報導說，一九九〇年代之後，洪範仍採用鉛版印刷，筆者本來以爲這是日期上的誤植，沒想到，葉步榮指著一九九七年出版的《徐志摩散文選》說明，真的是到了沒有工人要做鉛字印刷時，才改用電腦打字，「因爲鉛字排版的版面就是比電腦打字立體得多」。在電腦打字開始的年代，這樣做不但在當時增加成本，就連現在要再版印刷，都得重新打字了。莫言寫過，他曾問葉先生爲什麼要用成本高的鉛字排版，葉先生說，不爲什麼，就爲了好看。莫言說，希望洪範出了暢銷書，賺了錢後，再用鉛字排版，讓讀者都知道，「洪範的書是世界上唯一一家用鉛字排印出來的。」（莫言〈一碗羊肉燴與五萬元紅包〉）不過，洪範花費高成本的事不只這一樁，創立初期，已有出版社開始採用彩色封面，洪範爲了追求素雅感，反而選用套色印刷的簡單色塊組成；別人以爲套色印刷是省錢，卻不知道，洪範的套色印刷是要用四色去調製的特別色，須單獨印，不能合版；再版時，也得另外調色，而非像彩色封面使用固定的四色即可。

洪範出版詩集時，都採取特殊的美術紙做封面，版面乾淨，質感不同於銅版紙。像是《向陽詩選》第一版封面選了日本紙，加上作者自己刻的木刻版畫，形成了雅致的風格；獲得二〇〇二年《誠品好讀》年度最佳封面的《十三朵白菊花》，在眼花撩亂的書市中，成爲愛詩人必定收藏版。這樣的手作感，總是讓洪範文學書在舊書市場上仍保有一定的價値。《在台北生存的一百個理由》說，洪範是在台北生存的理由之一，「洪範的書簡直可以作爲當代中文出版品的原型，就像 Barhaus 的工業設計，簡潔俐落，卻蘊著無比深厚的智慧與功力，擁有超越時代的永恆美感。」

手作的另一種經典感，還來自編選的嚴格。洪範一向只出純文學的作品，出書需經四位股東的意見一致，才能出版，瘂弦提及，以往為了考慮出版社的生存問題，他和楊牧曾建議出版雅俗共賞的作品，像是他曾考慮二月河的《康熙大帝》，但是葉步榮還是投了否決票。葉步榮認為，洪範以文學藝術為主，至於像紅極一時的武俠小說、偵探小說等類型文學，也不在原本的出版方向之列。

但四位好友也不會因選書意見不同而傷和氣，展現十足的文人風範。楊牧說，由於在文學的領域上各有所長，也都彼此尊重，誰提出出版計畫，基本上都是經過審慎的思考，有信心後才提出，其他幾位股東也會樂觀其成，即使意見相左，也是相互禮讓。多年來以此模式合作，相當愉快。

編輯方向嚴謹，編選過程也不馬虎。楊牧編選《徐志摩散文選》，花費許多時間在兩岸三地尋找徐志摩原來的版本。徐志摩的作品相當多，發表的當時與曾出版的文集都因沒有最正確的版本來對照，而有許多謬誤，幸好有文史專家秦賢次的幫忙，能夠盡力找到包括《晨報》等最初發表作品的報刊來比對。其中有一篇徐志摩寫給凌叔華的信，花了許多力氣，還是對其中的文字有疑慮，經中研院近史所張力協助在武漢大學圖書館找到當初發表的《武漢日報》，預備影印出來，但因報紙年代久遠，極為珍貴，武漢大學不讓影印，只好一字一字抄寫出來核對了。《沈從文小說選》出版前也經過多次搜尋，當年沈從文在大陸被打成右派，在台灣被視為「附匪」，著作在兩岸都被查禁銷毀。葉步榮說，沈從文在當年出書時，每次再版，都會做修改，而沈從文晚年要在人民文學出版文集時，竟無法找到存書排印，而是以香港的盜印版排校。後來在香港三聯書店出版的全集，也非由早年修訂的定本爲依據。因此，洪範版的《沈從文小說選》盡量找到最早的版本來編選，並且附錄每篇文章出處。另外，最爲一般人熟知的唐詩，楊牧編選《唐詩選集》時也特地選擇了關於南方主題的作品，以切合台灣的讀者。葉步榮謙稱這些都是不好意思自誇的事，但他認爲洪範編選的文集確實是坊間很完善的版本了。

優雅步伐

洪範的書系主要是「文學叢書」與「洪範譯叢」，詩集、散文、小說皆是在「文學叢書」，以中文創作爲主，目前已有三百多種，「譯叢」翻譯世界知名文學大師的作品，有楊牧編譯的《葉慈詩選》、莎士比亞名作《暴風雨》，林文月譯《伊勢物語》、《源氏物語》、《枕草子》等，目前已有十三種，二十三冊。秉持著將喜歡的好書推薦給別人的心情，就是自己讀到好書，急切想要告訴別人的興奮，但又是不帶強迫感的，因爲洪範沒有固定的出書時程，待文人朋友的稿子來了，就出版；雖然現在大家常說出版景氣不佳，需減少出版量，特別是文學書，但葉步榮認爲，「文學已死」的說法自歐美等國開始，早就喊了幾十年，他剛做出版時，也是聽到文學景氣不佳的說法，現今的出版環境雖然不同以往，爭取作家稿子時的確較爲激烈，但這些都無礙洪範自己的步伐。

就像是當年出版二〇、三〇年代作家作品時，熱門作者在坊間已有許多版本，洪範反而選擇了台灣較沒有作品流通的《朱湘文選》、《梁遇春散文集》、《陸蠡散文集》來出版，後來還有《現代中國散文選

Ⅰ、Ⅱ》、《八十年代中國大陸小說選》六冊（書名分別爲：《紅高粱》、《閣樓》、《爆炸》、《第六部門》、《八月驕陽》、《哭泣的窗戶》），《現代中國詩選》二冊、《現代中國小說選》六冊。陳信元說，洪範書店是最早公開印行二〇、三〇年代作家選集的出版社，他認爲，洪範建立了嚴謹的編選體例：「一、編者廣泛涉獵海內外所藏各種孤本著作，詳爲編次。二、精撰導言，近期出版的選集，如楊澤編《魯迅小說集》、《魯迅散文選》，彭小妍編《沈從文小說選》，都企圖以嶄新的詮釋角度呈現作家作品的風貌，如他人評論、傳略、創作風格或年表等。三、附校訂跋或說明，詳列所依據版本、審訂原則。」（摘自一九九六年八月二十六日《聯合報》）

除了引介鮮爲人知的二〇、三〇年代作家之外，西西編選的《八十年代中國大陸小說選》，也爲台灣引介了大陸當代作家，像是如今在台灣已有多部出版品的莫言、李銳等人，都在這部選集中與台灣讀者初次見面。提到莫言的書，葉步榮有個小故事，今年即將重出的《紅高粱家族》，花了不少功夫修訂，爲什麼呢？葉步榮回憶起當年出版《紅高粱家族》時，還得在香港找律師公證送至新聞局香港的辦事處查驗，再回到台灣來審查，「當時送了許多次！」還得將不當的字眼刪去，在二〇〇七年重新出版的版本才依據原版本改定。「這些大概是今天年輕人想不到的事吧！」

明晰眼光

做自己喜歡的書，邁著從容的步伐，洪範選書隱隱然有了一套「洪範標準」。當年出版王文興的《家變》時，有人質疑這種文字根本不值得出書，但是《家變》卻被譽為「五四以來最偉大的小說」，加上林文月、陳映真、王禎和、余光中、鄭愁予、楊牧、瘂弦、琦君、西西、張系國、施叔青、李昂、簡媜等作家，他們的作品如今都是今日學院研究的重要經典。《亞洲周刊》選出「二十世紀中文小說一百強」，在兩岸三地的出版圈中，洪範的作品入選十九種，分別為：《棋王》、《家變》、《許地山小說選》、《吉陵春秋》、《八月驕陽》、《紅高粱家族》、《現代中國小說選》、《舊址》、《她名叫蝴蝶》、《遍山洋紫荊》、《寂寞雲園》，《嫁妝一牛車》、《賴和小說集》、《魯迅小說集》、《沈從文小說選》、《我城》，占了總數將近五分之一；文建會、聯合副刊主辦的「台灣文學經典」選出五十年來三十冊的文學經典，洪範入選八種：《楊牧詩集I》、《家變》、《與永恆拔河》、《鄭愁予詩集》、《瘂弦詩集》、《搜索者》、《嫁妝一牛車》、《女兒紅》。

當初出版這些書時，洪範沒有想過什麼「入選」的事，洪範在意的是作品本身。瘂弦想起當年在《普門雜誌》看到簡媜的文章，直覺得好，邀請她在《聯副》刊載，後來即引介至洪範出了她的第一本書《水問》，在作者簡介裡是這麼介紹簡媜的：「《水問》為作者第一本書，以清純的少女心懷敘說大學校園裡外的人生幻化，筆觸自然且富創造意蘊，為洪範所樂於推薦的現代散文。」今日，簡媜作品已是台灣文學史上必讀的佳作。還有許多經典作家在年輕時就在洪範出了他們的第一或第二本書，像是蘇偉貞、袁瓊瓊、鍾曉陽；或者是在洪範出書之後，得了文學獎：蕭颯獲一九八四年時報小說推薦獎（當時在洪範的作品《死了一個國中女生之後》），李永平獲一九八六年時報小說推薦獎（《吉陵春秋》），林文月也獲同年散文推薦獎（《午後書房》），蘇偉貞〈離家出走〉獲第一屆中華日報小說獎第一名（《離家出走》），林燿德獲時報新詩推薦獎（《銀碗盛雪》），李黎獲一九八八年聯合報中篇小說獎（《天堂鳥花》），西西同年亦獲得聯合報短篇小說推薦獎（《手卷》），一九九二年西西《哀悼乳房》獲中時開卷與聯合報讀書人年度好書獎，一九九七年簡媜散文《女兒紅》獲聯合報年度最佳書獎，二〇〇二年周夢蝶《十三朵白菊花》與二〇〇四年陳映真《父親》皆獲聯合報讀書人好書獎……。洪範的文學眼光，成為台灣文學史上重要的焦點。「許多有志寫作的青年，把『在洪範出書』列為比得什麼文學獎都要崇高的目標，並不是沒有道理的」（《在台北生存的一百個理由》），這個極富傾慕感的說法表達了洪範在台灣出版史上的重要地位。

洪範的作者年輕時得了不少文學獎，現在則是台灣文學史的大家，像是一九八九年六月《文訊》雜誌第四十四期在詩人節舉辦「我最喜愛的當代中國詩人」活動，洪範作者瘂弦、余光中、徐志摩、鄭愁予、楊牧、林燿德分別入選；或者是成為指導後進的典範。香港浸會大學自二〇〇四年起邀請的駐校作家陳映真、李渝、李銳、瘂弦，都是洪範的作者。華人世界經由兩岸三地評選的花蹤世界華文文學獎，除了二〇〇一年第一屆獲獎者王安憶以外，後續三屆的得獎者也都是洪範的作者：二〇〇三年陳映真、二〇〇五年西西，以及今年的楊牧。葉步榮還舉了另一個享有殊榮的例子，林文月譯的《十三夜》，是日本知名女作家樋口一葉的作品，出版之後，即有新聞傳來，樋口一葉是第一位肖像被印在紙鈔上的日本女作家。

絕佳禮物

洪範專注於選書本身，在編輯之外沒有太多「行銷企畫」的動作，與讀者最直接聯繫的機會是《洪範書訊》。該書訊是洪範直接寄給洪範書友的書訊，記錄了新書出版訊息、轉載報刊書評，以及洪範書友獨有的優惠。自一九八一年三月發行第一期起，以雙月刊形式發行，自第四十二期（一九八九年十二月、一九九〇年二月合刊）改爲季刊，目前發行至六十八期（二〇〇二年十二月三十一日），葉步榮說，洪範書訊花費不少成本，將來會採取不定期出刊的方式。這或許也是文人出版社隨意的形式之一，但正因這種素樸與隨興，洪範在「行銷企畫」上做得最多的就是「贈書」了，像是十週年（一九八六）時就做了「回頭書大贈送」的活動，凡是洪範書友，購書滿三百元以上，即贈回頭書一冊，滿一百五十元再加送，這該是洪範讀者最喜歡的吧：喜愛閱讀的人自然喜歡被饋贈書，因爲任何花里花稍的行銷活動，終將回到書的本身。

「隨身讀」的概念原來也是想要送書給讀者，又恰好有英國企鵝出版社的六十週年活動的借鑑：該活動提出「六十年、六十本書、六十便士」的口號，將經典作品編成小冊書，低價銷售，做爲推廣之用。洪範慶祝二十週年時，即由鄭樹森主編，推出了「洪範二十年隨身讀」：從過去已出版的中文創作中挑出二十本，包括未集結出版的西西《家族日誌》、周作人《上下身》、楊牧《下一次假如你去舊金山》，將二十本書編爲五十開本圖書（14.6x10.4 公分），每本六十四頁，每冊定價三十九元來銷售，可以單買，也可一整套合購，附有書盒，其中《阿Q正傳》、《翡冷翠山居閒話》、《夢土上》還進入當年十月金石堂排行榜的第八、十五、十六名。隔年，洪範再度推出鄭樹森主編的「世界文學大師隨身讀」（二十冊），精選各國的文學經典名著，一九九八年推出「世界文學大師隨身讀」第二輯（二十冊）。鄭樹森認爲，選擇世界文學不能只依據英美、歐洲希臘羅馬的文學傳統，應注意亞洲、非洲、拉丁美洲文學的作者。這套書裡除了有《拜倫、雪萊、濟慈：詩選》之外，也選擇了《紫式部：源式物語》、《落爾伽：西班牙浪人吟》等不同以往世界文學選集的視角。葉步榮說，「隨身讀」系列的銷售成績不錯，但書店往往因開本過小，擺設不易，且每本單價過低，而降低了陳列的意願。

以後

面對出版環境競爭日趨激烈，讀者口味也多元化，洪範在二〇〇三年開闢了新系列「以後 Apres」，由葉步榮的長子葉雲平主持，這是洪範唯一不需經由四位股東同意的書系。「以後」已出版了八種，有小說、散文、新詩，還有今年最新的《六號出口——電影╳小說雙記錄》，在新世代的文藝青年之中帶來一股清新的氣息。其實這樣的「獨立作業」也發生於一九八二年，當時張系國成立了「知識系統」，是洪範投資的子公司，知識系統有「科幻叢書」、「知識叢書」、「電腦叢書」三大系列。「科幻叢書」中，張系國的《五玉碟》、《海天龍戰》等多部科幻小說最爲人所知，還有他主編的七十三、七十四、七十五、七十六年科幻小說選，是台灣科幻文學的重要紀錄，「電腦叢書」則是電腦的專業書，有別於洪範整體的文學風格，不過，知識系統在一九九一年後幾乎沒有出書了。

洪範成立的前兩年，交由爾雅發行，之後的發行權就回到洪範。當年爾雅、洪範、九歌的發行經理會相約集合地點，再分頭帶著三家書目一起去拜訪書店通路。雖然共同做發行的時間不長，書店卻會一直記得「五小」的文學專業。這是文學專業出版的力量：洪範的出書量不大，行銷動作簡單，其獨到的選書品味，落實在經營面來看，就是屹立不搖的力量；因爲舊書在每年的營業額中銷售比例高，表示當初花費的成本都能持續產生效益，才能長久維續出版社的運作。像是一直在洪範出書的西西，今年洪範再版她在洪範的第一本書《像我這樣的一個女子》，這本書再刷多次，這回洪範重新設計封面，由三十二開本改爲二十五開本。西西的作品始終有一群忠實的讀者，長遠下來養成的讀者，是出版社最堅實的力量，這就是洪範堅持好的作品，回歸到作品的本身，涓滴終成巨流。

二十八年後，舊時衡陽路上的布莊已不在，鄰近重慶南路上的書店也關了不少，年輕人的心中已經沒有「書店街」的記憶，但四位股東依然走進了衡陽路上的白光攝影社。他們都有了白髮，也不再隨興穿著，都穿上了西裝外套（瘂弦仍是打著領帶），拍下了洪範成立二十八週年的彩色紀念照。照片已從黑白變爲彩色，台灣出版市場也歷經不少變化，然而，一如洪範的書摺頁，常由楊牧執筆的作者簡介，文字讀來始終雋永，他們四人站的位置也都沒變，就像洪範書店在廈門街三十年來的位置，是一幅永恆的文學風景。

原發表於二〇〇七年八月《文訊》二六二期

持續打造炫亮的榮光

時報文化出版公司

◎蘇惠昭

內部呈現多元與現代化特色的
時報文化出版公司。

孫思照

世界新專編輯採訪科畢業。曾任《中國時報》編輯、藝文組主任、副總編輯、副總經理；《時報周刊》副總編輯、海外版總編輯；時報出版公司兼任經理、發行人。現爲時報出版公司董事長。

「中國歷代經典寶庫」穿越二十多年時空，是時報出版極具代表性的叢書。

莫昭平

台灣大學外文系及EMBA畢業、美國史丹福大學專業出版課程修習。曾任《中國時報．開卷周報》主編，現爲時報出版公司總經理。

林馨琴

台灣大學歷史系、歷史研究所藝術史組畢業、史丹福大學胡佛研究所助理研究員。曾任《中國時報》藝文記者、舊金山特派記者、《中時晚報》特案新聞中心主任、副總主筆等。現爲時報出版公司總編輯。著有《茶邊論畫》、《66個志願——大學聯招選填志願完全手冊》等。

2005年慶祝30週年，時報選出代表作「經典30」。圖為其中的《赫遜河畔談中國歷史》、《烏龍院》、《東方的聖經——四書》、《感官之旅》、《看不見的城市》、《EQ》。

「經典30」部分代表作：《挪威的森林》、《牧羊少年奇幻之旅》、《別為小事抓狂》、《達文西密碼》、《城邦暴力團》、《百年思索》。

《達文西密碼》大熱賣，丹．布朗作品成為時報出版的知名代表系列。

時報出版於1999年底股票上櫃，《中國時報》創辦人余紀忠期勉時報出版「出更多的好書」。（鄧惠恩攝影）

「珍藏20世紀」展現時報出版對時代紀錄的關懷。

前美國總統柯林頓（右四）在其自傳《我的人生》簽書會後，與《中國時報》及時報出版團隊合影，左五為《中國時報》董事長余建新、右三為《中國時報》常務董事黃肇松、右一為時報出版總經理莫昭平、左四為時報出版總編輯林馨琴。

部分照片提供／時報文化出版公司

新聞是為歷史做紀錄，而文化傳承則必須由出版事業來負擔。——余紀忠

出版社的歷史是用一本書一本書所疊成。

二〇〇五年，爲慶賀創社三十週年，時報出版從隸屬不同書系的五千多筆書單中挑選出三十種，以「悅讀風華　傳承無限」爲主題，舉辦「經典三十」書展，這三十本被時報精心挑選出來作爲經典「代表作」的書有其共同點：不是超級暢銷，便是具有影響力，多數兩者皆是，它們還有一種宣示性的意義：從文學、人文、社科、商業、勵志、生活、科普、趨勢、流行到漫畫，從台灣生活、中國熱及至全球化時代，時報都是出版業界的領導品牌，出版類型多元深闊，從輕薄短小到傳世經典，無所不包，質量俱佳，有一張堪稱是「台灣第一」的漂亮書單。它既是台灣史上第一大暢銷小說《達文西密碼》的出版社（二〇〇四年出版以來銷售數字已破百萬冊），它也可以出版《宮前町九十番地》這樣看似小眾的本土人物傳記，展現「冷書熱炒」、「不讓好書寂寞」的編輯力與行銷力。

這三十本具有指標意義的書是：《赫遜河畔談中國歷史》、《烏龍院》、《中國人的聖書——論語》、《台灣紀事》、《腦筋急轉彎》、《大未來》、《東方的聖經——四書》、《感官之旅》、《看不見的城市》、《文字與書寫》、《你是說話高手嗎？》、《毛澤東的私人醫生》、《ＥＱ》、《挪威的森林》、《牧羊少年奇幻之旅》、《別爲小事抓狂》、《神探李昌鈺》、《雙響炮》、《珍藏20世紀》、《廚房》、《城邦暴力團》、《知識經濟時代》、《蛋白質女孩》、《千年一嘆》、《非理性繁榮》、《追尋現代中國》、《牛耳愛美書》、《快樂——達賴喇嘛的

人生智慧》、《百年思索》、《達文西密碼》。

時報出版的故事

一九七五年，台灣最大的新聞就是四月五日總統蔣中正去世，而《中國時報》在一月份成立附屬出版社的消息並沒有被列爲當年的文化大事，那一年重要的書籍有小野《蛹之生》（遠流）、王鼎鈞《開放的人生》（爾雅）、陳映真《將軍族》（遠景）和劉墉《螢窗小語》（自印），時報當然無法預知它會在二十四年後走上上櫃之路，營業額五億元；而劉墉在二〇〇七年成爲旗下作家，它最新一期的夏季書目，封底的主打書就是劉墉的《愛是一種美麗的疼痛》。

遠景、聯經開始於一九七四年，遠流、爾雅與時報則在同一年成立，洪範更晚一年。三十多年幾番風起雲湧，花開花謝，它們面對著時代的有情與無情，各自述說了不同的浮沉故事，也各有各的滄海桑田。

現今的時報出版大樓位在捷運龍山寺站步行約五分鐘的和平西路三段，六樓的總經理與董事長辦公室，電梯出來第一眼所見，便是一幅已故《中國時報》董事長余紀忠先生對出版題示的書法：「新聞是爲歷史做紀錄，而文化傳承則必須由出版事業來負擔。」一九七五年一月，基於「文化傳承」的理念，余老指示《中國時報》成立附屬出版社，他從《中國時報》國際、政論、影藝、生活、副刊各組挑出合適人馬，於是而有閻愈政、高信疆、簡志信、孫思照這四人小組「兼差」做出版，辦公室就在中華路時報大樓，閻愈政擔任總經理，四個男人從選書、編輯、打包、搬運到收帳，無役不與，但報社活兒照幹不誤，資深小說家季季有一次從中華路經過，親眼目擊簡志信正在搬書。

孫思照回憶，《中國時報》成立附屬出版社還有兩個最直接的原因，於內，報禁下的三大張《中國時報》再也容納不了日積月累下溢出的稿件，「創作淹腳目」，需要有一個延伸的空間；於外，又有報紙讀者不斷要求作品或專欄結集成書，免去剪報之苦，這兩個因素直接促成了出版社的成立。

時報出版的第一批書有當時在《中國時報・人間副刊》的發燒專欄《人小鬼大》（姑隱），報紙一打出預約廣告就湧入一萬八千多張劃撥單，林獻章翻譯的《神祕的百慕達三角》也一樣大賣。但漢章的一本電影資訊書《電影新潮》也接著出版，很受歡迎。

這是時報出版的第一步，一切尚在摸索中，對簡志信和孫思照來說，那也是一段血淚史，最深的記憶停留在寒冷的冬天裡，他們在捆書，一直捆到手指頭被粗繩磨到出血，下班後還得準時趕到報社用顫抖的手下標題；也曾經爲了收一筆總共才三本書的帳出差到鵝鑾鼻，旅館當然挑最便宜的，但等到年終結算，才成立第一年，一百萬元起家的時報出版就爲報社賺進了四百萬。

許多年後，簡志信經過時報出版公司，看見打包機喀擦一下、再喀擦一下，一大捆的書便打包完成，如此輕易又如此漂亮，他的眼淚掉了下來。

《中國歷代經典寶庫》

在封閉與禁忌的六〇至七〇年代，高信疆所主編的《中國時報・人間副刊》站上高點，不只鬧醒了大眾矇昧的心靈，更推著台灣文學、藝術與思潮向前走。一九八三年起至一九八五年，高信疆與柯元馨夫婦這一對文化界的金童玉女擔任時報出版的總經理與總編輯，蔚爲文壇佳話。

時報出版第一個十年，大致就是「人間」風格的伸延，如每年出版的時報文學獎作品集，徐復觀、牟宗三、夏濟安、吳湘相、金耀基、葉維廉、杜維明、也行（漢寶德）等多位學者也都有著作在這裡出版；《英美十六家》則是所謂企畫書的開路先鋒，由出版社出巨資邀得英美文學教授，也是散文高手的吳魯芹第一手採訪十六位文學大師。

時報也出版了朱天心的第一本小說《方舟上的日子》、張大春的第一本小說《雞翎圖》、劉克襄的第一本散文集《旅次札記》、黃凡的第一本小說《賴索》、張貴興的第一本小說《伏虎》……；說到暢銷書亦不遑多讓，姑隱《人小鬼大》、李歐梵《西潮的彼岸》、阿圖《鐘聲二十一響》、何瑞元《洋人在台北》、吳炫三《非洲獵奇》、陳香梅《往事知多少》……，都成爲四年級生的共同閱讀回憶。

高信疆在時報出版最漂亮的出手，是在一九八一年策畫一套名爲《中國歷代經典寶庫》套書，從當下于丹《論語》、易中天《品三國》在中國大陸的大流行來看，這套書的構想至少超前了二十多年。高信疆認爲「中國的古典知識應該而且必須由全民所共享」，概念上接近「傳播國故」，但「國故」多艱澀難以入口，若要大眾化，就必須有同時通達古典與現代知識，文筆流暢生動的人來「翻譯」，《中國歷代經典寶庫》的成功，便是在對的時空，找到了對的引路人。

《中國歷代經典寶庫》第一批出版四十五種，後來又接續出版至六十五種，從套書而分冊出售，從精裝、平裝到袖珍本，穿越了二十多年的時空，青春不老，至於銷售數字，則已多到「不可考」了。

培育本土漫畫

賽門舒斯特出版集團總編輯麥可・科達說過，出版就像其他行業一樣，每隔一段時間就要經過一段革命性的洗禮，對時報出版來說，所謂革命性的洗禮，正是脫離中國時報成爲財務獨立的有限公司。

一九八五年時報出版成爲財務獨立的有限公司，仍屬於《中國時報》媒體集團，資本額最初登記爲新台幣三千萬元，後來辦理現金增資到六千萬元，並開始大量出版漫畫，引進翻譯書。

成爲獨立公司的時報出版著手進行兩大工作，基層幹部負責執行近七百種舊書的整編，歸併出幾條生產線，完成了初步規畫藍圖，而核心幹部除了出面爭取強勢產品，多數時間都放在未來一到三年的產品開發上，那一年資深出版人周浩正進入時報出版工作，雖然只待了短短七個月，但他盱時衡勢，向當時的總經理張武順提出一份私人報告「無人地帶的經營方式」。

報告指出，在爾雅、遠流、聯經、天下等出版社的競爭壓力下，一九八六年將是時報出版發展的關鍵年，一條「強勢經營」之路如弓箭在弦，不可能再回頭了。

一九八五至一九八八年擔任時報出版總經理，目前已轉赴大陸發展的張武順，把「漫畫」定位爲時報出版經營核心之一，促成敖幼祥「烏龍院」在報刊連載，進而引發四格漫畫狂潮，這也是朱德庸、蔡志忠漫畫事業的起點；一九八六年時報出版的經典漫畫《莊子說》曾經連續十個月蟬連暢銷書排行榜第一名，隔年《老子說》、《西遊記38變》接續問世。

一九九二年《蔡志忠經典漫畫珍藏版》出版，這是時報出版一枚永恆的勳章，不但被翻譯成二十多國語言，更大的貢獻，是把視閱讀經典爲「不可能」的人巧妙引領入門，如宏碁創辦人施振榮就是其中一個。

與國際接軌

一九八七年台灣解嚴，隔年郝明義出任時報出版總經理兼總編輯，是時已然徹底工業化的台灣正在經歷「台灣錢淹腳目」的富庶，以及初初富庶起來後的社會轉型，金錢遊戲開始，第一波的奢華生活上場。郝明義思考的第一件事就是「如何與國際接軌」，若要與國際對話便不能再出版無版權的書，所以在台灣多數出版社還沒有取得授權觀念與習慣的八○年代末，公共版權之外，每一本外文書，郝明義都堅持等待授權，即使其他出版社可能因此而搶先一步。其後，一九九四年的「六一二圖書大限」則是出版社集體接受的一場革命性洗禮，台灣出版從此進入授權時代。

在時報出版八年，郝明義花費大量心力於開發與整理書系，讓時報書系煥然一新，充滿時代氣息，開發的書系如「next」、「big」、「大師名作坊」、「藍小說」、「歷史與現場」，以及引進的「發現之旅」系列，在在膾炙人口，也讓時報出版站上了引領風騷的位置。其中「next」開啓了台灣出版業的「書系思考」，它也是出版界公認的，經營最成功，影響力最深遠的書系。

「BIG」(Business, Idea & Growth) 要與讀者分享的則是「商業社會的動態」、「工作與生活的創意與突破」、「成長與成熟的借鏡」，另外，對文藝青年來說，時報出版的存在意義就等於「村上春樹的出版社」、「吉本芭娜娜的出版社」或者「卡爾維諾的出版社」。除了被大量閱讀，村上春樹也微妙的影響一整世代台灣作家的寫作風格，村上春樹也堪稱是出版社經營單一外國作家最成功的代表作。

一九七九年開始推出的「近代思想圖書館」，第一波書就出版了馬克思、恩格斯的《資本論》，這宛如在當時保守的社會氣氛裡投下一枚震撼彈。

《中國時報》的資源對出版有時就像天降神兵，比如銷量已經累積到三百萬冊，共計二十七個 title 的《腦筋急轉彎》系列，便是出自《中國時報・趣味休閒版》，當時該版闢了一個「腦筋急轉彎」專欄，搞笑加創意，結果爆發全民創作潮，九〇年代初，時報出版看著結集成書的《腦筋急轉彎》一卡車一卡車載往通路，第一次知道何謂「來不及印書」。如今來到新的世紀，《腦筋急轉彎》將被轉成手機內容，繼續在新的通訊時代中爲讀者帶來快樂，刺激創意。

此時，時報出版也大量引進日本漫畫，出版了經典漫畫如《手塚治蟲全集》，意義深遠的《家栽之人》、《聖堂教父》、《帶子狼》，家喻戶曉的《家有賤狗》等。

質量並重、百花齊放的新時期

一九九六年，余老調派《中國時報》的孫思照與莫昭平擔任時報出版的董事長與總經理。時報出版開始步入一個現代化、企業化經營的新時代。

擅長策略規畫、經營管理與數字的孫思照著手擘劃新的方向，一方面整頓財務，一方面訂出「減量精耕，做足市場」的新策略，並且確定三種書不予出版，一不出當今檯面上政治人物之書，二不出置入性行銷之書，三不出色情書。他把《中國時報‧開卷周報》主編莫昭平找來擔任總經理。台大外文系畢業的莫昭平，一九八八年創辦《中國時報‧開卷周報》，對出版界影響深遠。除了對書有深度掌握，她的台大 EMBA 碩士論文就是爲時報出版找出競爭優勢——以兩萬五千美元把蘇曉康《離魂歷劫自序》賣給美國克諾普夫出版社就是其一。二〇〇〇年到任的總編輯林馨琴爲台大藝術史碩士，在跑了二十年的新聞後，帶著記者衝鋒陷陣的精神與對新聞的敏感轉換跑道，也就是憑著記者的鍥而不捨，她促成前美國總統柯林頓以及美國知名歷史學家史景遷來台辦簽書會及演講會，成爲時報出版公司三十週年慶的盛事。

上櫃，是為了出版更多的好書！

一九九九年十一月二十五、二十六日兩天，《中國時報》以大篇幅刊載時報出版股票上櫃新聞——

又一次革命性的洗禮，至今爲止，它仍然是華文世界唯一一家股票上櫃出版社。上櫃發表會上，余紀忠先生以當初創社的「文化傳承」作爲時報出版對社會的再一次承諾，董事長孫思照則期許「利益分享，體現文化」，會中還頒發「白金作家獎」給黃仁宇（未出席）、龍應台、吳若權、戴晨志、蔡志忠、敖幼祥與朱德庸。其後王文華與李昌鈺也獲得「白金作家獎」。而在時報出版公司全體作家刊登的一則慶賀股票上櫃的廣告上，閃亮著一行動人的文字：「上櫃，是爲了出版更多的好書。」

時報出版的下一成長期從一九九六年開始，新開發書系多達兩位數，如：「科學人文」、「新人間」、「INTO」、「身體文化」、「BOSS」、「品味地球」、「破案實錄」、「PEOPLE」、「UP」、「愛情專賣店」、「人生顧問」、「風俗生活文化」、「教養生活」、「知識叢書」等，在「經典三十」的書單外，重要出版品可說族繁不及備載，包括了二○○○年世紀回顧的《珍藏20世紀》、《珍藏20世紀台灣》、《珍藏20世紀中國》、《珍藏美麗島》、《反全球化聖經》，娜歐蜜・克萊恩《NO LOGO》、班納迪克・安德森《想像的共同體》、張大春《聆聽父親》、楊絳《我們仨》、章詒和《往事並不如煙》、卡爾・齊默《演化》、葛拉威爾《引爆趨勢》、克魯曼《克魯曼談未來經濟》、葛斯納《誰說大象不會跳舞》、劉順仁《財報就像一本書》、喬・史塔威爾《中國熱》、賈德・戴蒙《大崩壞》、史景遷《天安門》、大衛・藍迪斯《華麗家族》、片山恭一《在世界中心呼喊愛情》、戴瓦・梭貝爾《行星絮語》等，「發現之旅」系列從一九九四到二○○五年已持續出版至第八十二本。

時報出版每年的新書出版量雖然已經逐步減少到二百種以下，但單本書的銷量卻提高了，長銷書也不斷換上封面再出發，或改版上市，真正落實了「減量精耕、提高銷量」的策略。

一九九九年以後時報的暢銷書單上又多了龍應台《百年思索》、余秋雨《千年一嘆》，王文華的《蛋白質女孩》不但從台灣紅到中國大陸各大都會，還賣出日本版權，黃易作品一直是各學校圖書館借閱率的第一名，「別爲小事抓狂」系列十一部賣出六十萬冊，又隔一年，二〇〇〇年時報出版二十五週年上櫃之年特別邀請到十位國際級大師訪台，展現它的國際視野和全方位的出版影響力，包括趨勢大師奈思比、《別爲小事抓狂》作者理查・卡爾森、經濟學大師梭羅、耶魯大學財經學者羅勃・席勒、《想像的共同體》作者班尼迪・安德森、余秋雨與馬蘭夫婦等。奈思比還買了時報的股票，成爲時報的股東，他告訴莫昭平：「這是一家充滿活力和希望的出版社。」

時報出版力求「質」、「量」並重：在質的方面，時報出版年年榮登各獎項的榮譽榜——《中國時報・開卷周報》、《聯合報・讀書人周報》的年度好書獎、金石堂的影響力好書、金鼎獎、金書獎、吳大猷科學著作獎、國立編譯館優良漫畫獎等，這些媒體與官方的獎項，都是出版品質的確認，這些好書也都在讀者心中累積了相當的品牌效應。

在「量」的方面，時報出版在每一類別與領域都努力爭取與經營暢銷作家與長銷作家；其暢銷作家及作品之多，居所有華文出版界之冠，這些作品其實也同是極具分量的好書。

文學類的外國作家包括：丹・布朗、保羅・柯爾賀、村上春樹、大江健三郎、吉本芭娜娜、卡爾維諾等。華文暢銷作家則有：龍應台、楊絳、余秋雨、王文華、張大春、黃易等。

科普類的包括：丹尼爾高曼、許爾文・努蘭、黛安・艾克曼、奧立佛・薩克斯、張文亮等。心理勵志類的包括：戴晨志、吳若權、理察・卡爾森、劉墉等。歷史與傳記類的包括：黃仁宇、章詒和、史景遷、法蘭西斯・福山等。實用生活類的包括：牛爾、歐陽英、莊淑旂等。文化、社會類的包括：賈德・戴蒙、葛拉威爾、凌志軍等。財經企管類的包括：彼得・杜拉克、艾文・托佛勒、約翰・奈思比、萊斯特・梭羅、羅勃・席勒、保羅・克魯曼、唐納・川普等。投資理財類的包括：呂宗耀、張松允、吉姆・羅傑斯等。漫畫類的包括：蔡志忠、朱德庸、敖幼祥、手塚治虫等。

時報出版二〇〇〇年曾辦過二十五場「全民悅讀運動」、二〇〇一年曾辦過五十場「校園悅讀運動」，二〇〇八年則為十場「發現・我的悅讀力」講座，全台走透透，培養閱讀風氣。時報出版更每年無例外地捐贈大量圖書給偏遠地區的學校，或資源匱乏的機構，如監獄等。

企圖建立華文出版文化國度

時報出版充滿了活力與希望，當然還伴隨著因為上櫃而來的巨大壓力。編輯們進入辦公室前都會看到兩張榜單，一張是哪些書上了暢銷書排行榜；一張是哪些書入選了好書榜，對時報管理階層來說，這是兩件不相衝突的事，出版社要出版好書，也要獲利；要勾引新的讀者，但不能拋棄原來的老讀者。最理想的狀況是好書與暢銷書合體，譬如《東京鐵塔》、《宮前町九十番地》、《槍炮、病菌與鋼鐵》，所以時報正在實驗一種新的制度，目標是把選書由「編輯主導」轉向「讀者主導」、「編企合一」，讓市場嗅覺比較敏銳的企畫加入書籍的選編，讓編輯更懂得傾聽讀者的聲音，跟隨市場的變化。

「我們有成長，但是成長不足，我們必須出版更多質量俱佳的好書，目前時報出版著眼於華文整體出版的布局，更大的重點，是要深耕本土原創作品」，面對二〇〇七年以後至今的出版劇變期，善變的讀者、媒介的變革以及不斷壓迫出版社的通路，孫思照抽著菸，陷入長考。

時報出版的榮光不只三十年、五十年，它將會一直延續下去，面向著廣大的華文出版世界，「與讀者一同打造知識產業，建立華文出版文化國度」。

（本文部分內容由時報文化出版公司增補，特此申謝）

原發表於二〇〇七年九月《文訊》二六三期

開在槍桿上的花朵

黎明文化出版公司

◎巫維珍

黎明內部陳設極力走向現代化。

田原（1927–1987），擔任黎明文化總經理16年，鞠躬盡瘁，是當年引領發展方向的關鍵人物。

黃穗生

籍貫廣西桂林，1948年2月14日生。政治作戰學校新聞系畢業。曾任國防部總政戰局少將副局長、國防部軍事發言人、《青年日報》社長、副社長、總編輯、採訪主任、軍聞社社長等。現爲黎明文化事業公司總經理。

黎明文化於1970至80年代所出版的作家自選集，涵括當時文壇諸多重要作家，共出版160多種。

「中國新文學叢刊」、「魯實先全集」、「中華文化百科全書」、「百子全書」、「中華通史」等叢書，展現黎明文化對人文學科的關注與努力。

「方東美全集」是黎明近年來重要的改版重出書籍，圖為新書發表會。

「台灣行腳」書系以輕鬆方式帶領讀者體驗台灣之美。

黎明文化自早期即在軍事等主題上多所著力。

部分照片提供／黎明文化出版公司

台灣五〇年代開始的黨政文藝政策，延伸出了相關的報刊、文藝團體與軍中文藝活動，是台灣文學史上相當特殊的現象，其中一個相關的現象即是「軍中作家」的誕生與具備軍方色彩的出版社創立，他們的作品部分反映了軍方輔導之下的文藝成果，也爲台灣的某一個時代留下了紀錄。

具備軍方色彩的出版社與電視台等的消失與改制，黎明是迄今仍維持一年二至三十種圖書的出版社。起源於軍中文藝運動的背景，走過了三十多年的黎明，除了傳說中的軍方色彩，還有哪些好書的故事？

成立背景

爲什麼取名爲「黎明」？現任總經理黃穗生表示，以往台灣文藝活動不是很蓬勃，出版的書也不是那麼多，小時候能讀的書只有《三國演義》這樣的古典小說，因此，黎明的成立當然是希冀推動台灣的文化風氣；另一方面，由於當時負有「復興中華文化」的使命，希望能影響大陸「鐵幕」內的同胞，傳播反共的意念，如同朝陽昇起一般給予新生的希望。

今天再回頭看，黎明的成立自然有其背景的要求，讓我們回到當年的脈絡下，理解黎明成立的時代意義。

五〇年代，出於「失去大陸」的政策檢討，國民黨政府認爲，不重視文藝是失敗的原因之一。因此，藉由文藝來營造反共復國的氛圍，成爲當時的政策重點之一。而「軍中文藝運動」是自五〇年代開始國民黨重要的文藝政策。爲了強化軍中的思想教育，軍人被要求不僅要能提槍上陣，也要能提筆，進行思想的操練。由此開始了蓬勃的軍中文藝運動。一九五〇年至一九六四年是軍中文藝初步的「戰鬥文藝」階段：一九五一年國防部總政治部發表〈敬告文藝界人士〉，號召文藝到軍中去，一九五二年提出「兵寫兵、兵唱兵、兵演兵、兵畫兵」的口號，各類形式的文藝活動在軍中展開。一九五四年國防部設立「軍中文藝獎金」，項目有小說、散文、歌詞、獨幕劇本等，之後徵選方式每年不同，共辦了五屆，當今許多知名作家如瘂弦、向明、司馬中原、尼洛、趙玉明、王牧之都是獲獎者。之後，透過《軍中文摘》、《新文藝》、《青年戰士報》、《國魂》、《勝利之光》等報刊的創立，營造寫作風氣，日漸培養了寫作人才，「軍中作家」就成爲今日文學史上熟悉的文類作家了。「戰鬥文藝」階段的成果不錯，六〇年代中期起，國防部總政治作戰部王昇將軍、田原上校、朱西甯中校等開始了另一波的「國軍新文藝運動」，一九六五年召開「第一屆國軍文藝大會」、「第一屆國軍文藝金像獎」，還有不同軍種的文藝獎，可說是孕育軍中寫作人才的搖籃之一。張騰蛟認爲，在軍中推動文藝活動是否恰當，有見仁見智的說法，但文藝運動爲軍人提供了豐富的閱讀材料，激勵了創作的興趣，他們耕耘的痕跡，使得當時的藝文環境不失去生機。

（註：引自張騰蛟〈筆與槍結合的年代〉，《文訊》雜誌二〇〇三年七月號）

也就是在這樣的時代背景下，我們可以推斷，「黎明」的成立是國軍新文藝運動的一環。一九七一年八月，時任國防部總政治作戰部主任的王昇上將開始籌畫成立黎明文化事業股分有限公司。十月十日，黎明文化正式成立。

王昇委任作家田原爲總經理，田原當時任職總政戰部，主管文化宣傳，對「國軍新文藝運動」的推動與執行，貢獻不少心力。本名田源的田原，當時已是著名的小說家，著有小說集《朝陽》、《這一代》、《大地之戀》等三十多種，作品《古道斜陽》、《松花江畔》（連續劇名爲《長白山上》）等改拍爲連續劇。田原深得王昇信任，在黎明擔任總經理十六年，一九八七年七月十六日在任上病逝。黎明當時的總編輯則爲朱西甯，朱西甯曾在軍校服務八年、軍中之聲廣播電台四年，主編過《新文藝》月刊，曾任職國防部所屬的新中國出版社。

朱西甯在〈追懷老友田原〉一文提及了創辦黎明的過程。當時決定成立黎明的時間非常匆促，成立同時還要舉辦全國書展與十場大專院校藝文座談會。黎明預備出版全國出版圖書目錄一冊，還要出版百餘種書，才能填滿書展上黎明的展位，當時時間緊急，還是因爲田原才辦得到：

> ……本版書要填滿大模大樣位居書展場正中心四坪大小的三面書架和三座玻璃書櫃，那可沒有百種就別現眼現世。這百種書別說兩個月，給你兩年也未必就能一周編印出一種書來。只有田原那麼草莽才辦得到，用參謀總長的大印，通令三軍各軍事學校，將其所有軍事與一般課程的教本或圖書各送百冊，以黎明公司名義出版展出。（註：《山東人在台灣——文學篇》，朱西甯主編，吉星福張振芳伉儷文教基金會出版，一九九七。）

黎明更早在一九七三年即在美國舊金山創立第一家黎明書局，算是海外宣傳中華文化的先驅。

黎明成立之初與國防部的淵源，自不待言，這段有軍方介入的背景，好像總是給人妨礙思想自由的印象，然而，在我們爬梳台灣出版史時，這是不必迴避的歷史。正如「軍中作家」在今日看來，有那麼點尷尬的處境，論者倒是對此提出了不同的詮釋。當年雖然由軍方積極運作，管控文藝資源，號召了「軍中文藝」運動，然而，軍人們卻是藉此接受當年軍旅生涯缺乏的教育（如「中華文藝函授學校」、「國防部新中國出版社軍中文藝函授班」）、抒發軍旅心情，也發展了自己的文藝才華。逯耀東說，「當年不論《現代詩》或《創世紀》的詩人，多是由『兵變』而來……。」（註：轉引自李志銘，〈刺刀與玫瑰歲月——台灣軍中作家的悲與喜〉）這群軍人成爲作家是不得不如此，卻同樣不失文學才華；現在再回顧黎明過往的書目，在其軍事背景下，黎明同樣也投注資源在文史哲方面的圖書，像是「中國新文學叢刊」書系就網羅了當時重要的作家。

文學出版

說起策畫這套書的主編，就是黎明創社時期的總經理田原。田原主編的「中國新文學叢刊」是一套作家自選集，共有一百六十多種，舉凡自民國初年起的知名作家，均有收錄，早先出版的有《梁實秋自選集》、《徐志摩自選集》、《曾虛白自選集》、《朱自清自選集》、《夏丏尊自選集》等，爾後有《朱西甯自選集》、《司馬中原自選集》、《葉石濤自選集》、《楊牧自選集》、《張系國自選集》、《無名氏自選集》等。

這套作品集是文學史上的重要紀錄，書中有作者的照片、小傳、作品年表，是重要的文學史料。另一方面，我們也可看出，在國軍新文藝運動的推行下，文學如何成為軍中作家創作宣洩的出口，以及文學在軍旅生涯中的重要性。作家李冰在自選集的序裡提到，他自小離家，在生活上沒有安定的讀過書，有的只是豐沛的生活磨難經驗。他隨軍來台灣，受過詩人紀弦等「現代派」詩人的啓蒙，一九五七年詩集《聖門集》在創世紀出版，之後開始寫小說，「至五十四年國軍推行新文藝運動，並設置『國軍文藝金像獎』後，更像強心劑的鼓勵了我的創作生命，我把創作當作生活的一部分……。」

另一套由公孫嬿主編的「海內外女青年女作家選集」也是黎明文學成績的代表。公孫嬿，本名查顯琳，一九二五年生，曾就讀北平輔仁大學、菲律賓阿連諾大學研究院與參謀大學，軍中生活經驗豐富，歷任駐菲律賓、伊朗軍事武官，駐美國首席武官，也膺選爲世界各國武官團長，著有新詩、散文、小說多種作品。這套書收錄海內外女作家的中短篇小說，包括蘇偉貞、陳幸蕙、袁瓊瓊等人，共六十多位，十八冊，於一九八二年出版。公孫嬿在總序裡指出，凡是能夠表現人生刻畫人性、能反映時代的純文藝作品，都是選擇的標準；輯選三十歲以下的小說創作者，是爲有潛力的小說創作留下紀錄，鼓勵年輕作家的創作動力。

這兩套書的出版除了田原的策畫之外，幾位有寫作經歷的作家任職於黎明，也豐富了黎明的文學資源。公孫嬿曾提起李牧協助了編輯「海內外女青年女作家選集」，李牧應是當時的總編輯。李牧，本名李超宗，一九三〇年生，逝於二〇〇一年。原生於書香世家，後隨軍隊來台時，持續接觸文藝，著有《世界文學名著欣賞》、《三十年代文藝論》、《旅歐散記》等多部作品，他於一九七六年時，當時是黎明文化公司巴黎分公司副理的身分，同時工作與求學，獲得巴黎第七大學的博士學位。專研文學批評的學者沈謙也曾擔任黎明的總編輯。沈謙，一九四七年生，逝於二〇〇六年，曾任《幼獅月刊》主編、中興大學中文系系主任、空中大學人文學系系主任、新竹玄奘大學中文系系主任，著有《期待批評時代的來臨》、《文心雕龍之文學理論與批評》等書。作家蕭白曾經擔任「中國新文學叢刊」的主編。蕭白，一九二五年生，本名周仲勳，擔任過黎明編輯部副主任，曾出版散文集《山鳥集》、《藍季》、《花郎》，小說集《雪朝》等。最近出版的《琦君書信集》中，記錄了琦君與蕭白的書信往來，蕭白曾向琦君約稿《琦君自選集》一書，爾後因蕭白的離職，這本書也就沒有下文了。另一位重要人物姜穆，一九二九年生，逝於二〇〇三年，他隨軍來台灣，曾編過《青年戰士報》副刊、《文藝月刊》，曾擔任黎明的業務襄理、編輯部副主任，早期作品以長篇小說《流》聞名，描寫金門八二三砲戰的歷史，之後轉向三〇年代作家研究，著有《三十年代作家論》、《三十年代作家論續集》、《三〇年代作家臉譜》等。

「復興中華文化」是黎明創社的重要任務，以文史哲圖書來弘揚中華文化就是出版方針之一。像是中文系至今仍用的教本《新校正切宋本廣韻》，國學大師魯實先針對殷契甲骨文字的研究成果，編輯而成的「魯實先全集」；高明主編的「中華文化百科全書」，共十五冊，是一套涵蓋中國文化各領域的百科全書；還有根據光緒年湖北崇文書局版本，重新排版的「百子全書」（四十冊），將先人思想依據類別編纂，並有當代專家的斷句、校正；藝術方面較具代表性的是一九七九年出版的「新編國劇劇本叢書」。

史學方面，知名的套書有十二冊的「中華通史」，作者是陳致平，湖南衡陽人，曾任同濟大學講師，是瓊瑤的父親，一九五一年十一月起受邀於台灣師院（師大前身）講演「中華歷史故事」，每週五晚間於師院禮堂開講，長達五年之久，不僅校內學生來聽，校外人士也來，反應相當熱烈，蘇雪林說：「陳教授每將歷朝成敗的原因、民族盛衰的因果，與當前世局印證，言之有道，發人深省，至於敘述故事前，則繪影繪聲，淋漓盡致，造成一種氣氛，令人儼若身臨其境。我以陳教授的演講最吸引人的在這一點……沒有陳教授這種忠誠的個性、深摯的情感，和他強烈的國家民族愛，他的演講是不會這樣圓滿的。」（註：引自吳自甦〈懷念陳致平教授——中華儒者‧史學哲士〉（http://www.localpaper.idv.tw/modules.php?name=Sections&op=viewarticle&artid=118）之後，陳致平將秦至清末以來的二千年歷史故事，撰寫爲「中華通史」，一九七五年初版發行，是大學生必修的作品，一九八一年獲金鼎獎。

另一套爲人熟知的「方東美全集」亦是黎明近年來改版重出的重點書。一九八八年，傅佩榮接任黎明總編輯，他是方東美的學生。他組織了方東美的學生，成立編輯委員會，編纂爲十種十三冊的方東美全集。另外，黎明所出版的七冊「西洋哲學史」也是大專院校必備的圖書之一，傅佩榮就是《西洋哲學史》第一冊的譯者。

除了嚴肅的文史書籍外，黎明承辦的業務就是遴選較軟性的藝文書籍，目的是激勵軍隊士氣、充實軍中的休閒讀物。黎明一九六六年起承辦了國防部的「連隊書箱」工作。國防部曾遴選市面好書，向官兵發出問卷，詢問閱讀意見，再向出版社洽購版權，另外印行「只限軍中發行」的版本，發送至軍隊，這系列即被稱爲「國軍官兵文庫」。現任主編殷立威說明，連隊書箱一年選書兩次，早期被選入的作品多偏向軍事、勵志類，每種印行約六、七千冊，近年來因國軍精實，印行數量較少，同時選書的範圍也越趨多元。從書單來看，「官兵文庫」的書目的確有變化，早期有較勵志的王鼎鈞《人生金丹》、文學類《新世紀的晨光》，近年的選書取向與台灣多元的出版現況貼合，像是《祖靈昂首出列：台灣原住民群像》、《存在主義透視》、《一分鐘心理醫生》、《這就是男人》、《發明炫點子》等。

與海外接觸

在本島宣揚中華文化之外，向海外傳播也是不可忽視的重點，黎明成立之初，本有台北、台中、高雄、中正機場的門市，同時也希望藉由僑社、留學生的力量，能影響大陸與國外，因此，當年在海外也設有六個門市。如今因爲書店經營較爲不易，目前只有台北門市，是綜合性質的書店，銷售黎明本版書之外，也銷售外版書。除了銷售圖書之外，黎明還有一個「西書部」，「西書部」在現今重慶南路黎明門市的二樓設有門市，專爲大專院校或是圖書館代訂外文書。黃穗生表示，西書部經營的成績很好，是黎明相當具有特色的部門。

黎明早期與海外的接觸就是輸出中華文化，也翻譯一些軍事書籍，另外有顏元叔一九七三年主譯的《西洋文學術語叢刊》（*The Critical Idiom*）上、下兩冊。這套書由 John D. Jump 主編，共二十章節，分別解析西洋文學的專業術語，例如「美學主義」（蔡源煌譯）、「象徵主義」（張漢良譯）、「自然主義論」

（李永平譯）、「論喜劇」（高天恩譯）等，每一部分由不同譯者負責。

今日黎明與海外的接觸，最重要的就是與其他台灣出版社一樣——與大陸進行版權交易。「中華通史」即因作者在海外的知名度，簡體字版權已銷售給廣州花城出版社，其他書目也有出版社來詢問簡體字的版權。黃穗生認爲，正如同台灣出版社面對大陸出版社的問題一樣，黎明同樣也擔心，授權給對岸之後，被傾銷簡體字版回台銷售的情形，而且，也不知道對岸出版社能否依據合約來印行。當然，黎明也有向對岸購買版權的經驗，四巨冊的《曾國藩》即是向對岸出版社購買的版權，自一九九〇年出版以來，銷售成績相當不錯，《亞洲周刊》評爲二十世紀中文小說百強之一。

軍事書籍

談到曾國藩這位名將，就不能忽略黎明的軍事叢書。黎明早年出版了多種軍事書籍，像是蔣君章《中國邊疆與國防》、李則芬《中外戰爭全史》（十冊），以及以「孫子兵法」爲主題策畫的魏汝霖《孫子兵法大全》、李啓明《孫子兵法與現代戰略》等，黎明在這方面的耕耘可以說已經全面的涵括了軍事領域的理論、教材、人物傳記、古籍、中共現狀研究。

今日，隨著黎明本身轉爲一般企業，軍事方面的書籍也著重於兩岸關係時勢的研究，例如《解開兩岸十大弔詭》、《兩岸Y檔案》、《萬里大牆》等，像是解析一九九六年台海危機的《捍衛行動》，揭露了許多不爲人知的內幕，銷售成績高達七、八千冊。其中最具代表性的就是《霧鎖中國：中國大陸控制媒體策略大揭密》。《霧鎖中國》是知名中國經濟學者何清漣的作品，她專門研究中國當代社會經濟問題，被譽爲「中國改革的良心」；二〇〇一年因言論問題被迫離開中國大陸。何清漣曾長期在中國大陸的媒體工作，本書針對中國媒體的運作，有深入的探究，還獲得日本、美國等權威媒體的書評推薦，在台灣的銷售成績也很好，自二〇〇六年五月初版以來，已有七千多冊的銷量。黃穗生特別看重此書，親自參與編輯作業。他認爲，面對兩岸急遽變化的情勢，台灣應有多元的報導；了解大陸的媒體，不僅有助認知兩岸關係，也攸關台灣外交的發展。

多元化未來

近年來，台灣出版事業競爭激烈，出版社與書店幾乎都是陷入「苦戰」之中，老字號黎明自然也不能免於這場戰役，以往，黎明員工人數高達一百八十多人，目前編制約爲三十多人。早年黎明內部有「黎明文教基金會」，專門負責黎明的投資事業，在黎明改爲公司之後，黎明文教基金會則與黎明內部無關，只是股東而已。

即便有股東的支持，黃穗生坦言，「出版業真的不好做」。黃穗生曾做過《青年日報》記者，後升至社長，並擔任過國防部軍事發言人。他於二〇〇五年五月接任黎明總經理，首先著手整理舊書，將過往有口碑的好書重新發排、製作封面，再度發行，像《獸醫病理學》因應歷屆學生一再的詢問要求，再度發行；黃穗生還思考以「隨選隨印」（ＰＯＤ）方式，讓以往絕版的好書不因印量的多少，都能讓需要的讀者買到。再者就是讓出版方向更加多元化，開發新作品，例如「甜心女孩」系列，吸引黎明以往較少接觸的女性讀者；與台大政治所合作「政府與公共事務叢書」，將優秀的碩士論文經過審訂後出版，使得碩士論文不獨是圖書館的學術資源，而能在一般書店面市，提供訊息給一般讀者；《上海拍拍走》結合上海旅遊與攝影技巧，與市面已有的旅遊書相較，的確有了嶄新的方向。

黎明早年的出版方向，走的是文史哲的路子，舉凡學術著作與文獻考究資料，都是黎明的出版範疇；由於創辦人與總經理本身都是作家的關係，文學作品自然是不可少的一環，除了「中國新文學叢刊」之外，各類散文作品一直不間斷的出版，像是陳紀瀅《從巴黎到綺色佳》、潘郁琦的《忘情之約》、陳漱渝的《冬季到台北來看雨》；八〇年代左右，黎明也開始發展兒童叢書與親子教育書，共有三系列：「黎明親子教育叢書」、陳美儒策畫的「我愛大自然兒童叢書」、九〇年代陳艾妮主編「溫馨家庭叢書——二十一世紀的中國家庭」。大專院校用書也沒有偏廢，長銷的《中華民國憲法述要》、《傳播批判理論》等書，就不同於原先的大學文史用書。

從黎明多樣的出版紀錄來看，可以說，傳說中黎明的軍方色彩是其中的一環，其他的出版書目也不落後於台灣出版史的節奏，例如，目前以台灣爲主題的書，黎明也積極策畫了不少，早期有連雅堂的《台灣通史》、林衡道《台灣歷史民俗》等台灣史學的專門作品，近年開發了「台灣行腳」書系，像是《台灣名山之旅》、《美麗新社區》，以輕鬆的方式，兼顧旅遊實用性質，帶領讀者認識台灣鄉鎮之美。黃穗生認爲，過去黎明的出版成績相當傲人，未來，則更要掌握選書的精準與活潑，才能讓這個綜合性質的出版老字號更穩健的走向未來。

原發表於二〇〇七年十月《文訊》二六四期

補充：這篇文章，概略敘述了黎明這家具有軍方色彩的老字號出版社，近年來配合整體社會的急遽變遷，他們在經營出版事業方面，除了要兼顧社會責任與文化傳承；同時更要考慮市場競爭，期間他們歷經了轉型的痛楚，當然也締創了相當豐碩的成果。

此文刊出後獲致廣大讀者熱烈迴響，社會大眾也能充分了解黎明出版社成立以來各階段的任務，我們看到他們的辛勤耕耘，也看到他們最新的工作成果。例如：在兩岸關係上雖然在軍事上無立即性的衝突，但相互對峙的氛圍仍在持續進行中，尤其面對中共近年軟、硬交錯不斷運用「三戰（輿論戰、心理戰、法律戰）」對台的攻勢，他們近期更相繼出版了《第二戰場——透視中共「法律戰」的真相》、《三戰風雲——新形勢下的台海危機》等書，以進一步讓國人了解中共的意圖與用心，並進而尋求因應對策。

在政論與史學研究方面，近期陸續出版有現任國史館館長林滿紅教授所著的《獵巫、叫魂與認同危機：臺灣定位新論》，該書抛開藍綠思維，從解讀歷史文獻中，客觀論述台灣法律地位；另外，淡江大學林中斌教授，長期來根據其淵博的學術基礎，以及細密的資料蒐集功夫，使他過去對於世界上重要事件的發展，都能準確的預測，因此他所著《偶爾言中：林中斌前瞻短評》一書，對讀者而言除了可以印證他對過去發生事件的預測，不僅均能每每言中，同時讀者也能學習他從事嚴謹判斷的方法，同時瞭解他準確的預測更絕非倖致。

另外，黎明公司在倡導文學創作方面，近期也大膽引介網路人氣作家十里所著《愛在不遠的地方》，此一集結當前社會複雜的男女關係闡述，以及作者的親身感受，無一不是賺人熱淚的極佳散文，此書出版不僅顯示該公司能掌握時代與社會脈動，同時也更彰顯他們鼓勵社會大眾積極創作的苦心，這些作法充分展現黎明公司，目前轉型多元化出版的目標與企圖。（**黎明**）

理想與勇氣的實踐之地

遠流出版公司

◎蘇惠昭

重視讀者與作者的遠流，不斷在創新，也不斷在挑戰自己。

王榮文

1949年生於嘉義。政治大學教育系、企研所企家班畢業。現任遠流出版公司、智慧藏學習科技公司董事長。1975年創辦遠流，目的在建立「沒有圍牆的學校」，提供讀者「一生的讀書計畫」。目前每年出版約300種新書，累積書目約5000種，並出版《科學人》雜誌。2000年創辦智慧藏公司，企圖爲傳統出版尋找數位閱讀新天地，目前積極開發電子書、電子雜誌、電子資料庫及行動學習的產銷平台，並經營線上百科全書。2003年起獲聘爲北藝大藝管所兼任教授，目前並擔任台灣文學發展基金會董事長。

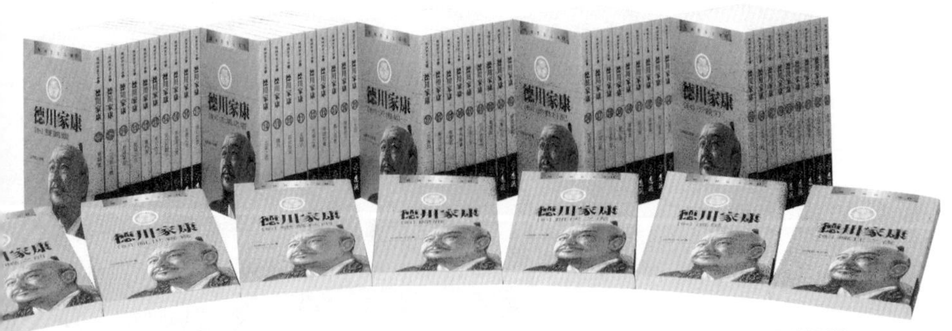

「德川家康文庫版」等一系列日本戰國群雄歷史小說，為台灣讀者開拓另一閱讀視野。

不同版本的金庸作品集，提供遠流行銷技術的展演舞台，圖為「金庸作品世紀新修版」。

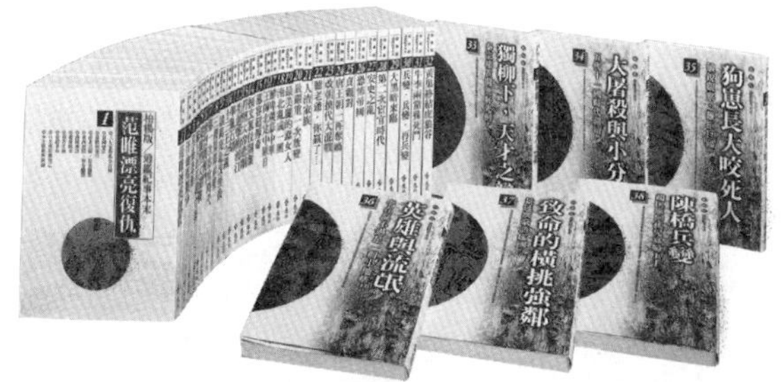

《柏楊版資治通鑑》共72冊，歷時十年完成。

「謀殺專門店」以台灣首見的讀書俱樂部形式出版推理小說。

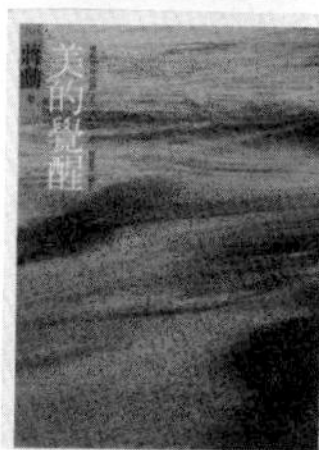

遠流出版了諸多具代表意義的書籍，左側書封從上而下依序為：《拒絕聯考的小子》、《遠流活用英漢辭典》、《王永慶奮鬥史》、《行銷戰爭》、《張榮發回憶錄》、《美的覺醒》。

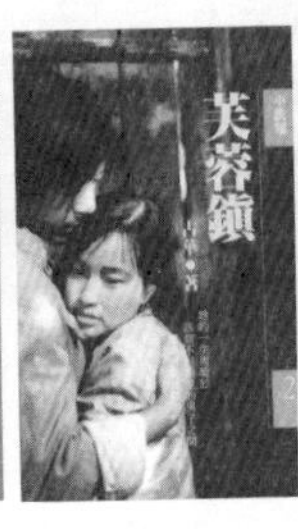

1988年創設的「小說館」，涵括許多重要作家作品，由左至右為：《蛹之生》、《芙蓉鎮》、《四喜憂國》、《我記得…》。

2003年3月《科學人》創刊記者會上，王榮文（右起）與中研院院士曾志朗、總編輯李家維合影。

2003年7月，「大英簡明百科」知識庫光碟暨大英線上網站發表會上。左起：Joey Wang（大英百科圖書公司代表）、謝震武、黃榮村、王榮文、陳郁秀、施顏祥、南方朔。

2005年9月，遠流慶祝30週年，以「對作者致敬，跟讀者感恩」為題舉行茶會。左起：柏楊、呂秀蓮、王榮文、金庸。

遠流出版公司30餘年來獲得相當多的肯定。

2007年9月，蘋果電腦發明人Wozniak訪台，舉行「世界領袖，創新論壇」座談會。左起：金惟純、馬英九、Steve Wozniak、何薇玲、王榮文。

部分照片提供／遠流出版公司

如果以數字來描繪現在的遠流，它是這樣的：有兩個獨立公司：遠流出版公司（一九七五）與智慧藏學習科技公司（二〇〇〇），遠流出版旗下有遠流博識網（一九九七）、《科學人》雜誌（二〇〇二）兩個獨立品牌；智慧藏學習科技旗下有「大英線上」網站（二〇〇三）一個獨立品牌。員工在一五〇—一七〇人，每年出版約三百種新書，其中翻譯書占四〇—五〇%，重印或再版書六百到八百種，擁有三十萬名讀者會員，年營業額爲五到六億新台幣。網路銷售加上郵購約占二五%，三十二年來累積書目約五千種，爲台灣最重要的民營出版公司之一。

王榮文：遠流的總代表、簽名人

展書如翼，翺翔於藍天白雲，這是遠流才剛印出來的二〇〇七年圖書目錄，封面上僅出現一行字：「一座沒有圍牆的學校」。遠流一直把自己定位成一座沒有圍牆的學校。這所學校成立於一九七五年，始於一個好奇、愛玩又懷抱理想的自由主義者，李敖口中的「資本家」，他的名字叫王榮文。

一直到今天，王榮文仍然好奇、愛玩又懷抱理想，遠流的經營理念萌芽於王榮文的性格以及理想，他的理想是把北大校長蔡元培「不分尊卑、兼容並包」的學風延伸到出版，讓出版者「必須瞭解並同情各種階層的讀書需要；必須容忍並接受各種立場的意見主張，必須相信自己是促進社會溝通的媒介者，而不是倡導者」，這是「出版的蔡元培主義」；他的理想也是透過出版品去創造一所「沒有圍牆的學校」，讓社會大眾都能夠「自助的」從出版品中找到個別的需要；爲了達成以上目標，遠流則必須是個「理想與勇氣的實踐之地」，「理想」意味著每一本書「要保證品質又不失去大眾讀者」，即使面對的是非常「嚴肅」的書，是絕對「冷門」的著作，也要絞盡腦汁，發揮創意，爲它們創造能見度，建立應有的地位，是爲「勇氣」。

然後隨著台灣社會環境的變遷，精采出版人才的流入流出，行銷工具的演化以及載體的不斷重組與革命，遠流從一間五人小公司逐漸壯大成爲一個一百七十人的組織，而王榮文正是「遠流」這個符號的總代表，一個簽名人。遠流的所有榮耀、所有對台灣社會的貢獻，王榮文認爲，它屬於「遠流人」，以及「我所尊敬的」每一個作者和讀者。

王榮文在政大教育系念書時，應徵上教育部刊物《海外學人》的學生記者，當時總編輯鄧維楨問他畢業以後想做什麼，王榮文回答說「出版」，結果鄧維楨聽進去，也記住了，一九七三年王榮文才剛退伍，鄧維楨便找他一起募款創辦《太平洋》雜誌，但才做兩期，便因爲受到情治單位「關切」而停刊，於是才有隔年的遠景出版社。遠景由沈登恩、鄧維楨、王榮文共同投資四十五萬元成立，第一年便出版暢銷書《開放的婚姻》和日後成爲台灣文學經典的黃春明小說《鑼》、《莎喲娜啦・再見》，實賺十八萬元，但最大獲利者應爲初生之犢的王榮文，他向鄧維楨學習編輯技術，向沈登恩學習經營。沈登恩對市場雖然敏銳，卻專情於文學，與兩位熱愛社會科學的股東在選書上經常意見相左。一九七五年王榮文便在吳靜吉、鄧維楨、薇薇夫人協助下以四十五萬元資本額另創遠流，取其「流水不腐、源遠流長」之意。創業書《拒絕聯考的小子》一鳴驚人的創下十萬冊暢銷紀錄，吳祥輝成了遠流的第一個暢銷作家。

《拒絕聯考的小子》衝撞當年封閉保守的社會，代表自主獨立的思考以及敢於背對主流的勇氣，但王榮文從它學到的是另一件事，書有它自己的命運。這本鄧維楨投注極大熱情的選書，和後來長橋出版社的創業暢銷代表作《小橋流水》、《江南江北》等吳宏一教授編選的中國古典文學，都曾被沈登恩拒絕，卻自我完成它大受歡迎的命運。

於是在遠流成長、壯大並且實踐理想的過程中，王榮文一直自我提醒要釋放對書的感情給編輯，給行銷，再傳遞給讀者，他也一直在尋找對書充滿想像與癡狂的人，其中包括在遠流八年，一九九三年離開的詹宏志。

傳統出版奠基期到面對挑戰

一九七五到一九七九年是遠流的「傳統出版奠基期」，它正在起步，試探各種可能，先被端上桌面的是王榮文熟悉的心理書籍如《情感與人生》、《心理與人生》，接著炒熱三毛翻譯的西班牙經典漫畫《娃娃看天下》。《我們的動物園》則是第一本用「企畫編輯」作業模式生產的書籍；而《遠流活用英漢辭典》在李傳理（現任遠流總經理）與蘇宗顯聯手的產銷包裝規畫下，上市四個月大賣六萬冊，它成功的意義，一是開啓了遠流交叉使用多元通路——店銷、郵購、特販的經驗，二證明報紙廣告夠力有強效，三是建立起在面對競爭版本時無所畏懼的信心。對王榮文來說，日後若是有人投入遠流出版研究，他認爲其中最精采的一章應屬「產銷交流史」，關於產品與行銷活動如何對應於當下的社會，如何運用主流媒體，《遠流活用英漢辭典》正是遠流踏出「產銷交流成功」的第一小步。

在壟斷性媒體當道的三大報年代，真正奠定遠流財務基礎的是一九八〇年，由文化明星李敖主編的《中國歷史演義全集》，這套書共三十一冊，透過大規模報紙廣告的促銷宣傳，一年內便銷售數萬套，營業額破五千萬元。它帶來兩個效應，一是店銷與郵購從此成爲遠流兩個平行的通路，二是台灣因此進入大套書出版年代，遠流也真正成爲一個具有影響力的出版社，三年後金石文化廣場開幕，台灣出版進入暢銷書排行榜時代，與此同時遠流推出《柏楊版資治通鑑》，承諾每月出版一冊，三年完成，實驗的是總經理詹宏志首創的「叢書雜誌化」經營模式，店銷與套書二元並進，藉此降低套書風險，首冊《戰國時代》更以破壞性價格的四十九元特賣價蟬聯金石堂排行榜半年之久。但三年後《柏楊版資治通鑑》卻未能如預期完成，王榮文以公開、誠實的態度面對問題，一方面寫信向預購讀者道歉，承認錯誤，一方面說明遠流將繼續支持柏楊這項文化工程直到完成，讀者可選擇退費或續訂。

遠流安然度過它的第一次危機，而《柏楊版資治通鑑》七十二冊則歷時十年，在一九九三年三月七日終告完成，十年中銷售約兩萬套，創造了台灣史上第一波的「全民讀史運動」，遠流宣告這一天爲「柏楊日」，柏楊則稱許王榮文「精明而厚道」，是很棒的合作夥伴。如何讓遠流成爲「理想與勇氣的實踐之地」？王榮文發現了第一個答案：「精明而厚道。」

柏楊也把舊作《柏楊全集》二十八冊交由遠流重新編輯出版。

以「館」命名多元領域書系

一九八四年以後，遠流的出版路線逐步確定下來，由吳靜吉博士策畫，從「自我諮詢系統」概念出發的「大眾心理學全集」引爆台灣心理學旋風，它以「化零爲整」概念，把遠流之前出版的單本心理類書籍連結起來。一九八六年後陸續推出的「社會趨勢叢書」、「實戰智慧叢書」、「實用歷史叢書」、「大眾讀物叢書」皆以同樣的創新、冒險精神，同樣的書系思考在經營。但書系不久之後在遠流則有個特稱曰「館」，開新書系即是開「館」。詹宏志的《趨勢索隱》成爲台灣第一本聚焦在社會結構變化的趨勢研究；幾度改版的《王永慶奮鬥史》長賣二十年，《行銷戰爭》至今仍是行銷書經典，因此而有二〇〇七年《行銷戰爭》二十週年紀念增訂版；「實用歷史叢書」則是創造出一個新的閱讀領域去探索歷史經驗與智慧的現代意義，第一號《曹操爭霸經營史》早已從暢銷轉爲長銷，一九九〇年更取得華裔日本文壇巨人陳舜臣一系列作品的全球中文版獨家授權；「大眾讀物叢書」以《三國英雄傳》點燃「三國」閱讀熱，更引進《德川家康》、《武田信玄》、《織田信長》等一系列日本戰國群雄的歷史小說，替台灣的讀書界開拓了一個可觀的視野，之後亦積極發展法國歷史小說，包括大、小仲馬作品，而子系列「新浪漫小說經典」推出的《歌劇魅影》也大放異彩。而最初投入規畫「大眾讀物」出版路線的是一名筆墨精妙的副總編輯，如今是台灣散文名家的簡媜。以「大眾讀物叢書」爲基礎，遠流進而規畫了包括《福爾摩斯探案全集》、《安徒生童話全集》、《基度山恩仇記》、《堂吉訶德》、《一千零一夜》、《法布爾昆蟲記全集》等在內的「世界不朽傳家經典」系列。

出版人才永遠在交換與流動，進場與退場，但遠流主動「提醒」閱讀人記憶歷任主編走過的軌跡及其所留下的戰績，這在出版界恐怕是絕無僅有，以「實戰智慧館」爲例，王榮文便在「出版緣起」文末寫下這樣一段話：「這套叢書的前五十三種，我們請到周浩正先生主持，他爲叢書開拓了可觀的視野，奠定了紮實的基礎；從第五十四種起，由蘇拾平先生主持，由於他有在傳播媒體工作的經驗，更豐富了叢書的內容；自第一一六種起，由鄭書慧先生接手主編，他個人在實務工作上有豐富的操作經驗；自第一三九種起，由政大科管所教授李仁芳博士擔任策畫，希望借重他在學界、企業界及出版界的長期工作心得，能爲叢書的未來，繼續開創『前瞻』、『深廣』與『務實』的遠景。」

金庸等經典套書打造重量級地位

一九八六年對遠流來說是至爲關鍵的一年，由詹宏志策畫、主編的《胡適作品集》三十七冊出版，遠流從有影響力的出版社升級成爲重量級出版社；同年遠流也開始以經典化形象，重新定義及包裝《金庸作品集》，金庸武俠從此以「全球華人的共同語言」定位。一九九八年遠流爲金庸舉辦「金庸小說國際學術研討會暨版本展」，期間，適逢台北市長選舉，一統分屬不同門派之陳水扁、馬英九、王建煊同桌共餐者，正是「射鵰英雄宴」。從典藏版、平裝版、文庫版、漫畫版到世紀新修版、新修大字版、新修文庫版；從娛樂、學術跨越到政治，一個金庸，N種表述，金庸等於提供了遠流一個向超越巔峰挑戰的行銷技術展演舞台。

金庸之於遠流，應該從一九八五年王榮文在香港Park Lane Hotel巧遇大師並取得授權說起，這一場命運的相會締造的不只是金庸武俠二十年來不墜的暢銷傳奇，事實上也關係遠流出版版圖的擴展，遠流人因此擁有實力去製作更多樣化的書，傳播多樣化的知識，「如果遠流對台灣社會有價值的話，」王榮文曾經當面感謝過金庸，「這個功勞有一大部分是你創造的」。

所以在一九八八年以後，遠流展開大規模的兩岸及國際版權合作計畫，同時深耕腳下土地，有「歐洲百科文庫」（吳錫德策畫）的翻譯出版，也取得美國兒童文學泰斗蘇斯博士（Dr. Seuss）重要作品版權，跨入童書領域並投資成立「兒童館」鼓勵本土創作，提供日後成為「台灣繪本之父」的郝廣才一個練劍試鋒的場域，創造機會把本土自製的《兒童的台灣》、《繪本童畫中國》推上國際舞台。遠流復以「台灣做不到的書」為前提引進《大陸版辭源》、《中國歷代詩人選集》四十冊。「西方文化叢書」則是一個兩岸學人合作的寫作計畫，由高宣揚主編；《中國民間故事全集》四十冊由王秋桂、陳慶浩主編，單是編輯工程便耗時六年。陳雨航主持的「小說館」一九八八年開館，出版膾炙人口的華文小說如《四喜憂國》、《蛹之生》、《我記得》、《世紀末的華麗》、《妻妾成群》、《芙蓉鎮》；其後又另闢「小說歷史」書系精選近代日本名家如司馬遼太郎、吉川英治、山岡莊八的歷史小說，包括「哈日」必修的《德川家康》平裝版二十六冊、文庫版五十三冊，打下了日後「日本館」的讀者基本盤。

接之「勵志館」、「電影館」、「傳播館」、「藝術館」也陸續成立，與學界的合作日密。「新橋譯叢」

係由康樂博士主編，在新光基金會支持下，目標是將西方人文社會科學的學術經典作品有系統的譯為中文；「西方經典叢書」則出版有湯恩比《歷史研究》、史賓格勒《西方的沒落》等哲學經典。

一九九一年，由文曼君主編，國人自編自製的《商業英語學習叢書》又把遠流推向一個新的出版領域：英語學習。此一出版內容也成為遠流邁向多媒體出版的開端，隨著載體的演變，至今這套叢書已開發出書籍、錄音帶、錄影帶、光碟、電子書、線上資料庫（二〇〇二年）六種版本，因應華語熱，正在進行的《遠流商用華語學程知識庫》也將在《商業英語學習叢書》的基礎上進行改編，正是「一次內容創作，多重產銷運用」（One Source, Multi Use）的代表作。

對王榮文來說，除了營利，出版如果還被期許作為社會企業，那麼遠流各投入八、九百萬元首創的「電影館」和「傳播館」就是了。來自台灣的「電影館」剛好在中國大陸資源最缺乏的八〇年代去補足了這一塊空白，立下啓蒙之功，正是這一系列電影書、傳播書奠定了遠流出版在中國大陸的地位；「傳播館」的貢獻，王榮文認為，詩人向陽讀了一系列傳播館的書而考進博士班，使他感覺「內心平衡」。不過，「文化事業要的不是別人的同情……遠流只有越出版有影響力的書，越賺錢，才會越受尊敬」，這是王榮文的出版思維，也是他在開疆拓土過程中發現的意義之一。

推陳出新的行銷與通路方式

到一九九四年，遠流已經能夠在當年的台北國際書展上打出「大師巨匠，盡在遠流」來吸引國外版權買主；一九九五年則堪稱出版的「遠流年」，從年初到年尾都有大書，一月出版李登輝的《經營大台灣》，十一月引進英國ＤＫ旅遊藝術指南「全視野世界旅行圖鑑」；十二月有比爾・蓋茲的《擁抱未來》。前者是台灣出版史上第一次由民營出版社出版國家領導人著作，該書的出版，是王榮文陪同陳舜臣晉見李登輝前總統時所促成，因爲合作愉快，四年後李登輝也把《台灣的主張》交由遠流出版，寫下中文繁體字版、簡體字版、日文版、英文版同步上市的歷史紀錄，而在總統府介壽堂，遠流辦了一場台灣第一個全程電視轉播的新書發表會，會中黃俊雄父子特別以書的內容爲腳本搬演了一齣布袋戲，後來該書創下銷售五十萬冊以上的紀錄，而這場受到全國觀眾矚目的新書發表會，事實上卻是因爲大雨下個不停，才被迫撤到室內的，其間的轉換雖然匆促卻完全不著痕跡。《擁抱未來》爲中英文同步出版，遠流係以十二萬美金預付版稅的天價取得中文版授權，並爲它開了一個新書系：「資訊視窗」。

一九九六年開館的「新心靈」館則以一出版即登上排行榜的《聖境預言書》讓八〇年代勃興於西方的「新時代」思潮運動與台灣閱讀大眾有了連結。

有時候是編輯創造了作者，有時候是作者創造了通路，有時候是通路創造了作品；有時候是作者的魅力，有時候則是行銷活動的加持，出版的宇宙中隱含了無窮變化的因子，以及不斷被推翻的規則，出版人在其中學習與成長，王榮文爲它下的註腳是：「沒有一個行業比出版更好玩。」

以「台灣」為名出版台灣的書

在遠流的歷史中，一九九〇年成立，由莊展鵬領軍的台灣館是特別的一章，它以一批由漢聲出版培養的出版人才爲班底，「漢聲退除役官兵」與其說是做出版，不如說是上大學，九人一班，每天不是開會便是請老師來開班授課，工作即學習，出版品則是學習報告書，前輩同時也是把手藝傳續給入門弟子的師傅，如此孜孜不倦一年多，「台灣館」生產了第一本書《台灣深度旅遊手冊：三峽》，這是台灣第一本緊密結合旅遊與知識，堪稱革命性的導覽手冊，把「深度旅遊」、「台灣再發現」推向大眾，成爲旅遊新主張，一九九七年推出的「觀察家」圖文書系列即是《台灣深度旅遊手冊》編輯製作概念的延伸。

台灣館一直以精緻、細膩的「手路」與馬拉松精神呈現屬於台灣的旅遊、歷史、藝術、建築、山林、植物或地理，它開啓了「台灣調查時代」，出版百年前日本人類學家在台灣做的第一手田野調查紀錄；復刻了日治時代二萬五千分之一的《台灣地形圖》、二萬分之一的《台灣堡圖》則是百年前台灣的歷史圖象寶藏再現，恐怕也是全世界唯一一套結合土地調查、地籍測量和地形測量而製成的地形圖；結合現代攝影與飛行科技，記錄台灣現代地貌，呈現全新視野的《大台北空中散步》也是台灣第一本以「都會攝影」爲主軸的空拍地理書。《台灣山林空中散步》更是首部針對台灣五大山脈及歷史步道空拍的全紀錄。而重現一九三〇年代台灣地貌的《台灣鳥瞰圖》、《台灣世紀回味》都是編輯群與台灣文史專家莊永明籌畫多年才推出的台灣歷史圖象書。

翻閱二〇〇七年的遠流圖書目錄，得獎紀錄最多的也是這一類型的書，不論是本土自製的台灣館《台灣深度旅遊》系列，全七冊的《自然寶庫》，觀察家系列的《岩石入門》、《昆蟲圖鑑》、《蕨類圖鑑》、《野菇入門》等，包括上述的《台灣鳥瞰圖》、《大台北空中散步》與《台灣山林空中散步》，遠流不斷的「發現」、「第一」和「首創」。而在二〇〇五年出版的《李淳陽昆蟲記》、《昆蟲知己李淳陽》，更是讓有「第一位台灣法布爾」之稱的李淳陽，再次受到廣大讀者的矚目。

遠流以台灣爲名製作成人書的同時，也正爲台灣孩子與下一代努力著，以日後轉型爲親子館的兒童館爲例，它一方面引進世界級的繪本經典，如以凱迪克大獎爲本的「世界繪本傑作選」、《大手牽小手》系列、《羅北兒故事集》、《新家園繪本》系列、《狼與羊》套書，一方面也製作了《九二一紀念繪本——鞦韆、鞦韆飛起來》、「台灣真少年」系列，正好爲教科書系統中缺乏的中小學鄉土教育教材做了補位；「台灣小說　青春讀本」套書企圖以混合小說文本、趣味插圖、文史資料的創新形式，把網路上的青少年拉回台灣鄉土文學這一座寂寞花園。再以「小小科學館」爲例，二〇〇五年年底陸續出版的《福爾摩莎自然繪本》系列，以文學的筆法，柔軟地傳遞自然知識，更引領下一代對家園、對鄉土的情懷並見證台灣的生命力。

對遠流來說，以台灣爲名的出版品既是榮耀，也是昂貴的理想，某些書種甚至需要銷售到兩萬冊才能平衡成本，這使得王榮文發展出一套針對性的「只問平衡點在哪裡」的經營思維，如果在編輯堅持下，有些書即使認賠也非出不可，那麼就「盡量少賠一點」，其實只有些書單單要求平衡，編輯就得承受極大壓力。

但因爲「台灣館」的存在，王榮文見證到一本書從無到有，一步一腳印的誕生過程，這裡面蘊藏著一個個讀者看不見的動人故事，光是過程就足夠帶給參與者難以言喻的滿足感，他的腦中有一座「遠流出版博物館」正在孵化成形，而台灣館所留下來的工作過程史料將會是了解台灣社會發展的重要依據。

遠流的實力支撐了台灣館，而台灣館也成就了遠流的榮耀，「所以我會說，讓我們彼此感激吧！」王榮文說。

SBU制是關鍵性轉捩點

一九八七年王榮文第一度榮獲金石堂票選爲出版界「年度風雲人物」（註：二〇〇六年第二度榮獲「年度風雲人物」），得獎理由可歸納爲四大點：一，以「路線」和「系統」的形態出書，掌握了書的「大數法則」。二，擅長以創新的概念爲作品賦予新意。三，知人善任，找到對的人來做他最想做的事。四，網羅公司外部人才資源，作有效的人力運用。

這樣的遠流有機會成爲一家股票上市公司，王榮文認真思考過，他知道有多少種「無情的方法」可以讓企業賺大錢，最後卻敗給了自己性格中的「太多理想包袱」，這性格也充分反應在他的用人思維上。遠流終究還是「走保守的路」，但這不表示此去無風也無浪。

王榮文喜歡用「玩」這個字。遇到出版奇才詹宏志後，便以完全信任的態度把遠流交給他去「玩」，詹宏志越玩越大，創造了遠流的繁榮，但過度的擴張也引爆了衝突點，那是詹宏志在與中國大陸簽下要出版一百多冊新馬克思主義叢書之後，他告訴王榮文，後面還有一百多冊排隊。這個幾近「走火入魔」的出版計畫，讓王榮文常常夜不成眠，甚至壓力大到冒出白髮。最後的解決方式，是親赴北京向學者道歉，賠上一筆錢，書未出版，因而種下詹宏志離開遠流的原因。雖然離開，他們還是相知相惜的好朋友，多年後由詹宏志所策畫的「謀殺專門店」以台灣首見的「讀書俱樂部」形式在遠流開張營運，這是華文出版界首見最大規模與最大創意的推理小說經典出版計畫，每一部書皆由詹宏志撰寫導讀，除《惡夜追緝令》、《昆恩的靜默世界》和《史岱爾莊謀殺案》之外皆不做店銷，直接郵寄給預約入會的讀者，共計出版一〇一冊，二〇〇六年全套出齊後，遠流從中精選三十六冊，重新包裝後進入店銷市場，展現舊書操作的能力。

對王榮文來說，新馬事件成為他心裡的痛，也變成他經營遠流的轉捩點，演化的結果是遠流成為一個權責下放，採行「SBU經營制」（Strategic Business Unit）的組織。

對王榮文來說，「SBU」的目的在演練公司經營的自主、自由與自在，所以他審慎的將「SBU」解釋成「自主經營」而非利潤中心，經過十年以上的演練，遠流目前在編輯部門有十二位SBU責任主編，在行銷部門有四位責任經理人。SBU核心工作包括選題的決策、製作的研發、作家的經營、意見領袖的連結、讀者社群的累積等等。衡量出書的質與量、固定與變動成本的調節以及自我實踐理想的勇氣，主編必須提出對部門而言「自在」的年度預算，先求損益兩平，再求突破創新，換言之，每一位S

BU都必須面對成本的平衡，並以績效的勝出換取單位的獨立自主、自給自足，基本上只要不虧損，王榮文概不涉入。「SBU未必是最好的制度，但也不存在完美的組織」，王榮文承認，但他相信有真本事的人自會在其中自我調適，與制度共舞，或者改造它。

「活著才能發光，只要公司穩健經營，總能遇到大放異彩的書」，SBU以後的遠流抱持這樣的理念穩健經營，二〇〇二年它果然遇到一本大放異彩的書《從A到A+》，至今銷售近三十萬冊，「綠蠹魚」書系原來是爲了收留「放不進任何一個館」的孤兒書而成立，卻因此以《天地有大美》一書把蔣勳推上暢銷作家之列，讓日本歐吉桑妹尾河童的旅遊繪本擁有廣大的台灣書迷，而物換星移，吳祥輝以《芬蘭驚豔》、《驚歎愛爾蘭》重新回到他三十年前的暢銷書作家寶座，「綠蠹魚」宛如繼承了「老」遠流基因的新的突變種，成爲「新」遠流的識別系統。

根據蘇拾平的觀察，一九八五到二〇〇五年是台灣出版輝煌的二十年，這之後面臨的卻是一個供過於求、通路爭食、結帳失靈的局面。大塊出版董事長郝明義則把台灣出版發展畫分爲兩階段，一九八七到二〇〇〇年的「美好時光」；二〇〇一以後進入衰退期，二〇〇五後急劇惡化。出版大崩壞了嗎？二〇〇四年遠流雖然開始減量出版，但二〇〇五年以後仍然連續逆勢成長，二〇〇六年再創高峰，它成功經營了麥可・克萊頓、史蒂芬・金、約翰・葛里翰這三大國際暢銷作家的作品，其中史蒂芬・金在台灣可說是起死回生；而從「綠蠹魚」分出來的「日本館」、「文學館」和「故事館」（定位在「分享生命的真實故事」），則把看起來不可能暢銷的書如《一刀未剪的童年》、《德語課》、《失竊的孩子》、《奇想之年》、

《溫柔酒吧》等推上暢銷書排行榜。

「把作者經營成明星作家，把經營一本書擴大變成經營一套書」，在遠流經營下，以《物語日本》等日本文化物語系列帶起日本庶民文化閱讀潮的茂呂美耶，正在這個階梯上往更高處前行。

遠流特別重視「產銷一體思考」、重視「作者與讀者」，成功配方是什麼？答案顯然很複雜，王榮文提供其中兩味：以理想與勇氣、熱情和專業，去面對時代的改變，每一個階段都必須能夠與時代的主流輝映，以及真心的服務作者與讀者，「服務是維繫人心的不二法門」。

數位化、科學人、華山，還可以怎麼創新？

每經過一段時間王榮文都會重新自問：出版的本質是什麼？出版永遠在不變與變動中拔河，他經常以「在不變的環境中尋找變動的樂趣」與「在變動的環境中經營不變的本質」來說明出版的不變與變動，變動的是政經大環境下的閱讀習慣、載體革命、通路變遷……，不變的是出版活動中四個「價值鏈」——創作端、製作出版端、流通推廣端、閱聽端。

遠流總是在山雨欲來之際，跟隨風的方向。法蘭克福書展出現「電子出版館」是一九九三年的事，認知到閱讀行為與學習媒介將有一番變革與轉移，遠流隔年便成立電子書工作室，開發CAI多媒體光碟，一九九六年發行「老鼠娶新娘」CD-ROM，一九九七年「Ylib.com 遠流博識網」正式上線，首創台灣出版社電子商務交易，博識網不僅在行銷上整合實體與虛擬通路，並在華文世界中創造出跨出台灣的最大、凝聚力也超強的虛擬讀書社群，從而創造收益，甫成立兩年便以「書庫豐富」、「網頁上最具特色的個人化服務」獲選爲經濟部網際網路金像獎的「最佳企業網站」。

「智慧藏學習科技公司」則是二〇〇〇年爲因應網路時代與知識世紀的到來而成立，以研發、製作、行銷大型知識庫及電子書產品爲核心，目標是逐步建立百科全書網，目前已將七十四冊的《中國大百科全書》與《大英百科全書》五千多萬字的詞條轉化爲線上百科，並陸續數位化遠流三十多年來累積的內容，整合成主題知識庫。

實踐數位出版的同時，遠流還辦了一份「做功德」的雜誌。全球科普雜誌第一品牌 *Scientific American* 的中文版《科學人》雜誌在二〇〇二年三月創刊，王榮文把台灣科普書推手吳程遠延攬到遠流，吳程遠同時經營「大眾科學館」與「實戰智慧館」書系。《科學人》雜誌基本上無利可圖，然而國人亟需提升科學素養，復有與全球頂尖科學家接軌的需求，加上幾位中研院學者「煽動」，自願擔任「翻譯義工」，王榮文於是決心讓遠流再做一次「社會企業」，而《科學人》雜誌也以五度蟬連最佳科學與技術類金鼎獎的卓越表現，深獲產、官、學界的肯定與重視。一直以來遠流的強項在社會科學、文學書、歷史書和繪本，有了《科學人》雜誌、以兒童爲閱讀對象的「小小科學館」，再加上洪蘭教授選譯及策畫之「生命科學館」，作爲綜合出版社的遠流就更加完整了。

接下來還有更遠大的理想，這也是王榮文目前全力投入的「新遊戲」，遠流與國賓飯店、仲觀設計所組成的團隊已標下「華山創意文化園區」，成爲優先議約人。承諾要募資三億，透過華山，讓企業家、藝術家、創意人有一個共同參與經營文化創意產業的平台。王榮文希望能夠動員社會資源，積極打造這一「台灣文化創意產業的旗艦基地」，從無到有，建立另一所「沒有圍牆的學校」。

從紙張、LCD到類紙張的可彎式電子閱讀機，轉型的壓力不斷在挑戰遠流團隊，但從另一個角度看，王榮文認爲這未嘗不是一個千載難逢的機會，「一個人一輩子有多少機會碰到這樣翻天覆地的變化？」

夢想的追求、實踐與定義

遠流出版在台灣扮演了什麼樣的角色？王榮文認爲，它應該代表一種嘗試的可能性，在實踐出版夢想的過程中，提供作者和讀者一種嘗試追求閱讀夢想的可能性，永遠在實驗與創新，「遺憾的是影響世界的華文創作還沒有在這塊土地上發生」，但遺憾不代表沒有希望，在華文熱和網路無遠弗屆的時代，王榮文有一個最樂觀的期望，當有一天華文創作和英文創作一樣重要，作爲一個台灣的出版社，遠流希望有能力找到頂尖的作者、頂尖的作品，像棒球界的王建民、電影界的李安，遠流也能夠建立一個成熟的經營機制，讓他的作品行銷到全世界，也成爲台灣之光。

「台灣之於大陸，就像英國之於美國，」王榮文說，這不只是遠流，而是台灣與中國大陸的創作力對決，台灣與全球的創作力對決，他只有一個想法：「台灣不能輸。」

原發表於二〇〇七年十一月《文訊》二六五期

內蘊豐華，瑰麗綿長

九歌出版公司

◎蘇惠昭

九歌1978年在汐止創辦，幾經擴充，1987年7月遷入台北市八德路現址。

蔡文甫

小說家、編輯、出版人。1950年隨軍來台，自學通過高等考試及格。1951年開始創作。曾任汐止國中教務主任；主編《中華日報》副刊21年。兩度獲新聞局副刊編輯金鼎獎，並策畫「梁實秋文學獎」，獎項以散文及翻譯爲主，紀念梁實秋先生在這兩大領域的貢獻，2008年繼《中華日報》之後接辦。

1978年創辦九歌出版社，出版「年度散文選」，接辦「年度小說選」，更首創「年度童話選」。1987年接辦健行文化事業，2000年成立天培文化，1992年成立九歌文教基金會及門市九歌文學書屋。個人自傳《天生的凡夫俗子》曾獲頒中山文藝獎傳記文學類；2005年獲新聞局金鼎獎特別獎。著有《雨夜的月亮》、《沒有觀眾的舞台》、《女生宿舍》等長短篇小說11部，以及《蔡文甫自選集》等。

由「五小」、「七友」擴增的「八大」公司負責人，右起：隱地（爾雅）、許禮平（漢藝軒）、王榮文（遠流）、林海音（純文學）、蔡文甫（九歌）、姚宜瑛（大地）、葉步榮（洪範）、陳遠建（戶外生活），1990年1月18日攝於香港。

夏元瑜《萬馬奔騰》、王鼎鈞《碎琉璃》、傅孝先《無花的園地》、葉慶炳《誰來看我》、楚茹《生命的智慧》和蔡文甫主編的《閃亮的生命》六書，是九歌響亮的第一波創業作。

1998年3月31日，九歌出版社成立20週年，蔡文甫與《台灣文學20年集》主編合影。左起：蔡文甫、陳義芝、白靈、李瑞騰、平路。

《中華現代文學大系》是九歌以單一出版公司進行深鉅文學工程的重要代表作。

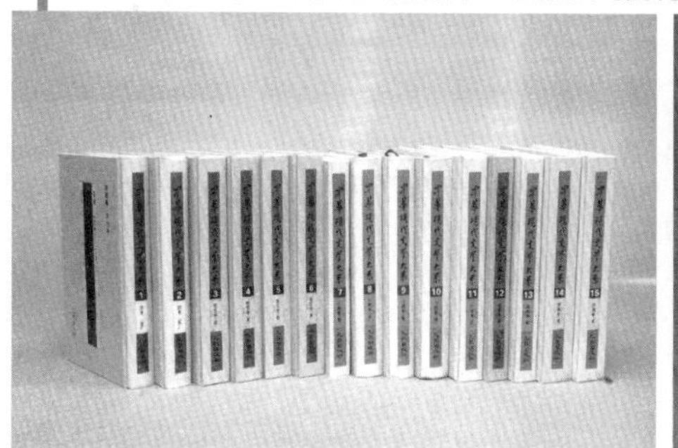

九歌與諸多作家保持緊密綿長的關係。圖為琦君（左上）、余光中（右上）、張曉風（左）在九歌出版的系列作品。

2000年1月4日，天培文化公司成立酒會暨新書發表會。左起：蔡文甫、馬以工、金恆鑣、黃光男、鄭至慧（代表作家張秀亞）、蔡澤松。

2001年6月16日，《孫觀漢全集》新書發表會。右起：蔡文甫、李遠哲、柏楊、曾志朗、孫觀漢、許素朱。

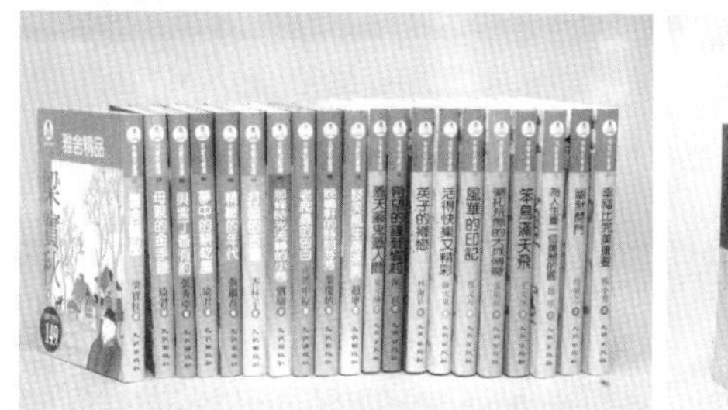

九歌策畫出版若干文學選集，推介文學經典作品，也是從經營單本書走向經營作家的路。圖為「新世紀散文家」與「名家名著選」。

九歌邁入第30年，一路走來，已獲多項肯定與榮耀。

部分照片提供／九歌出版公司

九歌奠基於台北東區邊緣的靜巷深處，向外兩百公尺即接壤繁華紅塵，以一家營業額一億，一年出版一百本以上新書，有員工三十多人的資深出版事業體來說，它似乎簡樸到過了頭，與「現代化辦公室」相去甚遠，遑論華麗。社長蔡文甫的二女兒蔡澤松初加入九歌時，一度抗拒過踏進這間「沒門面、沒氣派」的辦公室，對父親「隨便穿，隨便吃」的生活態度亦不以為然，然而隨著時間的流逝，她一點一點改變了九歌的文化，但九歌卻改變她更多，掛名副社長的蔡澤松終於理解一件事：出版事業，靠的是內在而非外在，外在表象不等於內在豐華，你有一張怎樣的書單決定了你的價值，你存在的意義。

打造奇花異卉的神奇花園

二〇〇七年十月十一日，台灣有兩家出版社忙翻了——時報出版和天培出版。這一天英國女作家，高齡八十八歲的多麗斯‧萊辛（Doris Lessing）獲得了諾貝爾文學獎，時報出版了她的《金色筆記》、《貓語錄》、《特別的貓》，而天培出版了《第五個孩子》和《浮世畸零人》，全台灣只有時報與天培擁有萊辛的書，但成立第七年便簽中頭彩，一手「養育」天培的蔡澤松雖然「與有榮焉」，不免有一點出乎意料之外的慌亂，第二天恢復鎮定後，立即換新書封，再推上市。「天大的意外」，九歌創辦人蔡文甫也說：「我們在一九九二年翻譯《我兒子的故事》出版後，作家葛蒂瑪曾獲得諾貝爾文學獎，但這許多年來，我們仍等過北島，等過《盲眼劍客》的瑪格麗特‧愛特伍，每一年都在等，一年過了又一年，今年不想等了，沒想到竟然是萊辛……」

萊辛得獎了，蔡文甫決定繼續等待，他篤定余光中有一天會得諾貝爾獎，那才是屬於九歌真正而永恆的榮耀時刻。

兩年前，二〇〇五年的八月十二日，第二十九屆「金鼎獎」頒獎典禮上，蔡文甫已經先領到了一座大獎，他從當時的新聞局長姚文智手中接過一座象徵台灣出版人最高榮譽的特別獎，這座獎得來不易，在八位候選人中，據悉評審諸公劇烈爭辯了兩個多小時，蔡文甫最後脫穎而出，靠的不是他八十歲的高齡，「倚老賣老」在特別獎是行不通的，這個獎代表九歌一九七八年以來在華文文學上永續經營的成果，以及肯定它穩健向前、在守成中開創的企業文化。

如果說天培像出版花園的一株奇花異卉，即將邁向三十年的九歌就是一塊孕育滋養它的豐饒沃土。三十年前蔡文甫成立九歌出版社時，腦中不過想著一件事，就是「出版好書，推廣閱讀」，他既無法逆料出版的未來將有打不完的行銷戰爭與通路爭奪，亦不知默默耕耘文學加上兩度的無心插柳，再成立健行和天培文化，復又爲了解決書的庫存問題在房地產低迷年代加緊購屋置產，以致能夠在深坑坐擁一千多坪的「書之豪宅」。文友戲稱「蔡三棟」、「四庫」全書，這雄厚的基礎讓九歌挺過了出版的世代交替和轉型革命。遊戲規則畢竟是不同了，面對出版本質的徹底商業化，蔡文甫認爲其間最大不同在於，過去他一直相信書有自己的生命，會自我延續，至於現在，「書出版以後，一切才將開始」。

楊柳青青有時，落花寂寂有時，三十年看盡各方英雄競逐書之天下，如今蔡文甫依然不改其志，不願意把出版想得太複雜、太商業，「出版社很簡單，不過就是出書罷了。」他說。

名字，出版王國的開端

九歌誕生那一年，蔡文甫「已經」五十二歲。

一九七八年蔡文甫創辦九歌出版社，當時他從汐止國中退休兩年，出版過《解凍的時候》、《沒有觀眾的舞台》、《雨夜的月亮》等十多部長短篇小說，主持《中華日報》副刊進入第七年（按：一九七一～一九九二，蔡文甫擔任《中華副刊》主編），老師、小說家和副刊主編這三個在時間上互有重疊的角色之外，蔡文甫對未來並沒有更多的想像，畢竟他不再年輕，但好友王鼎鈞卻一直慫恿他開出版社，「你編副刊，結識那麼多作家，為何不辦一家出版社？」不單是「出一張嘴」而已，王鼎鈞甚至還承諾供稿兼借貸。那是一個文學市場如旭日東升的年代，也是文人辦出版社的年代，爾雅、洪範、純文學、大地的書幾乎本本都賣，連連再版，有時候甚至來不及印刷，不過這並不是最後讓蔡文甫決定「下海」的理由，最大的誘惑不在於賺錢，而是他確實夢想著一個可以與作者、讀者長相與伴的「自己的事業」，因為是「自己的事業」，便有權力出版別人不想出版的好書，照顧作家，更有機會發掘年輕有潛力的作者，培養新人。在知名作家已經平均分配給洪範、爾雅等幾家純文學出版社的情勢下，「走不一樣的路」的經營原則一旦確立，蔡文甫想，他就必須選擇獨資，體系越單純越好，出版品亦然，「絕不出版政治類有意識形態的書籍」，至於出版社的招牌，文友們紛紛獻上名號，最後在「九歌」和「長廊」中擇一，表決結果，少數服從多數，就是「九歌」了，簡單響亮，更重要的是，《楚辭・九歌》在中國文學史上豐富瑰麗的意象。

蔡文甫定位「九歌」爲一個面向大眾的文學出版社，自兼社長和編輯，加上會計和發行經理，員工總共三人，並參考日本「岩波文庫」和台灣的「文星叢刊」，確立「九歌文庫」和「九歌叢刊」兩條書系，「如以文學爲主的『文庫』無法開展，便要以生活爲導向的『叢刊』進攻」，第一波便推出文壇名家作品：夏元瑜《萬馬奔騰》、王鼎鈞《碎琉璃》、傅孝先《無花的園地》、葉慶炳《誰來看我》、楚茹《生命的智慧》和蔡文甫主編的《閃亮的生命》六書，名家出手加上畫家楊熾宏設計，辨識度極高的綠色書背，讀者反應十分熱烈，打破蔡文甫先前「市場已經飽和」的疑慮。創業第一年，九歌出版文庫十四本、叢刊三本，幾乎每一本銷售量都破萬，《閃亮的生命》並爲九歌拿下第一座優良圖書金鼎獎，被喻爲出版界的一匹黑馬，與純文學、爾雅、大地、洪範並稱「五小」；第二年起便增加人手，發行九歌雜誌，並將一年來劃撥書籍的讀友資料建檔，提供讀友未上市新書預約價，到第七年，便有能力印製、經銷《藍星》詩刊，如今回想起來，「那真是一個出什麼作品都賣的文學書黃金年代。」蔡文甫說。

關於九歌文庫與九歌叢刊

從第一號的《萬馬奔騰》到第一〇二三號的《詩歌天保：余光中八秩壽慶論文集》，九歌出版有一條經營了三十年的書系，因應時代的轉變，某些作者消失了，某些作者浮出水面，某些作者載浮載沉著，就在帶著歲月深痕的某些好書幾乎被遺忘的時候，它們又以新的風貌復出江湖，回應老讀者的文學鄉愁，同時召喚新讀者，某些作家則因緣際會在沉寂多年後再度發光發亮，譬如梁實秋、琦君等多位作家，這在台灣出版史上恐怕是空前絕後的一座文學寶庫，它就是九歌文庫，九歌出版最重要的資產。

蔡文甫一開始就沒有狹隘化文學的定義，這意味著九歌文庫將走向一條開闊而沒有邊界的路，「雅俗共賞，深入淺出」，既跨越文類，也跨越意識形態，最後則跨越並連接了世代，王大空、楊小雲、杏林子、陳火泉、朱炎、梁實秋、林以亮、司馬中原、舒暢、林雙不、劉紹銘、顏元叔、林清玄、姜貴、陳幸蕙、古蒙仁、保真、劉靜娟、張繼高、廖輝英、余光中、張曉風、琦君、漢寶德、楚戈、王拓、馬森、蕭颯、洛夫、沈君山、黃永武、林文月、徐佳士、黃碧端、傅佩榮、葉石濤、張讓、陳黎、邱坤良、東方白、北島、林太乙、鄭清文、汪笨湖、張啓疆、簡媜、陳義芝、阿盛、李家同、郭強生、張賢亮、虹影、席慕蓉、孫震、嚴歌苓、黃錦樹、鍾怡雯、陳大爲等，這一長串堪稱「族繁不及備載」的名字見證了台灣近三十年來的文學發展和演化，九歌之外，台灣沒有另一家出版社、一條書系能夠連綿不絕繁衍出這樣一張涵蓋面如此之廣的華人作家書單。

也許可以這樣反問：如果沒有九歌文庫，台灣文學將會失去什麼樣的寶貴資產？張繼高《必須贏的人》系列三書是蔡文甫剪稿剪了十年，然後千方百計親近他，說服他，方才打動「不出書、不演講、不教書」的他破例出書。姜貴《旋風》和《碧海青天夜夜心》則是在絕版三十多年後，由九歌重排精印。視障作家梅遜的抗戰小說《串場河傳》，漫漫六十萬字，當沒有一家出版社願意冒險出版時，蔡文甫一句：「該出版的書就應該出版。」決定了它的命運。詩人周夢蝶的《不負如來不負卿》，是以瘦金體書法一字一字寫成的《石頭記》百二十回初探，蔡文甫別出心裁，保留書法真跡，與印刷體對照，打動詩壇苦行僧；楚戈二十年前在爾雅出版的《在玩耍中再生》亦在九歌重生；而漂泊過文星、大林與時報，《蓮的聯想》終在初版的四十三年後由九歌重新出版，新版收錄有余光中爲各家版本所撰寫的序言及後記，「此刻我的心情，不再是低迷的藕斷絲連，而是安慰的荷塘新香」，《白玉苦瓜》、《逍遙遊》、《望鄉的牧神》等回歸九歌，作家如此，讀者心情亦應如是。

九歌文庫也是讓林清玄躋身爲暢銷作家的菩提系列出發之所在，此系列也曾發展爲有聲書，可惜當時無法打進通路，進入聽眾手中；但最傳奇的例子莫過銷售量破二十萬冊的《傷心咖啡店之歌》，這部新人小說不是直接遭出版社拒絕，便是被要求刪減字數，「流浪」到蔡文甫手上後，他在兩天之內讀完稿子，「似乎覺得和目下年輕的脈動、思維相連」，雖然也覺篇幅過長，但爲尊重作者創作理念及撰寫長篇的魄力，二十五萬字決定一字不刪出版它，並且在沒有行銷的效力下，藉由讀者的口碑，一步一步將之推上排行榜，寫下書市的「朱少麟奇蹟」。「出版社對待作家的態度，就是誠心誠意閱讀他們的作品」，正是這一條蔡文甫親身示範的「九歌守則」讓九歌爭取到「不可能的作家」，譬如說李家同。讀罷李家同《高牆倒下了》，因爲十分欣賞他的作品，蔡文甫決定「一定要出版到李家同的書」，於是親手寫信邀書，而李家同也回信應允，但之後李家同變成了炙手可熱的暢銷作家，他的下一本書、下下一本書都被其他出版社捷足先登，而九歌並不氣餒，仍再接再勵，蔡文甫再寫信給李家同校長，並把他曾經應允出書的信函附在信中「提醒」，最後李家同也信守承諾，把《第二十一頁》給了九歌。

「九歌叢刊」雖然出版品不多，但它擁有九歌有史以來最暢銷，影響台灣全民最深遠，銷售數字達六十萬冊的書：證嚴法師《靜思語》。

無論五百冊或十萬、二十萬冊，蔡文甫深信，書的價值並不全然用數字來決定，有時候一本五、六百冊的書比十萬冊的書更加值得出版，「所以出版社要賺得到，賠得起」，九歌總編輯陳素芳爲這話加了注腳：「因爲賠得起，所以賺得到。」二十五年前，陳素芳從台大中文系畢業，毛遂自薦進九歌出版。「當時她什麼都不會。」蔡文甫記得很清楚，他不知站在眼前那位年輕女生，日後將成爲文學編輯大將，與他一起見證台灣文學的興衰起落，走過二十世紀進入二十一世紀。

與陳素芳一樣的二十五年資深員工還有一位，總經理郭樹炎，他是蔡文甫在汐止中學時的學生。

籌畫具時代意義的文學大系、選集

一九七八年，台灣每年出版約四千多種新書，這個數字逐年增加，到一九八九年近一萬三千種，一九九八年突破三萬種，二〇〇二年衝破四萬，新書備出，前浪推後浪，這也意味著要尋找出版十年、二十年的書如同大海撈針。花終會謝，但如何將它的精華萃取下來，留住恆久的芬芳？正是在這樣的情懷下，九歌與時間賽跑，以微薄的個人出版社之力進行《中華現代文學大系》（壹）（一九八九）、《中華現代文學大系》（貳）（二〇〇三）的文學工程。一九九八年九歌創業二十週年，以四冊《台灣文學二十年集》作爲獻禮，由白靈、陳義芝、平路、李瑞騰跨出版社選出戰後出生之新詩、散文、小說、評論各二十位名家作品，為的是呈現光復後所有在台灣出生的作家，他們在五十年時空裡如何孕育、成長、茁壯。

《九歌二十》記載了二十本書的故事以為耕耘文學書歲月的紀念。

《九歌繞樑三十年》則委託汪淑珍女士，從出版學的確立，夾敘夾議，以十年為一階段，三階段敘述九歌的發展，並提及出版品的特色。《中華現代文學大系》第一部：台灣一九七〇—一九八九，余光中先生擔任總編輯，張默、張曉風、齊邦媛、黃美序、李瑞騰分別擔任詩、散文、小說、戲劇和評論組主編，全書十五冊；承續第一部之編輯體例，《中華現代文學大系》第二部（一九八九—二〇〇三）仍由余光中先生擔任總編輯，白靈、張曉風、馬森、胡耀恆、李瑞騰任主編。兩部大系所囊括的台灣本土作家六百餘人，全部交由兩部各十五位編輯委員依據創作品質獨立篩選，這也是台灣唯一的文學大系，當代文學不可或缺的史料。

《中華現代文學大系》之前，「文學大系」在台灣有兩種今已絕版的版本：《當代新文學大系》（一九四八—一九六二，天視出版）與《中國現代文學大系》（一九五〇—一九七〇，巨人版），兩大系皆收錄有蔡文甫小說，後者總編輯正是余光中，這也是《中華現代文學大系》委請余光中再度出馬之緣由，在時間上也是繼承兩大系脈絡。大系出版後，由於散文卷主編張曉風求全求備，「堅持選進應該選進的作品」，致引起原作品出版社誤解，訟爭歷經十餘年，是出版大系的重大創傷。

余光中也因此為三部文學大系各寫了一篇總序，「三部大系涵蓋五十年，恰為二十世紀的後半。」他因有感而為文道：「這樣的總序，我覺得越來越難寫，因為這世界越來越混亂，越來越複雜，說得樂觀些是越來越多元，所以矛盾的價值觀越來越令人難以適從。」

面對文學的混亂與複雜，九歌進行的另一項文學工程，係以近千本的九歌文庫爲主幹，再向外延蔓，選出最具代表性的散文和小說家作品，重新整編，拉出新的書系如「新世紀散文家」（第一號爲《林文月精選集》）、「名家名著選」（第一號爲《雅舍精品》）、「典藏散文」（第一號爲《夏濟安日記》）、「典藏小說」（第一號爲《貓臉的歲月》），以及讓重量級作家如琦君、余光中、張曉風、廖玉蕙、廖輝英、朱少麟等獨立出來自成「作家作品集」，也就是從經營單本書走到經營作家，這猶如在老枝上開展新葉，新葉意味新的讀者和新的閱讀面向。蔡文甫在回憶錄《天生的凡夫俗子》中特別點名的是《孫觀漢全集》十三冊，當時雖有柏楊擬請十位企業家合購千套精裝作爲挹注，但爲「彰顯這位科學家、人道主義者、思想家的智慧精華」，九歌還是照原定計畫獨立出版。

論者曾謂九歌獨厚散文，這從九歌自一九八一年起至今持續編選「年度散文選」來看並不假，但在「不計盈虧」推出涵蓋近百年全球華人詩文的《新詩三百首》後，九歌也成了愛詩人的九歌，「這原是一本準備要賠錢的軟性工具書，但實力夠，時間久了，竟然也轉虧爲盈。」陳素芳說。一九九九年起，九歌在某家出版社揚言要出版三種「年度選」（詩、散文、小說）的情勢中，經爾雅隱地同意接過「年度小說選」的棒子，以實際行動證明蔡文甫「對各類文學作品之出版採齊頭並進方式，絕未偏廢」，同時確立九歌的文學龍頭地位；二〇〇三年則再加入台灣首度推出的「年度童話選」。

右手靈活運用二十多年來累積的智慧財產，找出新的意義，左手發掘新人，這是蔡文甫創辦九歌時的理想，人說理想總是被現實所掏空，於時間流逝中被丟棄，但這話在九歌並不成立，二十七週年時，爲承先啓後，九歌擘畫「小說新人培植計畫」，鼓勵有志者創作長篇小說，不限年齡但限新手，一人一部，每年十部，每部獎助二十萬元，這就是「小說.COM」系列的由來，至今出版武維香《妖獸都市》、何獻瑞《線索》、郭啓宏《稻草人長大了》、臥斧《舌行家族》等七位新人作品。

而最震撼文壇的，則是二〇〇八年九歌爲迎接第三十個生日所祭出華人世界最高獎金的兩百萬小說大獎，一方面展現九歌的大家氣魄，卻也點出了此時此刻此地，無重賞則少人撰寫，陷入長篇小說即將絕跡的困境。

由於高額獎金，致參加徵文共計二一二位全球華文作家，九月中旬評審團選出張瀛太、盧兆琦、譚劍、周桂音等四位作家入圍，十月中旬揭曉首獎人選。

文教基金會與少兒書房陸續成立

說起來蔡文甫是有一點反骨，他放棄寫小說去做出版，事業長青，卻又認爲「出版不怎麼好玩」，但如果出版有所謂的樂趣，「挑戰一些別人不能、不敢出版的好書」、「做更多一般文學出版社難以做到的事」則一直是他做出版的最大樂趣，所以有《中華現代文學大系》、《台灣文學三十菁英選》、《孫觀漢全集》、《傷心咖啡店之歌》到《尤利西斯》和《神曲》全譯本，九歌少兒書房也因此誕生，這樣的挑戰亦延伸到出版之外，譬如一九九〇年由漢寶德設計，登琨豔監製，一九九二年由王大閎設計，虧損連連至十六年收攤的兩家九歌文學書屋，以及被蔡澤松戲稱為「慈濟九歌分部」的九歌文教基金會，「苦恨繁霜鬢」的蔡文甫除了是出版人、文人，還是江湖好漢，豪情萬丈。

《尤利西斯》，全世界有兩百多種譯本獨缺中文，旅美作家莊信正當初建議九歌出版的是金隄所譯之刪節本，蔡文甫卻當下決意要就譯出全書，並分五年預付美金給旅居美國的金隄，讓他不致因翻譯而憂心生活費用，如今這套書擺在愛爾蘭喬依斯紀念館中最顯著位置，「是全世界各種版本中最精美的一部」。

九歌文教基金會則是蔡文甫拿出《中華日報》副刊退休金加上個人儲蓄所成立，台大外文系教授朱炎及中央大學中文系教授李瑞騰分任董事長及執行長，基金會以舉辦文學活動為主，成立當天便有「屈原詩獎頒獎典禮」、「屈原詩歌文學再發揚座談會」以及「台灣現代詩大展」上場，以後每年固定舉辦「九歌少兒文學獎」和「九歌小說寫作班」，以及不定時的策畫文學研討會如「梁實秋先生百年誕辰學術研討會」、「台灣現代散文研討會」、「台灣少年小說研討會」、「彭歌作品研討會」。蔡文甫曾任職「中華文藝函授學校」，體會到文藝力量的偉大，早年的這段人生經驗讓他深信社會必須給有意創作者一個學習的管道，開闢一小塊孕育小說家的土壤，九歌的小說寫作班辦了十屆，便是以此為努力目標。

「九歌少兒書房」係由「九歌兒童書房」擴大而來，侯文詠成名作《頑皮故事集》就在這裡初次與讀者見面。蔡文甫認為「每一個作家至少都應該為兒童和少年寫一部作品」，台灣的孩子也不能老是讀譯本滿天飛的《小王子》、《安徒生童話》或《格林童話》，必須自己培養作家，讓孩子有自己的作品可讀，因此在九歌基金會辦理現代兒童文學獎徵選後，九歌再以「九歌少兒書房」的出版配合，一集四冊，至今十六屆得獎作品已出版三十二集（一百二十八本）。中華民國兒童文學學會統計，日本有兒童文學獎八十七種，以少兒文學爲主題的文學獎在台灣只有一個，唯一的一個，九歌徵選出版的少兒小說乃成爲國內少兒小說出版的搖籃。

出版事業群的逐步建構過程

人的一生就在人情、因緣和關係裡糾糾纏纏，牽牽絆絆，蔡文甫後來接手健行出版（一九八七），再創辦的天培出版（二〇〇〇），九歌因此也成爲「九歌出版事業群」，對他來說，一爲「偶然」，一爲「無心插柳」，兩者皆是人情、因緣、關係的播弄與交織。

健行文化本來是一家技能科教科書出版社，蔡文甫的初中老師朱義昌先是被校長慫恿去辦出版社，朱老師便與健行合作，寫高中體育教科書，合作之後又被健行負責人慫恿接手經營，但自忖力有未逮，便找上學生幫忙。當時九歌雖已小有規模，建檔讀友便有十萬餘人，但讀友對健行體育叢書興趣缺缺，蔡文甫只好請教老友民生報體育版主任駱學良（馬各），接受他的建議，重新定位健行爲保健、親子、兩性、勵志等生活系列叢書的出版社，「走向家庭」、「深入家庭」，《頑皮故事集》被轉移到這裡出版後，銷售超過三十萬本，《水手之妻》作者楊小雲也開始寫《擁有自信便是美》等一系列女性議題文章，多種作品有十萬本以上的銷售量，是爲台灣第一代女性勵志暢銷作家，根據一般的說法，「當時發行業績有超越九歌之說」。

健行文化的作家群雖與九歌多有重疊，它終究還是踏出了九歌所熟悉的文學領域，開發醫生作者如江漢聲、黃崑巖、朱迺欣、王英明，也嘗試出版日本文學、日本生活書，其中嶺月翻譯的《代做功課股份有限公司》便大受歡迎；商業書從缺，「就算六標準差放在眼前，我們也無法判斷它是不是一本寶貴的書。」蔡澤松說。二〇〇一年增闢的「學習館」因可與作文學習銜接，作文又可連結到九歌出版品，將成爲未來健行文化健康書之外發展的重點。

天培，是蔡文甫大哥的名字，若不是大哥的栽培、遠見和細心策畫，「我只是一個目不識丁的農夫，一個中共的基層幹部，或一名職業軍人。」蔡文甫說。

然而創辦天培完全是無心插柳。

一開始蔡文甫只是想接辦老友的出版社，不希望這塊招牌就此消失，成爲歷史，他急如星火般的擬定以環保文學、旅遊文學、翻譯文學爲未來發展目標，張秀亞、胡品清、金恆鑣、馬以工、黃光男等作家都接受了邀稿，成立第二編輯部，負責約稿和編校，一切就定位之際，因爲再三退讓，談妥條件後，對方才提高價碼，接手事宜忽然生變，面對新到的人馬和已約定的稿件，幾經協商，蔡文甫最後決定另創一家出版公司，以「天培」爲名，除了感念大哥，這兩個字亦蘊含適應大自然發展及仰仗天育地培之義，十分符合「天培」擬定的發展方向。

蔡澤松一直徬徨在出版門外，她雖然曾經在九歌各部門歷練過三年，但有更長的時間任職於廣告公司，並在法國、加拿大、美國「遊學」過三年，被父親召喚到天培時，她已經不是當年那個處處想要反抗蔡文甫的二女兒了。

天培要做什麼書？雖然標舉環保文學、旅遊文學、翻譯文學這三大方向，但後來發展出的「綠種子」（傳播環保概念）、「原色調」（深耕國內作家）和「閱世界」三書系，已順應時勢逐步調整爲把重心放在經營翻譯文學，面向閱讀新世代的「閱世界」上。

也是到天培成立第三年，行銷企畫部獨立成專職部門。

一開始蔡澤松還是摸不著頭緒，只有一個明確的想法是「不要競標暢銷榜上的書」，她天真的以爲書海茫茫必然有許多「遺珠」，天培只要專心去尋找這些「遺珠」就夠了，創業作《自己的房間》確是遺珠，但遺珠可遇不可求，不過也許是「新手的運氣」，「閱世界」第四本書《從月亮來的男孩》在沒有宣傳的情況下，竟然賣掉兩萬本，接下來的《醫生的翻譯員》，在天培以極低的預付版稅簽下書的兩個月後，作者鍾芭．拉希莉就得了普立茲獎、海明威獎、紐約客小說新人獎，接連兩本書的成功，蔡澤松開始改變策略，參與「大書」競標，第一本標下的書就是愛特伍的《盲眼刺客》，這也是天培成爲愛特伍台灣代言人的開始，而萊辛的書在《盲眼刺客》之前就出版了。

相對於《從月亮來的男孩》等書，不可免的，天培當然也出版過銷售量悲慘，卻贏得好口碑的小說如《愛無可忍》、《遺愛基列》等書。

《大象的眼淚》是天培，也是九歌出版事業群的一個里程碑。以極高的預付版稅標下這本書，蔡澤松也明白是過於高估，但她看到的是一個整合編輯、行銷與發行部門的大好機會，三個版本、兩套封面加上兩款贈品，整個《大象的眼淚》的行銷計畫連起來就像一張複雜的樹狀圖，蔡澤松還親自跑中南部，面對經銷商講解這本書，討論預訂量。

這樣的操作對於當了二十多年模範生的九歌乃是初體驗，也因爲是模範生犯規，掀起的波瀾更是盪漾不已，結果《大象的眼淚》創下公司有史以來最大的新書首印量三萬冊，這讓九歌業務員從此以後抬頭挺胸，充滿了自信。

「我們什麼都可以做，他也都能接受。」蔡澤松感謝蔡文甫的開放，勇於接受新觀念，一切都放手讓她做，也感謝九歌打下的紮實地基，四比六，它有著對出版社而言新舊書的黃金銷售比例，這讓天培有餘裕「不急不徐」，從容的選書做書，探測書的深度，也讓天培敢於拒絕「沒有意義的書」，書的意義千百種，對蔡澤松來說，「好笑」也是一種意義。天培正開拓的新領域是「Shadow」系列推理小說，引進新一代謀殺天后賈桂琳・溫絲皮爾，截至目前僅有的三本作品，以及莎拉・派瑞斯基「維艾 華沙斯基系列」，定位在女性作家，或者作品中有著令人難忘的女性偵探角色。

奮勇朝向第四個十年邁進

九歌以兩百萬長篇小說獎宣告它即將到來的三十週年紀念（爲了鼓勵創作，不排除續辦），一系列由封德屏主編、三十位名家撰寫的「三十年後的世界」則已經進行一段時間，在九歌三十週年社慶上正式出版。三十年光陰的流逝，九歌有所變，亦有所不變，九歌創業書之一的《閃亮的生命》出版第二冊，改由蔡澤松主編《創造奇蹟的人》，報導十位創造奇蹟的身心障礙人士，這彷如一種回到出發點的再出發，像重溫舊夢，但舊夢換上了新衣衫，主編易手，傳承意味深濃，而十年前的《台灣文學二十年集》也以《台灣文學三十年菁英選》面世，以詩、散文、小說、評論四卷，分別由白靈、阿盛、蔡素芬、李瑞騰精選九歌創社三十年間，光復後出生的台灣文學界各類文學三十位作家的代表作，又一次爲台灣文學界繳出另一張成績單。

「世事難料，誰能確定遙遠的未來。走過文學市場的黃金期，我並沒有志得意滿；再一步步走向文學市場經歷革命性改變後的寒冬，也無理由怨天尤人。一生和逆流搏鬥的凡夫，沒有悲觀的權利。當貧無立錐頻頻絕望時，並未消極、氣餒，仍充滿信心。現雖馬齒日增，爲讀者出好書的豪情未減，何況現有『四庫』全書。」

這是《天生的凡夫俗子》最終章的最後一段話，好一個「豪情未減」，懷抱著這未減的豪情和「四庫」全書，九歌就要出發向第四個十年。

原發表於二〇〇七年十二月《文訊》二六六期

瞭望遠方的景色

遠景出版公司

◎巫維珍

由臺靜農題字的招牌，見證了遠景三十多年的出版歷史。

葉麗晴

1965年出生於彰化，實踐大學服裝設計系畢業。1983年學生時代進入遠景出版公司，1984年與沈登恩結婚，在遠景歷任行政、業務、編輯等工作。現爲遠景出版公司發行人。

沈登恩

1949年出生於嘉義，嘉義高商畢業。1974年與鄧維楨、王榮文共同創辦遠景出版公司，爲第一位參加國建會的出版人及引進《金庸武俠小說》的第一人，亦爲台灣早期戮力耕耘台灣文學的出版社，其間以筆名餘子主編「金學研究叢書」及在海內外報章發表各式評論文章。2004年逝世，得年55歲。

沈登恩（左）與王榮文各自懷抱理想，準備在出版領域一展身手。兩人合影於1976年全國書展會場。

1990年，左起高信疆、周策縱、楊澤、焦桐、沈登恩，合影於遠景在台北市新生南路開設的衛斯理書店。

香港學者林行止（左起）、張五常與沈登恩私交甚篤，有著難得的十數年情誼。

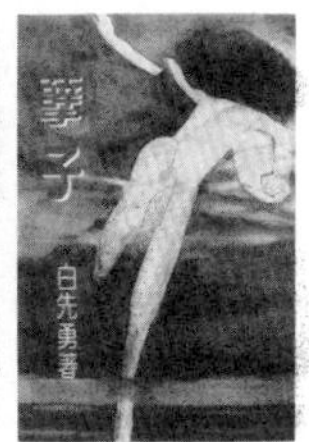

遠景曾推出許多後來被奉為文學史經典的小說。左起：黃春明《莎喲娜啦・再見》、陳映真《將軍族》、宋澤萊《打牛湳村》、吳晟《泥土》、白先勇《孽子》。

遠景極早開始關注台灣文學作家作品，出版諸多重要著作。從上往下依次為「台灣文學叢書」、「鍾理和全集」、「吳新榮全集」。

1979年，王禎和（右）出版《嫁妝一牛車》時與沈登恩合影於遠景辦公室。

2002年遠景出版「七等生作品全集」，沈登恩（右）與七等生合影於出版前夕。

左起：林語堂《京華煙雲》、胡蘭成《今生今世》、陳若曦《尹縣長》、歐尼爾《開放的婚姻》、松本清張《霧之旗》。

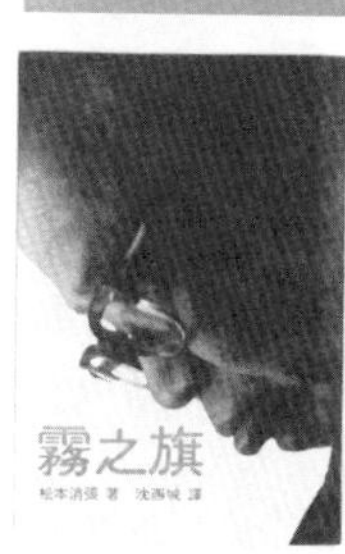

沈登恩當年頗具出版眼光，推出許多重量級的出版品。左為「諾貝爾文學獎全集」，右上為「金庸全集」，右下為「林語堂全集」。

部分照片提供／遠景出版公司

鍾理和、吳濁流、吳新榮、陳若曦、鍾肇政、陳映真、宋澤萊、黃春明、洪醒夫、七等生……，今日，我們熟知的名字與其作品，已是文學史、出版史的經典，當年，誰將他們的著作出版？誰能見出這些作品在出版史上的重要價值？

沈登恩，生於一九四九年，出身嘉義農家，嘉義高商畢業後，到嘉義明山書局工作。沈登恩自小愛看書、愛讀書，他曾說，學校圖書館的書早不夠他看，他常利用投稿《國語日報》所得的稿費，買自己想看的書。就讀嘉義高商時，沈登恩主編《嘉義青年》，這是一份由救國團主辦的刊物，十天出一期，每期發行四萬份，在當地擁有不小的影響力。沈登恩正是在此累積了編輯經驗，開啓了他傳奇的出版生涯。

發掘作者的第一本書

沈登恩離開明山書局後，至台北晨鐘出版社上班，他自謂，在晨鐘累積了發行與行銷的經驗[1]。擁有編輯、行銷與發行的出版基本功之後，一九七四年，沈登恩與鄧維禎、王榮文合辦「遠景」，由黃春明的《鑼》敲響了「遠景叢刊」的第一砲。「遠景叢刊」陸續推出黃春明《莎喲娜啦・再見》、傑克・倫敦的《生命之愛》、歐尼爾（O'neill）的《開放的婚姻》、鹿橋《人子》、白先勇《寂寞的十七歲》、《孽子》、王禎和《嫁妝一牛車》、《玫瑰玫瑰我愛你》、姚一葦《戲劇與文學》、無名氏《塔裡的女人》等口碑與暢銷兼具的好書。沈登恩妻子、也是現任遠景發行人葉麗晴提及，曾有位書店老闆向她追述當年：「那時，全台書店都是等著遠景送書來，看看沈登恩預備出版什麼好菜。」所以有了「全台灣看沈登恩表演」的盛況。

沈登恩有選書的天分，他的眼光敏銳，比別人更早發掘作者的第一本書。黃春明《鑼》、陳若曦《尹縣長》、陳映真《將軍族》都是作者的第一本書，鹿橋《人子》、劉大任《浮游群落》則是作者在台灣出版的第一本書，這些初試啼聲之作，同時也都成爲流傳久遠的經典之作。沈登恩爲何有此等眼光？原來，沈登恩平日即有剪報的習慣，他每日閱讀二十餘種中外報刊，不懂的英、日文就請人翻譯，經常工作到深夜，爲的就是剪報、搜集資訊，他自稱有時收集的作家資料，比作者本人還詳細[2]。葉麗晴苦笑著說，沈登恩的用功她印象深刻，當時他每剪下一則新聞，就往椅子後一丟，她每天就得整理堆積如小山丘般的剪報。而且他還勤於寫信，許多與沈登恩來往的作者，都無法忘懷他的書信。整理巴金、林語堂與沈登恩的往來書信時，葉麗晴總說自己不敢相信沈登恩曾與這等大師級人物通過信呢！

沈登恩看了《中國時報・人間副刊》上陳若曦的小說，經由高信疆介紹，找上陳若曦，表示想出她的第一本書《尹縣長》；劉大任也估計，沈登恩是看了康寧祥辦的黨外雜誌《亞洲人》，才決定出版《浮游群落》；香港《信報》社長林行止回憶，他與沈登恩相識於一九七五年左右，其後十多年沒有聯絡，八〇年代末再見面，沈登恩表示希望能出版林行止的政經短評——原來沒有見面的十多年間，沈登恩每天閱讀《信報》評論，即便有段時間，台灣不准《信報》進口，他還是託朋友寄過來。[3]

沈登恩的勤奮促成了他與作者的第一次相遇，看到了別人未必注意的話題。他知道胡蘭成在台灣，就到文化學院（文化大學前身）拜訪，離開時，胡蘭成拿出《今生今世》與《山河歲月》送他，沈登恩連夜讀完《今生今世》，第二天即到陽明山向胡蘭成提出出版計畫。沈登恩曾預料一九八二年馬奎斯會得諾貝爾文學獎，獎項公布之前，即要求譯者宋碧雲提前開始翻譯《一百年的孤寂》，果然被他料中，當年就是馬奎斯獲獎！《一百年的孤寂》也成了遠景的知名作品。今日出版界的推理小說熱潮有再度捲土重來之勢，其實遠景當年早看到了「類型小說」的成績。遠景曾出版過英國女偵探小說家「阿嘉莎・克莉絲蒂探案」（五十冊）、「梅森探案」（Erle Stanley 著，二十五冊）、「柯賴二氏探案」（賈德諾著，二十冊）、「松本清張作品集」二冊，是今日台灣類型小說出版的先驅之一。

勤奮之外，沈登恩約稿動作也相當快捷。黃春明曾考慮了許久，是否在遠景出版，有天他見到沈登恩至他家門口留下的紙條，相當感動，即撥電話給沈登恩，表示願意出版，那晚即聽見沈登恩的機車聲在家門口響起，「隨著沈登恩也進來了，他從書包裡拿出合約書、印章和印泥，沒一下子的工夫，一切就這樣敲定了。」[4] 像這類急著找作者的心情，葉麗晴記憶猶新。有天，沈登恩看完電影《臥虎藏龍》，當晚一回到家，就叫醒正在睡夢中的妻子，不斷說這部電影多好看，他要出版這位作者的書，半夜就開始託大陸的朋友尋找王度盧的夫人，準備簽下他所有作品，隔天又與葉麗晴再看了一次電影，一星期後，王度盧的作品十六冊簽約完成，是爲「王度盧作品集」。

台灣文學的出版先行者

沈登恩的另一出版貢獻是，開風氣之先，出版了當時還不為人熟知的「台灣文學」領域的作品。一九七五年，張良澤在台南的大行出版社出了楊逵《鵝媽媽要出嫁》、吳濁流《泥沼中的金鯉魚》、鍾理和《故鄉》，當時，出版這樣的書是很緊張的，張良澤總擔心警備總部找上門來，但沒想到，「警備總部沒來找我，反而是出版家沈登恩找上門來。」[5]沈登恩、王榮文到台南找他，不到半年，張良澤主編的「鍾理和全集」八卷即由遠景出版。後來，遠景又邀張良澤編了六卷的「吳濁流全集」（一九七七）、八卷「吳新榮全集」（一九八一）。

一九七九年一月經由張恆豪引介，羊子喬至遠景提出「光復前台灣文學全集」的出版企畫案，後來經由張恆豪、林瑞明的協助，一九七九年上半年小說八冊完成編輯、出版，一九八一年五月出版了新詩部分，並邀鍾肇政、葉石濤掛名主編。原本預計有小說、新詩、論述、劇本、隨筆等五部分，但由於銷路問題，僅出版小說與新詩的部分。張恆豪認為，「光復前台灣文學全集」的出版意義深遠，當時這類作品的原始文本難找，甚至連公立圖書館都未必有，必須一一拜訪作家後代，才能獲得市面上難尋的作品文本；再者，這類文獻畢竟還屬禁忌，許多人也不願意談論，因此也沒有什麼資料可以寫就「作者生平」等資料，也是由日據時代的文學前輩郭水潭帶著一一拜訪梁漢成、王詩琅等人才得寫就。繼李南衡主編的《日據下台灣新文學》選集五卷（明潭出版社）之後，這套書也為台灣文學的研究打下史料基礎。

張恆豪說，當初沈登恩之所以會出版這套書，一方面是因爲他是個有理想的出版者，懂得這些文學遺產不能被埋沒，另一方面他知道這塊市場是存在的，於是幾個三十歲年紀上下的年輕人，就抱著衝撞禁忌的心情，做了這套書。

爾後，遠景陸續出版李喬的「寒夜三部曲」、鍾肇政「台灣人三部曲」、「濁流三部曲」、宋澤萊《打牛湳村》、《蓬萊誌異》、《廢墟台灣》、王拓《望君早歸》、《街巷鼓聲》、洪醒夫《市井傳奇》、吳晟《泥土》等書，以及多次將「七等生全集」改版。沈登恩一向認爲，他要出自己喜歡的書，他出版的書就是自己喜歡的書，憑著自己對於文學的熱誠與眼光，在未解嚴的年代，沈登恩成爲台灣文學出版的先行者；爲人熟知的吳濁流《亞細亞的孤兒》、鍾肇政《魯冰花》正標幟著沈登恩對於這個出版領域的貢獻。沈登恩在當時即有爲「一個書系成立一個出版社」的概念，他將台灣文學領域的作品另成立「遠行出版社」出版。

影響力廣遠的禁書出版者

沈登恩的熱誠往往與他的膽識相伴而行，尚未解嚴時，他大量出版了大眾不熟悉的台灣文學；陳映真的《將軍族》，出了沒幾個月，馬上被禁；《尹縣長》、《浮游群落》都是作者擔心會被禁的書，但出版者倒是一點也不怕。至於他讓金庸小說在台「解禁」之事，更是他的眼光、膽識與熱誠的最佳成果。一九七五年，沈登恩的朋友送他一冊《射鵰英雄傳》，沈登恩連夜看完，覺得奇怪，這冊在香港、星馬地區是人手一冊的書，台灣竟然沒有出版！原來，這本書是列在禁書目錄的。有眼光的沈登恩即到香港與金庸簽約，並向新聞局爭取解禁，一九七九年九月，沈登恩獲得了解禁令；簽約三年後，遠景在一九八〇年正式推出金庸小說。金庸小說的解禁當時還引起《中國時報》與《聯合報》副刊的連載爭奪戰，沈登恩成為其中的關鍵人物，足見其當年身為影響力廣遠的出版家。

而這位開車去迎接李敖出獄的出版家，原本預計出版李敖未被查禁的《胡適研究》與《胡適評傳》，李敖則認為該出版一本台灣沒發表過的，於是遠景大膽的出版了李敖出獄後的第一本書《獨白下的傳統》，並且大方預付數十萬元版稅。「李敖出書了！」成為當時轟動的話題，優異的作者與優異的出版家聯手打造了銷售佳績。之後，遠景還出版了李敖當初因之被繫入獄的《傳統下的獨白》。李敖在《獨白下的傳統》的封底上說：「遠景過去沒有李敖，李敖過去沒有遠景，現在，都有了。」《獨白下的傳統》出版於一九七九年，那時，沈登恩三十歲，遠景創立才五年，他的大膽創造了遠景的出版高峰。

諾貝爾文學獎全集的成功與失敗

沈登恩的膽識還表現於他經營書系的方法。他一向以「全集」來構想出書，認為這樣才能經營作者的出版生命，或是給予一個議題足夠豐富的累積，經得起再次的行銷。他往往大膽的將書系命名為「作品集」、「全集」，像是「黃永玉作品集」、「林語堂作品集」、「高陽作品集」、「金庸作品集」、「倪匡科幻小說集」、「張五常作品集」、「七等生全集」等。

「世界文學全集」也是沈登恩引進外國文學的龐大企畫，他選擇國外經典名家出版，並且也找優秀譯者來翻譯，像是陳蒼多譯《印度之旅》，吳潛誠譯《惠特曼》。一九八〇年，張恆豪向遠景提出編輯「諾貝爾文學獎全集」的構想，預計出版六十四冊，邀請陳映真掛名主編。當時遠景已出版近百種的「世界文學全集」，但多注重十九世紀的國外名家，譯本也大多來自大陸三十年代的譯者，當時除了新潮文庫之外，一次大戰之後的國外文學名家，台灣也引進得不多，因此，這套書要開始做，也花了相當大的力氣。一方面是原文文本不是很容易取得，經常要託這套書的顧問鄭樹森在國外的時候，順便帶原文書回來，再者，英、日語系的譯者好找，但歐語系的譯者就不容易找了。正因如此，「諾貝爾文學獎全集」的出版意義非凡，它填補了台灣認識二十世紀國外文學名家的空白，也是台灣出版界懂得向國外購買版權的開始。如果能夠找得到作者本人，沈登恩便會盡量託人向作者直接買版權。

這套書預定三個月出版一批，前後花了兩年半的時間編輯，同時創造了台灣前所未見、至今恐怕也難以得見的圖書宣傳計畫。沈登恩曾在《新書月刊》的訪問中說過這段話，可從其中看得出其豪氣：

> 遠景籌劃出版的「諾貝爾文學獎全集」，我們已投資了六千萬元新台幣，製作的規模與態度的嚴謹，堪稱中國出版史上的創舉。以小小的民營出版社的實力而言，我們在自己肩上放了一副重擔，雖然吃力，但並不後悔，因為我在為明天的遠景奠基，我深信讀者的眼睛是雪亮的，他們分辨得出誰是真正耕耘者，我的信心建立在整個世代善良讀者的心靈之上。

沈登恩首開先例，在報紙刊登全版圖書廣告，吸引讀者預購套書。張恆豪回憶，登廣告的時間有一、二年之久，要出書之前，幾乎是天天都登，今日實在難以想像。遠景不僅在台灣登，在香港、新加坡、馬來西亞也登，前前後後花了七千萬的廣告費，成爲當時轟動出版界的大話題。然而，這套書的預購情形不盡理想，沈登恩不願意因預購量過少而停止出版計畫，加上有其他出版社競爭，這套今日看起來仍屬「高價」的二萬多元套書，造成了遠景的重大危機。

沈登恩的大膽，讓他陷入危機，他的大膽，也讓他致富。遠景在第二年即有盈餘，葉麗晴說，今天大家說的「名牌」，沈登恩在當年全用過，而且他是全台出版界頭一個開賓士車的。沈登恩的個性與他的出版事業密切相關，他喜歡新鮮事物，敢做別人沒嘗試的事，例如，遠景是台灣出版界首次使用全彩封面的出版社；當時流行的開本是文星版的四十開，遠景就改爲較大的三十二開。他還找了很有天分的黃華成（一九三五—一九九六）來設計封面，在一九七四—一九七八年之間，黃華成以生活物件爲鏡頭焦點的攝影照片，來製作封面，他被稱爲是「台灣戰後美術史不能忘卻的天才」。[6] 遠景剛創業的年代，香港是較能與國際接軌之地，沈登恩特別喜歡去香港，那裡有很多新鮮事物，他曾說，希望一年有一半的時間住在香港，因此遠景不僅長年參與香港書展，而且是台灣第一個引進香港重要作者的出版社：金庸、倪匡、董橋、張五常、林行止、黎智英，沈登恩也盡量以「作品集」的方式出版，長期經營。像「林行止作品集」以每年四冊的方式出版，目前已出版了一〇二冊。

雜誌與書店事業

沈登恩喜歡新奇，編輯創意很多，遠景有許多書歷經多次改版、更換系列，都是因應行銷的需求。此外，他引進金庸小說時，還提出「金學」一詞，他認爲應該以不同角度研究金庸，於是開創了「金學研究叢書」，達三十多種。他認爲金庸武俠是成人童話，天下沒有第二部這樣的成人童話，曹雪芹的《紅樓夢》延伸出「紅學」，金庸的讀者遍布華人世界，自然也該能有「金學」。

另一個創意表現延伸至了雜誌。一九八五年八月，他曾創辦《大人物》雜誌，首創了「校園十大美女」這樣的詞，當時總編輯是呂學海。這份雜誌做了九期，因無法支持而停刊。《大人物》結束後，倒是演化爲遠景的「大人物叢書」與「大人物出版事業公司」。「大人物叢書」的第一號是王永慶的《生根・深耕》，沈登恩把此系列定位爲遠景二十週年的紀念系列，預備出版各行各業傑出人物的傳記，「從自傳到評傳、從回憶錄到感憶錄、從珍聞軼事到鴻圖信史、從讜言語粹到謨議經綸，都在叢書範圍之內。」[7]

早在「大人物叢書」之前，遠景已有「傳記文庫」書系，包括《魯賓斯坦自傳》、《雷諾瓦傳》、《鄧肯自傳》、《韋伯傳》等各領域的大人物，近年亦出版了《馬奎斯傳》、《聶魯達回憶錄》。沈登恩除了自己辦雜誌，也曾支持過別的雜誌，他因仰慕白先勇，自一九七七年八月起支持《現代文學》復刊，至一九八四年三月共二十二期，他也投資《小說新潮》，一九七六年起更支持了四年的《台灣文藝》，將其從季刊改爲雙月刊。

除了辦雜誌、出版圖書，沈登恩還開過書店。遠景十週年時，已有三家門市，分別在台北市的信義路、仁愛路與台大附近，遠景的書向來不打折，當時十週年慶破天荒打了七折。過了幾年，這三家門市收了，沈登恩又在台北市仁愛路、台大附近、台中綠川西街，以及台南成大後門開了「衛斯理書店」。據說是沈登恩與倪匡交情很好，才取了這樣的店名。葉麗晴認爲，「衛斯理書店」可說是今天的「誠品」，當時每家都花了二、三百萬的原木裝潢，而且只賣遠景的書。書店也曾遠至新加坡，在最熱鬧的烏節路開了「遠景文化廣場」，後因支持不了而結束。

輝煌十年之後

沈登恩有句名言：「給作家出書就是交朋友，就如同種樹需要施肥。」他對一件事投入了，就是用萬分熱誠與專注去對待，像是遠景的版稅率高達百分之十五，就今日來看，也是很高的。曾在遠景擔任過編輯的羊子喬回憶，在遠景出書的作者，大多書未出版，沈登恩就先支付版稅；當年沈登恩在《聯合報》上看到《人子》的連載，他即打電話給鹿橋，鹿橋沒聽過遠景，刻意說了一個簡直是天文數字的版稅數目，而沈登恩的創辦基金不過三十萬。沈登恩立即透過銀行的朋友貸款，在鹿橋猶豫是否簽約之際，立刻託朋友帶支票到美國簽下合約。然而，一旦他認爲不合理了，也絕不讓步，也因而有了他與作者的合約爭議，《今生今世》曾與台灣三三書坊、大陸的中國社科出版社有過版權爭執；遠景作者合約有一條是，若是版權五年期限一到，作者未書面解約，即形同續約，這點作者也有些微詞。沈登恩有一度曾要求書店不許退書，因爲遠景的書一向銷售得很好，但這種要求，也造成了書店的抵制，影響了遠景的銷售。周轉不靈時，他會向文友借錢，借了錢還不了時，便不好意思再與朋友聯絡，王潤華說，因爲向朋友借錢，沈登恩失去了所有的好朋友[8]。主編沈登恩紀念文集《嗨！再來一杯天國的咖啡》的應鳳凰說，編這本書時，的確有不少作家與出版者因與沈登恩的糾紛，不願提筆爲文。

自信心加快了沈登恩選書的腳步，卻也因「自信過高」影響遠景的發展。葉麗晴說，「諾貝爾文學獎全集」造成遠景危機時，由於不敢讓別人知道，只好去向地下錢莊借錢，形成一個永遠補不完的大坑，加上八〇年代後期，出版已不再以文學爲主流，生活、財經的書當道，沈登恩卻不肯改變遠景的出版方向。遠景成立第二年，王榮文離開創辦了「遠流」，鄧維楨成立了「長橋」，沈登恩開始獨立經營遠景，當時個子不高的他，憑藉選書的天分，擁有漂亮的銷售成績、高品質的出版眼光，搏得出版界「小巨人」、「小鋼砲」的稱號，在創辦《大人物》時，遠景員工多達二十多人。然而，在遠景的第一個輝煌十年之後，沈登恩似乎因爲經濟壓力而喪失了他的靈光。

二〇〇一年之後，沈登恩積極向大陸作者邀稿，簽下了鍾兆雲《奇人辜鴻銘》，出版了陳鋼《上海老歌名典》、金文明《石破天驚逗秋雨》、陳子善編《說不盡的張愛玲》。陳子善回憶道，二〇〇三年底，沈登恩寫信給他，表示二〇〇四年是遠景三十週年，預備出版三十種書慶賀遠景的再出發[9]，但這一切計畫都隨著沈登恩罹癌而暫停了。

二〇〇四年，沈登恩因癌症逝世，他對葉麗晴說：「要好好照顧遠景。」葉麗晴因在遠景門市打工而結識沈登恩，那時已過了遠景最輝煌的前十年。她說，結婚二十年了，自己好像是在一艘看不見方向的大船中前進，連李敖都笑說，這位新娘子根本都沒享受過遠景的風光。一九八三年的訪談，沈登恩就曾說，「我真不敢想像，要是生活裡沒有了書，我沈登恩還賸下什麼？」[10] 二十多年過去，葉麗晴笑說，沒想到，沈登恩到最後時刻都還惦記著遠景。

遠景的未來，未來的遠景

肩負著遠景光環的葉麗晴，也明白出版界對沈登恩的爭議很多，但她皆坦然接受，未來只有更積極地面對。

目前，葉麗晴積極策畫舊書重新出版，遠景曾經出版的諸多經典作品，已成爲讀者心目中恆久的印象。曾有讀者打電話至遠景，希望能再版遠景叢書，好讓他擁有一套完整的叢書，因爲「這套在年輕時影響我深遠的書，我也想再傳給下一代」。最常被詢問的經典書籍包括「林語堂作品集」；鍾肇政的《魯冰花》、「濁流三部曲」、「台灣人三部曲」；胡蘭成的《今生今世》等等。

此外，葉麗晴也尋找台灣文學新秀，承接沈登恩當年選書的脈絡，維持遠景一貫的文學主調。二〇〇六年出版的《後山地圖》寫下原住民、漢人、日本人相遇的故事，獲得新聞局九十五年度電影優良劇本獎、巫永福文學獎。二〇〇七年出版了陳燁《有影》、《玫瑰船長》，賴舒亞《挖記憶的礦》，以及腦性痲痺作家蔡文傑《風大我愈欲行台語詩集》等，都有不錯的迴響，繼而出版的路寒袖《忘了曾經去流浪》

更是創下銷售佳績。

葉麗晴另一個繼承沈登恩文學眼光的舉動，就是代理了香港《字花》雜誌，這是創刊於二〇〇六年四月的香港年輕文學雜誌，在港台兩地創造了新鮮的文學氧氣。葉麗晴要做的，不只是代理進口而已，她認爲《字花》的風格與台灣現今的文學雜誌相當不同，她希望有一天《字花》也有台灣版，讓《字花》成爲華文地區文學創作者的平台。不同於沈登恩的文學選書，葉麗晴另成立了「晴光文化出版公司」，將以生活、保健、旅遊類書爲主，預計在二〇〇八年出版第一本書《女人男人輕鬆打》。

沈登恩做了許多能傳之久遠的好書，正如「遠景」命名的用意，這是最常用來代表未來與希望的字眼。而以後的「遠景」，如何爲讀者打開閱讀視野，創造出另一個「遠景」，也是值得期許的。

註釋：

1 孫秀玲：〈沈登恩和他的「遠景」〉，《新書月刊》第二期，一九八三年十一月。

2 同註1。

3 應鳳凰主編《嗨！再來一杯天國的咖啡——沈登恩紀念文集》，遠景出版公司，二〇〇五年九月。

4 同註3，頁一二九。

5 同註3，頁一二一。

6 引自李志銘，http://blog.yam.com/jxjbooks/article/9991050。

7〈遠景大人物叢書出版緣起〉，《生根‧深耕》，頁一。

8同註1，頁七九。

9同註3，頁一七〇。

10同註1。

原發表於二〇〇八年二月《文訊》二六八期

非主流的異議聲音

書林出版公司

◎蘇惠昭

1988年，書林的台北門市。

蘇正隆

1951年生。1977年創辦書林書店。現爲書林出版、龍登公司發行人；同時擔任台灣翻譯學學會理事長、W.W.Norton出版公司台灣韓國地區經紀人、師大翻譯所兼任助理教授、中華民國英語文教師學會理事、研考會營造英語生活環境推動委員等。參與國內外多本英文及英漢詞典編輯、校訂，包括《麥克米倫高階英漢雙解詞典》、*Macmillan English Dictionary for Advanced Learners*（此詞典獲2002年Duke of Edinburgh最佳英語教學圖書獎及WINNER of the British Council Innovation Award 2004）(Contributor)、《書林易解英語詞典》、《遠流活用英漢詞典》。編著有《英語的與錯》（合編）；譯有《靈燈》、《百回本西遊記及其早期版本》等。同時發表有多篇翻譯學相關論文。

1987年出版《魯拜集》，舉辦譯者黃克孫（坐者）簽書會，右為蘇正隆。

字典等工具書，是書林重要的引進書籍項目。

2007年《麥克米倫高級英漢雙解詞典》新書發表會。左起：Steve Maginn、奚永慧、李振清、蘇正隆、余光中、曾泰元、 林茂松。

1998年《Taiwan Personalities 台灣群英錄：一位外籍記者的訪談》新書發表會。左起：李大維、陳文茜、蘇正隆。

書林出版諸多翻譯相關書籍。左起：《翻譯初階》、《翻譯捷徑》、《英漢翻譯訓練手冊》。

書林書店會不定期策畫擺設小型主題書展。左圖為多麗絲．萊辛書區，右上為童妮．摩里森書區，右下為蘇珊．桑塔格書區。

書林曾出版台灣重要戲劇學者姚一葦的多本著作。

2007年6月書林創辦30週年之際，在新生南路開辦「祕密花園」，不定期舉辦活動。圖為台大外文系教授張小虹。

書林在西洋文學上著力甚深。左起：《新編西洋文學概論》、《越界的西洋文學》、《西洋文學術語手冊》。

部分照片提供／書林出版公司

書林門市呈現兼具學術研究與獨立書店的氣息。

從一本詞典談起

三十年前，書林書店有一本暢銷書是大中國出版社翻印大陸出版的《綜合英華華英大辭典》，透過書林的促銷，這本鮮為人知的好詞典幾個月內賣了兩千多本！

三十年後，書林出版了《麥克米倫高級英漢雙解詞典》，希望能矯正幾十年來以訛傳訛的英文中譯，讓「不存在的中文」能逐漸消聲匿跡。

許許多多這類的誤譯，書林董事長蘇正隆認為，追根究柢起來就是受到英漢詞典的影響，特別是梁實秋主編的詞典。詞典說「cupboard」是碗櫥，所以哈利波特就莫名其妙的住在碗櫥裡（其實是儲藏室）；「living room」明明是客廳，詞典說是起居室，所以國中英語就說是起居室，困惑了好幾個世代以後才正名。

直譯、劣譯往往是因為英文理解不夠，才不敢放心大膽的譯，只好順著英文一直線譯出來，不是把中文搞得彆彆扭扭，就是錯譯。能不能有一本信用可靠又符合時潮的詞典呢？二〇〇七年底，蘇正隆終於實現為當代台灣人出版一本優質英漢詞典的宿願：既有正確的翻譯，又能深入了解英美文化，只是沒想到出版的時刻正好撞上了出版界的寒冬。

二〇〇七年的十二月十二日，幾乎與媒體絕緣的書林出版公司開了一場記者會，宣布書林的三十歲生日，同時推出ＭＥＤ《麥克米倫高級英漢雙解詞典》正體字版，這本詞典就如同一枚勳章配在為文學、語言、人文努力了三十年的蘇正隆胸口上。同時擔任台灣翻譯學會理事長的蘇正隆正是MED正體字版總編輯，副總編輯曾泰元則是東吳大學英語系前系主任，爲語言學博士，專攻詞典學。在北京外研社簡體版所建立的基礎上，書林結合台灣與香港的編輯團隊，以兩年半的時間修正加工、潤飾，力求譯文準確和順暢。工程底定後蘇正隆爲詞典寫了一篇〈後出轉精〉序文，說明編輯團隊如何校正傳統英漢詞典的訛誤，以及如何對抗幾個世代以來的「不正常中文」、「不存在的中文」，把一般語言學習書中按英文詞序中譯的句子化爲正常中文，所以「tried to find switch」就只是「想找電燈開關」，不再是「試圖找到電燈開關」；「被肯定」還原爲「受到肯定」，「反擊」就是「反擊」，不需要「進行反擊」，「無論如何小心也不爲過」這樣彆扭的英式中文也從詞典中消失，以「越小心越好」代之。一切努力就是要做到余光中說的：「挽西化之狂瀾，返中文於清暢」。

收錄漢語文化特色詞和台灣社會流行語也是MED正體字版與其他詞典不同之處，鍋貼、豬血糕、冬瓜茶、宅男、車震、鋼管舞、台客、電話詐騙、檳榔西施……，沒錯，以上英文單字都查得到。（答案依序是：pot sticker、pig blood omelet、winter melon tea、home geek、dogging、pole dancing、Taiker或hip grass-roots Taiwanese、telescam、betel nut beauty）。

但MED正體字版在各通路慢火加溫，差不多是出版半個月以後的事了。

二〇〇八年初，誠品書店的新書區中，紅色封面的《麥克米倫高級英漢雙解詞典》成爲新書區中最受矚目的焦點，同一時間，MED也獲選爲博客來網路書店的「學習新知」類特別推薦工具書，受到電子字典擠壓，在實體和虛擬通路銷售量皆直線下降的紙本詞典，終於有了回春的跡象。

景氣的寒冬一直沒有影響書林，一如市場上熱鬧滾滾時，書林也沒有隨之發燒，跳進戰場廝殺，搶購國際大書，依然按照進度出版它的《希臘悲劇之父全集》、《觀光客的凝視》、《好詩大家讀——英美好詩五十首賞析》或《實用情報英文》，它與Norton維持的緊密關係亦令同行稱羨，甚至誠品書店也無法平行取得諾頓的出版品。攤開出版地圖，書林就像一株根深幹實的大樹藏在遠方的高山上，而書林人在蘇正隆嚮導下默默的大縱走，踩過一個又一個一等三角點，站在視野遼闊的峰頂，以穩健踏實的腳步繼續往下一個三角點前進。

自一家書店創始

蘇正隆目前的另一個身分是台師大翻譯所「筆譯專業」兼任教師，專治翻譯上的疑難雜症。但是三十一年前，蘇正隆沒有繼續攻讀學位而去開一家書店，做出版，這委實讓人心生好奇。「他本質上就是個學者，學者型的出版人，雖然沒有出國留學，沒有博士學位，學問卻不輸給學院的英語教授，甚至比教授好。」曾在柏克萊大學主修比較文學的雅言出版負責人顏擇雅對蘇正隆的英文能力深感敬服。

一九七五年蘇正隆從台大外文系畢業，一九七七年服完兵役後，一手從事翻譯，一手爲當時的《戶外生活》雜誌撰寫植物觀察旅行專欄，很少人知道他還是台灣生態旅遊的先驅，對植物頗有研究。蘇正隆認爲知識可以自修，但需要有獲得知識的工具，念大學時他最感困擾的一件事是外文書取得困難，還被供應商壟斷，好書有限，價格又貴，「如果有一家專門書店就能造福台大外文系學生順便也造福自己了」。就憑著這一股理想，一堂管理課也沒上過，不識「做生意」爲何物的他便夥同同學李泳泉、湯偉傑一起經營起書店，印行以文史哲爲主的外文書，也代購中外書刊，第一步當然要先服務台大外文系學生，這就是一九七七年十二月十二日誕生在羅斯福路小巷的書林書店，第一批引進的創業書，每一本都是蘇正隆和合夥人親自讀過而且認可的，書店開張不久蘇正隆又成立書林出版，英文名字就叫BOOKMAN，和日本青山著名的BOOKMAN書店同名。

成立最初三年的試探

「我們整整摸索了三年，賠了三年，叫好不叫座，不知道這一條路能不能走下去。」蘇正隆這樣回憶書林的新生期。

一九七九年鄭明娳刊登在《出版與研究》雜誌的一篇文章〈理想的書店——由書林書屋談起〉很準確的傳達了書林最初三年的景況，書店也因爲這篇文章而吸引到「同聲相應，同氣相求」的愛書人，有許多人甚至從台中、台南搭火車到台北，專程來尋訪書林，一直到現在蘇正隆都還保留著這篇讓書林「轟動江湖」的文章。

「店面只有十一坪大，馬蹄形的書架把空間圈得更瘦小，但（書）都是經過精挑細選才陳列出來的，兩位合夥的『老闆』都剛畢業於台大外文系，兩人都戀書成嗜。經過幾年的摸索，對工具書的運用，書

刊的選擇，自信已有相當能力，但深感學弟學妹們不會買書、用書。」（鄭明娳）

換句話說，「指引學生買書」是蘇正隆創立書店的初衷，店內引進的《綜合英華華英大辭典》是當時學者公認外文系學生必備的工具書，一般學生卻無緣得識，所以老闆便特別努力推銷，還找出學者專家刊登在書刊雜誌上的「證言」以為背書，使得該辭典不久後便登上外文工具書銷售第一名。

為了向各大學英文系推薦英文用書，蘇正隆也會親自帶著樣書到系上向師生介紹解說，往往能「發潛德之幽光」，讓原本不受重視的作品，一躍而成為教材主流。

書林書店陳列的中文書刊，「則主動找有價值而被忽視的書，像《台灣民族運動史》、《群眾運動》都是值得一讀的冷門書。又如《所羅門王的指環》由東方書店出版，一般人只視之以兒童讀物，殊不知它更適合成人閱讀。有些曾經風靡一時的如《寂靜的春天》，目前已在書攤上銷聲匿跡，但他們認為價值高，照舊推薦。」（鄭明娳）

書店還把最精華的位置給了最冷門的「現代詩專櫃」，另設「電影專櫃」、「植物專櫃」等。「每週一書」則每週推介一本有價值卻被忽略了的書，如彼德柏格《漂泊的心靈》。毋庸置疑，這是一家對「通俗而膚淺」的暢銷書過敏，拒絕商業化的書店，不過卻也因此而錯失了賣《刺鳥》、《根》的機會，等到發現這兩本小說的價值時，已經錯過了展售的黃金時期，留下「必須關注社會議題」、「暢銷書未必等於通俗而膚淺」這兩條教訓給蘇正隆。

七〇年代的書店圖書館化

時間暫且跳到二〇〇三，這年書林「看小說」書系出版了丹尼斯．勒翰的小說《神祕河流》。譚光磊就是讀了丹尼斯‧勒翰的小說，決定從台大外文所休學專心做版權經紀，結果成了「明星版權經紀人」，但那一年台灣的長篇翻譯小說熱潮還沒有開始，《神祕河流》雖然在美國大賣，台灣則成績平平。當時業界以爲書林也要轉型做類型小說，加入戰場，結果書林並未把《神祕河流》當推理小說包裝，依然將它放在主流文學的位置。也就是說，一九七七年以來，書林只是稍稍移動位置，隨風輕擺，理想的本質未曾改變。以二〇〇四年啓動的「性／別」書系來說，從《妹妹不背洋娃娃》、《裸：脫衣舞孃眼中的金錢》到《精算婚姻》、《去——你的性愛歪理》，書名雖然「入境隨俗」，包裝的都是嚴肅的當代社會議題。

回到七〇年代，「書店圖書館化」亦是書林書店一大創新，「除了黎明讀者俱樂部，它可能是第一個在書店裡擺設座位以供買書讀者久讀的書店」（鄭明娳），讀者可以在書店內把書讀完再決定買或不買，關門時間也不一定，總是要等到讀者走光了才打烊，若是買到不滿意的書還包退包換。書店不但圖書館化，書店主人還會主動提供專業的閱讀建議：「買者尋某一本，書林往往還會推薦其他相關的參考書籍給讀者」（鄭明娳）。

至於出版，其原則和書店經營一樣，書林一方面主動搜尋英美文學中的好書翻印（此爲前版權時代作業模式），在「幾乎沒有一家外文書店具有專業訓練的人才與條件」的優勢下，書林的選書專業，或說蘇正隆的「書感」迅速獲得外文系師生肯定，當時坊間出版的《西洋文學批評史》（顏元叔翻譯），卻把原書的註解、章首大綱、參考資料、作者簡介等等「不算重要的成分」全數刪除，這件事讓蘇正隆十分震驚，下定決心要為文學院學生出版冷門但重要而且是原汁原味的西洋學術與工具書籍。

見證鄉土文學論戰的發生

為鄉土文學站台，出版《鄉土文學討論集》，這是書林宣告其自由獨立立場的「揭竿起義」，後來書林會獨鍾新左派著作算起來也是淵遠流長，始終如一。《鄉土文學討論集》如今已成為鄉土文學研究重要參考史料，很多人以為它是遠景出版，事實上《鄉》書的第一個版本是書林所出版。

書林成立那一年正逢鄉土文學論戰戰火熾烈。

一九七七年葉石濤在《夏潮》發表「台灣鄉土文學史導論」，闡明台灣鄉土文學的歷史淵源和特性，同一年彭歌在《聯合報》發表〈不談人性，何有文學〉，銀正雄發表〈墳地裡哪來的鐘聲？〉，余光中發表的〈狼來了〉，點名批判黃春明、陳映真、王拓、楊青矗、尉天驄等人的鄉土文學思想；認為鄉土文學作家提倡的正是「工農兵文學」，從一九七七年到一九七八年初，「鄉土文學論戰」風捲台灣文壇，尉天驄則把論戰文章輯成《鄉土文學討論集》尋求出版，那是一九七八年，台灣戒嚴中，還要戒嚴很久，這使得出版社對《鄉土文學討論集》避之惟恐不及，蘇正隆知情後便挺身而出，尉天驄則不收取主編費，「我的動機很單純，別人不敢出，我們來出」，事實上這背後還有他對鄉土文學派被圍剿的「路見不平」，但出版這本書還是有風險的，有一段時間書林書店成了情治人員搜索的熱門地點，蘇正隆臥室裡的《阿Q正傳》、錢鍾書《圍城》等三十年代作品因此被查獲，也遭受一場小小的牢獄之災。風平浪靜後書林把書轉給遠景，尉天驄總算拿到了主編費。

走過最辛苦的三年，在年輕知識分子，也就是所謂「書林幫」的口耳相傳下，「反主流」的書林書店和書林出版慢慢成爲小小的文學／思想中心，也穩定的占有大學外文系教科書市場，從而奠定經營基礎。「戒嚴的年代，藝文界的年輕人，在有著休息區的晦暗角落裡，交換著禁忌的文化資訊，舒國治、張大春、張小虹、李幼新、楊照，都曾經在這個地方，留下他們年少反叛的痕跡。」這段文字就貼在書林的「傳書網」上，顯然蘇正隆所「造福」的不只是台大外文系學生和他自己而已。

冷門而專業的成功之路

前網路書店年代，詹宏志寫過一篇書店趨勢觀察，大致的意思是說，書店的未來風貌不外有三，一則越開越大，大到會讓人迷路；二則越開越小，縮在 7-11 的一個角落。三則專業，他援引爲例的專業書店就是書林，一想到英語學習專業、想到文學理論專業、翻譯理論、語言學專業，書林一直是優質的代表。

所以如果有人問起如何創業，創什麼業，蘇正隆的標準答案是：「順著你的心，做你想做的事，不放棄理想，總有一天會感動人，得到支持」。

堅持興趣和理想，就算最後不能成功，「也會無怨無悔」。

書林因爲堅持興趣和理想而成功。

一九九七年，書林成立台中、高雄營業處，北、中、南三區業務網路成形，隔年成立龍登出版有限公司，代理國際出版社業務，範圍擴及全亞洲，服務出版同業及進口書商。一九九九年台北新南門市擴大營業，增設兒童英文書專區，七年後重新裝潢，開闢「書林祕密花園」，舉辦各種藝文活動，服務社區。二〇〇二年成立簡單出版公司出版英語學習叢書，再成立櫻桃出版公司出版兒童英語叢書，書林旗下公司員工超過七十位，以國內出版業每人產值三百萬到三百五十萬元計算，推估年度營業額約在兩億五千萬元上下。

無論書店或出版，對於爲尋找暢銷書、話題書而進入書林的讀者來說，這裡有如陌生的異鄉。書林的多數出版品在連鎖店不是發配到邊疆，就是根本鋪不進去，更遑論上暢銷書排行榜了，但僅僅靠著三個營業處，效益就大過一百家連鎖店，換句話說，書林建立了一個主流社會看不見的消費網絡，暢銷商品（書）的利基市場還是存在，但多元分布的非熱門商品聚集起來形成了另一個不可小覷的市場，這就是「長尾理論」。借用「長尾理論」，書林就是擁有一條很長的尾巴，一條由數以百種千種「冷門而專業」、「紮實而細緻」的長銷書構成的尾巴，以一九九三年出版的 *Terry Eagleton*（《文學理論導讀》）來說，十多年來它累積銷售量約有一萬本，所有對新馬文學批評有興趣的人最終都會到書林來找這本書，該書譯者吳新發教授亦曾就部分章節疑義處親向伊果頓討教，這也正是「書林譯本」價值之所在。

一九八八年引進 E. B. White 原文小說 *Charlotte's Web*（《夏綠蒂的網》）則一直是英文老師推介中學生、大學生閱讀的「輔助教材」，拍成電影後動能增加，至今累積銷量超過十萬冊。

一九九三年出版的尹世英《劇場管理》，因爲是當時市面上僅有的這方面書籍，連香港相關科系及從業人員都來台灣購買。

代理十多家英文出版社與英語學習書籍是書林的兩大優勢，因爲如此，也才有餘裕出版冷門而小眾的書如戲劇和詩集，賺取所能賺取，也付出所能付出的。

總代理多國出版品與出版經紀

「W. W. Norton 出版公司　台灣韓國地區經紀人」，蘇正隆名片上印著這一行字。諾頓是全世界公認的第一流出版社，作者中獲得諾貝爾獎、普立茲獎、美國國家書卷獎者不計其數，以出版高水準大眾書籍和大學教科書聞名，包括文學、小說、歷史、哲學、音樂、心理學、經濟學、社會科學、自然科學、資訊科學，台灣熟悉的經濟學家克魯曼就是其一，而只要有外文系所的大學，就一定會用到諾頓出版的世界名著、諾頓的各種文選、諾頓的西洋文學概論，以 *Norton Anthology of Western Literature* 來說，全世界就有一千二百所大學採用，*Norton Anthology of English Literature* 有二千七百所以上大學以它爲教科書，諾頓也出版爲亞洲學生設計的英國文學史教材如 *Lectures on English Literature*。

Norton 之外，書林的關係企業「龍登出版公司」也是 Verso Books（以介紹世界級左派經典讀物爲主）、Penton Overseas（有聲書、外語學習和兒童教育產品）、Evans（出版教育和兒童讀物有百年歷史）、Summertown（全方位商業英語教材與英檢教材），以及AUPG（美國大學出版集團，含哈佛大學、麻省理工學院、普林斯頓、芝加哥、耶魯、約翰霍普金斯、加大、哥倫比亞）等八所主要大學出版社的總代理。

龍登也是台灣唯一一家專業出版經紀公司，爲國外出版公司在亞洲的業務拓展開路，除爭取主要進口書商下大訂單，還包括版權銷售、合作出版，而不限於版權經紀。「轄區」包括台灣、中國大陸、韓國及東南亞，同時也嘗試將台灣出版品推出去，譬如將徐仁修的生態攝影書製作成英文摘要在北京書展亮相。

從文化角度出發的英語學習

在台灣，英語學習是一個龐大的市場，單是英語學習雜誌每月就可售出一百萬冊，沒有一家出版社不想做英語學習書以求分一杯羹，就英語學習書這個角度，書林當然是主流出版社，它的英語學習書是全方位的，文法、寫作、詞典、翻譯、商業英文、財經英文、新聞英文、全民英檢、托福、文學經典等，從兒童到成人，從初階、進階到最高階，但面對英語學習，蘇正隆卻有不同的思維，市面上五花八門的英語學習書都想以「出奇制勝」，編輯得很花俏，有如特效藥、英文威而鋼似的，訴諸衝動購買，但宣傳期一過立刻被遺忘，然後又出現更新鮮速效的產品取而代之，「英文學習沒有捷徑，沒有祕方，它需要按部就班，長時間的浸泡和累積」，蘇正隆理想的英文學習是從文化或知識的角度切入，以「知識英文」系列爲例，主題有名畫、宗教、金錢、星座等等，既學習英文又獲得知識，貼近文化，「這樣學習英文不是更有趣？」

「不從功利出發，享受閱讀樂趣」則是蘇正隆認爲英語學習的最高境界，而英文要好，「也一定要大量的閱讀」。

讓經典書籍在幽暗處發光

「我們用賣教科書賺到的錢來補貼文學、文化、理論、電影、戲劇、詩集的出版，這些書都是不賺錢的，特別是戲劇書，冷門中的冷門，沒有人願意出版。」蘇正隆說明書林的「劫富濟貧」出版策略，書林從來沒有想成爲純粹的商業出版社，蘇正隆個人更把現階段的人生定位在「回饋社會」。

三十年來，書林持續出版冷門專業書如不滅的星星之火，姚一葦《戲劇原理》、姚一葦劇作六種、《戲劇與人生——姚一葦戲劇評論集》因此得以流傳，還有各種中英文劇本任君選擇，蘇正隆一直不能理解觀眾爲何肯花錢買節目單而不願買劇本來閱讀，劇本成爲票房毒票，但站在藝術欣賞的角度，卻不容其消失。

對翻譯的講究使得書林在挑選譯本時格外慎重，它的《葉慈詩選》係中國大陸愛爾蘭文學專家傅浩的譯本；波斯詩人 Omar Khayyam 的《魯拜集》，中國大陸和台灣加起來至少有十位專家學者譯介過，書林挑選的是黃克孫譯本，黃克孫乃MIT統計力學、量子場論教授，他的七言絕句譯法一般認爲「比郭沫若高明」。《漂鳥集》則出自傅一勤教授之手，他「以獨創的詮釋角度與精妙譯筆，重新迻譯，賦予詩作嶄新面貌」。

最曲折離奇的翻譯故事發生在《小毛驢與我》。

《小毛驢與我》爲一九五六年諾貝爾文學獎得主，西班牙現代詩人希美內思的散文詩，早在蘇正隆念大學時就在外文系學生間流傳，書迷不少，卻一直未能如《小王子》一樣廣爲人知，成爲國民讀物。因爲愛上這本書，蘇正隆在書林成立不久後即印行英譯本，並委託某位譯者翻成中文，以一般出版社標準而言，譯文品質尚可，卻過不了蘇正隆這一關，因此一直擱置未出版，又十年過去，彭鏡禧、夏燕生、余光中等教授先後向書林推薦林爲正擔任該書翻譯，這一次的品質相當不錯，但還是未達蘇正隆「讀起來要像一流的中文散文詩」標準，於是他親自修訂，有些修訂文字林爲正全盤接受，有些則「拿回去重譯」，如此一來一往又過了七、八年，這「十年磨一劍」的翻譯鍊金術往往讓書林陷入無盡的黑暗，難產的陣痛，這也是書林必須以自己的節奏出書，不可能隨市場起舞的理由。

書林也爲華人英語學者出版學術著作，如早期的《莎士比亞通論》，顏元叔著；兩年前出版的張錯《西洋文學術語手冊：文學詮釋舉隅》則是重要的文學工具書，共編選西洋文學重要關鍵詞彙與術語一一〇則，引舉中外文學適切的篇章爲例，分析基本文學觀念及技巧。

「交錯著英美文學的維多利亞高雅氣質與非主流聲音的異議軸心本質」，書林如此詮釋自己，這是蘇正隆的氣質，也是書林三十年不變的追求，一個熱愛自然與文學的，主流出版的界外人，一家充滿矛盾又吸引讀者的奇特出版社，無可取代的書店。

原發表於二〇〇八年三月《文訊》二六九期

揮灑絢爛的藝術光譜

藝術家出版社

◎巫維珍

藝術家出版社內部陳設流露著濃厚的藝術氣息。

何政廣

1939年生於台灣新竹。台灣師範藝術科畢業。1975年6月創辦《藝術家》雜誌，擔任發行人；2007年10月創辦《藝術收藏＋設計》雜誌。並曾先後擔任教育部國民學校美術課程標準修訂委員、《雄獅美術》月刊主編、台灣省政府教育廳兒童讀物編輯小組總編輯、《兒童的》雜誌總編輯、東華書局兒童部總編輯、文建會美術諮議委員會委員、台灣美術館諮詢委員會委員等多項職務。曾獲行政院新聞局圖書主編金鼎獎等。著作及編譯叢書包括：「歐美現代美術」、「二十世紀美術家」、「世界藝術新潮」、「世界名畫家全集」等百餘種。

1976年3月，洪通及其夫人（左四、左三）、曾培堯（左二）與南鯤鯓同鄉拜訪《藝術家》。

1978年左右，賴傳鑑（左起）、李德、賴武雄、顧獻樑、劉其偉、席德進、戴壁吟（右一）與于還素、張志銘等人在藝術家雜誌社座談張文卿繪畫。

藝術家出版社以「台灣」為主軸，策畫出版了許多全集與大系。左為「台灣現代美術大系」，下為「台灣美術全集」。

1984年5月，詩人與畫家座談丁雄泉的藝術，左起：洛夫、謝孝德、管管、顧重光、吳昊、辛鬱、李錫奇、郭少宗。

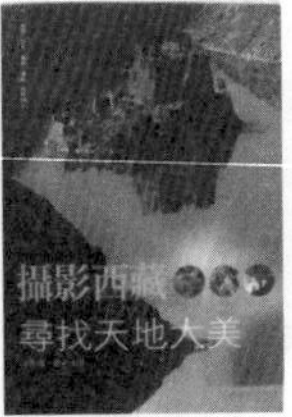

從建築、博物館、戲劇、數位藝術、攝影、繪畫到鐘錶等，藝術家出版社所涵蓋的藝術與出版領域極為多元。

2005年「台灣現代美術大系」新書發表會，當時文建會主委陳其南（前排右五）與諮詢委員、編輯顧問與作者們合影。

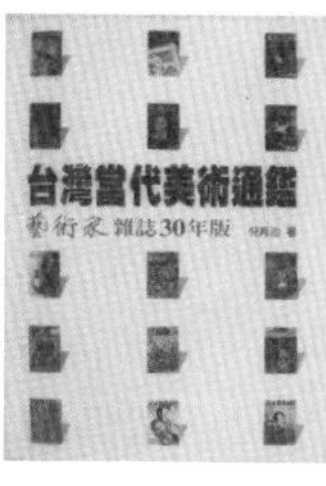

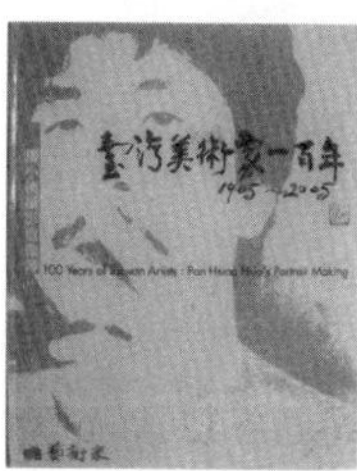

對藝術史做線性的整理，亦是藝術家重要的出版方向。圖為《台灣當代美術通鑑》與《臺灣美術家一百年》。

由藝術家出版社出版的許多套書，已成為美術教育的基本入門讀物。右為「佛教美術全集」，下為「世界名畫家全集」。

部分照片提供／藝術家出版社

屬於大衆的美術刊物

台北市有一條街名爲「藝術家巷」，位於重慶南路一段一四七號旁，連接了重慶南路與二二八公園，這是台灣首次以出版社命名的道路。哪家出版社得以擁有屬於自己名字的街道呢？正是自一九七五年六月創社、三十多年來耕耘台灣藝術圖書的藝術家出版社。

藝術家發行人何政廣是新竹縣芎林鄉五龍村人，一九三九年生，父親在日據時代是地方上知名的佛像畫師，家中有兄弟五人，何政廣排行第四，大哥何肇衢、二哥何耀宗是畫家。大哥何肇衢至台北師範學院藝術科就讀後，何政廣也前往台北師範學院就讀。知名畫家何肇衢擔任「王樣水彩顏料」的顧問之後，他曾建議王樣水彩的雄獅鉛筆公司老闆李阿目創立《雄獅美術》雜誌，希望在當時沒有藝術雜誌的市場下，能有一份帶給讀者更多美術訊息的專門刊物。這麼一來，促成了何政廣日後創辦《藝術家》的因緣。

何政廣自一九七一年起在《雄獅美術》擔任主編，四年後，獲得劉其偉、席德進等十幾位藝術家的支持，自行創立了《藝術家》雜誌，三哥何恭上在此之前也創立了「藝術圖書公司」。何政廣認爲，有一份能著重於報導台灣藝術發展的刊物是很重要的，「當時對於台灣文化的認同是很自然的」。

《藝術家》有一半的篇幅是台灣藝術發展的狀況，另一半則與世界的藝術環境接軌，大量報導國外的美術訊息。第一期是二十五開本大小，一四四頁，一半彩色印刷、一半黑白印刷。研究過《藝術家》

三十年歷史的倪再沁認為，「《藝術家》的性格是『古今中外、包羅萬象』，相較於《雄獅美術》的文人取向，《藝術家》則是屬於大眾的美術刊物」。

從其創刊初期的欄目，可看得出來《藝術家》琳瑯滿目的樣貌，欄目涵蓋藝術史、藝術理論、美術設計專欄、展覽評介、時論性專欄、收藏家專訪、藝術技法入門、國際藝壇報導、每月藝展的介紹等，有一段時間，《藝術家》還介紹了音樂家、影展、舞蹈家等泛屬於「藝術家」範疇的議題。不過，之後，何政廣認為，為了與其他藝文雜誌區隔，還是應集中於美術方面，從而開展了《藝術家》的專業美術雜誌之路。

建立台灣美術史料

由於《藝術家》每月定期的出刊，奠定了藝術家出版圖書的稿源基礎。第一期開始刊登的謝里法〈日劇時代台灣美術運動史〉一文，連載至第三十一期後，於一九七七年出版。謝文突出了美術史裡「台灣」的概念，將美術視為「社會運動」的一環，在早期日據時代台灣美術史料闕如的狀況下，該書具有相當突破性的觀點，有不可忽視的影響力。

從《日據時代台灣美術運動史》開始，藝術家逐步在雜誌與圖書雙軌並進，建立了台灣美術史料的資源。何政廣說，在藝術家的重要出版物之一「台灣美術全集」出版的十幾年前，他早已構想了此套書的出版，當時台灣的風氣是出國留學，至歐美學習國外的訊息，不大重視台灣前輩藝術畫家的成就，這方面的美術史料也相當稀少；及至八〇年代藝術史的學者紛紛回國，何政廣邀集了王秀雄、王耀庭、石守謙、林保堯、林惺嶽、林柏亭、何懷碩、何肇衢、顏娟英等編輯委員，並聘請陳奇祿、李遠哲、李鑄晉等二十多位顧問，採取「一冊一畫家」的方式編輯台灣美術全集，建立台灣美術史料。本套大系首冊於一九九二年出版，以藝術史的角度，定下固定的編輯體例。每書先以史論評析畫家的成就，再引介重要畫作，最後收錄畫家全部作品的圖版。當初許多畫家或是後代子女未必擁有齊全的作品，因此這套書製作的困難之一，就是如何一一找齊畫作。何政廣的另一個編輯初衷，即是希望能以這套書與前輩畫家對話：除了第一冊的《陳澄波》之外，當本套書出版至第十二集之後，已有畫家謝世了，這也是何政廣迫不及待想要製作本書的動力。本大系共二十六冊，在二〇〇七年出版了最後一冊。一九九三年獲得聯合報最佳書獎、金鼎獎，倪再沁認爲這是「建立日據時代台灣美術史的第一步」。

「台灣美術全集」建立了日據時期的美術史料，二〇〇五年出版的「台灣現代美術大系」引介的是五十歲至八十歲左右的畫家，本套書與文建會合作出版，共出版了二十四冊，以畫風流派做爲每冊的編輯概念。另一套與文建會合作的「台灣當代美術大系」介紹的是較不爲人注意的當代畫家，目的在於鼓勵三十歲至四十歲左右的年輕畫家，以其創作的風格與材料做爲每冊的主題，全套共二十四冊。綜觀三套大系的編輯概念，可以說，藝術家已爲三十歲起至日據時期的畫家，全部都留下了完整的紀錄。

除了記錄美術家生平及作品，藝術家還與文化總會推出了「台灣藝術經典大系」，在純美術以外的書法、工藝、建築、攝影藝術、民間藝術等領域，每冊引介八至十二位藝術家，總計出版二十四冊，另外像是「台灣美術評論全集」（十冊）、「台灣近現代水墨畫大系」（八冊）也更深入的介紹了藝術多元領域的發展。

掌握當代藝術脈動

何政廣在創辦《藝術家》雜誌出版社第二年，一九七六年應美國國務院邀請，至美國訪問藝術家、美術館與藝術教育，之後轉往歐洲繼續了三個月的旅程。這一趟美術之旅的收穫非常大，何政廣於旅途中記錄了所見所聞，可說是當時針對歐美藝術發展的第一手報導，二十多年後重新增補，二〇〇七年結集出版爲《環球美術館見聞錄》。旅途中，何政廣結識了不少台灣留學生及旅居歐美畫家，後來他們成爲《藝術家》當地的特派員，專門提供最新的展覽與藝術家訊息。何政廣說，在此之前，雜誌多用翻譯外電的稿子，訊息總是慢一步，此後，《藝術家》的稿件能夠最迅速的掌握世界各地動態，成爲《藝術家》的特色之一。

同時，《藝術家》也培養了一批能將藝術之美化爲文字之美的作者，像是林惺嶽，七〇年代遊學西班牙時期，寫了不少關於西班牙美術發展的文章，在一九九四年二月交出了相當有分量的作品〈大戰陰影下的美術——一個畫家對諾曼地登陸五十週年的歷史反省〉，他是《藝術家》的一支健筆，在此出版過《中國油畫百年史》。另一位重要作者陳英德，旅居巴黎多年，一九八一年寫下了〈廿世紀美術史上被遺忘的一段寫實運動〉，是該年度的重要專欄，一九八二年八月與十一月又分別以〈反映現實情境的三位大陸寫實畫家〉、〈評文革初期前的大型泥塑像——收租院〉引介了當時台灣尚爲陌生的大陸美術界。後來集結出版了「海外看大陸藝術」，成爲當時瞭解中國大陸現代藝術的重要著作。

正因《藝術家》能尋覓優良的藝術寫作人才，也能成就了一本本重要的美術圖書出版品，例如從《藝術家》一創刊即以中國藝術爲專門寫作方向的莊伯和，在藝術家出版了《台灣民藝造型》；一九七八年席德進寫〈台灣古建築探索〉，祖籍四川的他特別重視台灣古建築的探索與民藝的收集，影響了許多人，像是李乾朗即是其追隨者（引自倪再沁，頁五八），李乾朗日後並出版了《台灣古建築鑑賞二十講》。藝術家的經典暢銷書《吳哥之美》，即脫胎自蔣勳專欄，出版才兩年多已銷了三萬多冊，陸蓉之在一九八八年寫了十九篇的〈後現代主義的藝術現象〉，出版爲《後現代藝術現象》，並有一本將女性藝術現象正式納入美術史討論的著作《台灣（當代）女性藝術史》，一九九六年簡扶育開始介紹原住民藝術家的專欄「搖滾祖靈」也於一九九八年結集出版。另外，吳瑪悧翻譯的俄國藝術家康丁斯基名著《點線面》、《藝術的精神性》、《藝術與藝術家論》、王受之的《城市史》與《世界現代設計》、漢寶德《認識建築》、靳埭強《平面設計實踐》、蔡國強《蔡國強》等圖書都是藝術家的知名出版品。

「楊英風全集」更是藝術家近年來的重大出版計畫，由楊英風藝術教育基金會、交通大學策畫、蕭瓊瑞總主編，全套預計出版三十卷，二○○五年十二月出版了第一卷，至二○○八年已出版了第七卷，內容涵括楊英風的浮雕、景觀浮雕、雕塑、景觀雕塑、獎座等五百多件作品，也包括楊英風在雕塑以外的美術設計、插畫、封面設計等作品，其所記錄的規畫構想、施工圖，甚至是往來書信等等，是華人藝術家作品集結出版的首例，也等於在藝術史料的出版與製作方面又更前進了一步。

在個人作品集之外，藝術家也很能感知藝術趨勢，以「大系」掌握當代重要的藝術議題，並且能即時保存藝術觀點與史料。獲得第五屆台北陶藝成就獎的宋龍飛，是推動台灣陶藝發展的重要人物，早自一九七八年就在《藝術家》開闢了「羅漢專輯」，一九八二年以筆名「方叔」開「誌上陶藝展」專欄，陶藝開始獲得重視，一九八三年藝術家即推動出版了一系列的「陶瓷大系」，第一本書為《明代陶瓷大全》，目前為止已出版了八冊陶瓷大全，在台灣與東南亞等地銷售了二十幾萬套。另一個受人注目的書系是林保堯策畫的「佛教美術全集」，已出版了十七冊，主要以中國大陸地區的佛教美術為報導對象，何政廣說，來台灣訪問的大陸出版社都認為這套書的資料是連他們都做不齊全的。一九九三年藝術家與文建會合作，出版十六冊《環境與藝術叢書》，一九九四年及一九九五年再度推出《公共藝術》叢書二十四冊，引介世界各國不同城市的公共藝術環境，是國內早期能將「公共」、「環境」與「藝術」議題結合的出版者。

充沛活動力

身為一份雜誌，《藝術家》能充分發揮雜誌媒體的活躍能量，在雜誌內部挖掘藝術議題之外，也積極將文字轉化為實際的事件。創刊第二年，《藝術家》與美國新聞處合辦了洪通畫展，策畫「洪通畫展專輯」，同時出版畫冊《洪通繪畫素描集》，可說是台灣美術史上相當轟動的展覽。當時美新處特地安排兩周的展期，參觀人群繞過重慶南路、南海路和泉州街，每天有上萬的人潮參觀（引自倪再沁，頁三〇、三六），洪通知名度急增，畫作全數銷售一空，畫冊也賣得相當好，《藝術家》的知名度大增，醞釀了藝術家在未來數十年的活動力。隔年一月，《藝術家》首次獲得了金鼎獎。一九七九年，《藝術家》第一次舉辦畫展，這是由光復書局主辦，《藝術家》協辦的「全國青年畫展」，以「生活與環境」爲題，這也是台灣第一次舉辦的「主題性畫展」。當年十一月與十二月號，《藝術家》至東南亞採訪，分別推出了「東南亞藝壇專輯」、「峇里島藝術專輯」，一九八〇年，自三月起開始介紹菲律賓畫家，計畫性的將東南亞的藝術狀況引入台灣，並且與台南市政府、省博館合辦「東南亞原始藝術展」。觀察《藝術家》早期經營的階段，光是一九七九年一年，除了「全國青年畫展」之外，《藝術家》即與三個單位合作：與太極藝廊合辦「光復前台灣美術回顧展」，與龍門畫廊合辦「劉其偉畫展」，與美國在台協會文化中心合辦「美國印地安畫家版畫展」。《藝術家》逐步累積與外界合作的經驗後，與其他單位合辦展覽是經常性的活動，也表示這份刊物能意識到自己必須隨時保持機動性與掌握議題的能力。

何政廣認爲，經營雜誌最大的挑戰，就是如何不停的尋找新讀者，因而，各式的活動可以與美術界互動，同時傾聽讀者之於美術的需求。《藝術家》經常邀請美術系的教師們與學生以及青年藝術家舉辦座談，深入了解讀者的想法。這是一種「尋找讀者」的作法，也是培養雜誌作者的方法，很多學生畢業學成之後都成爲《藝術家》的作者，「如今《藝術家》的作者群已傳承至第四代了啊！」何政廣描述的世代傳承道盡了《藝術家》之所以不停前進的力量：編輯方針必須跟隨時代的需求。再如《藝術家》以專人評鑑展覽的招牌專欄「評藝廣場」，二十多年來成爲培養藝評家的權威園地，像是當年離開美術館，前去從商的前國立台北藝術大學關渡美術館館長石瑞仁，寫了一段時間的專欄之後，因該專欄受到矚目，再度回到美術界。如今中國當代藝術火紅，在拍賣市場屢創天價，舉世注目，《藝術家》自然不會慢於世界藝術熱潮的腳步，除了報導中國當代藝術，那麼，台灣當代藝術又該如何經營，走向何方？二〇〇八年三月號《藝術家》推出「台灣當代藝術的下一步」專輯，透過美術館員、畫廊界、策展人等方面的評論，給予了一個思考的座標。

在議題上的機動性，還表現在《藝術家》與其他雜誌合作的面向。《藝術家》一九八五年與韓國《季刊美術》、《美術世界》結爲姊妹社，一九八九年與大陸《美術》雜誌主編邵大箴談妥合作，採取交換稿件的方式，雙方雜誌有一部分由對方編輯，《藝術家》推出「十年來大陸美術動向」專輯，《美術》雜誌也推出台灣十年美術動向的專題，一九九〇年再度與上海《藝苑掇英》交換編輯，二〇〇〇年九月與河北教育出版社合作，發行《經典》雜誌。《經典》融合美術、文學、音樂、建築等領域，由《藝術家》負責稿件編輯，在大陸印刷與發行。二〇〇四年三月並在大陸推出《新藝術家》雜誌，即因對方主事者的更換，政策隨即變更，發行一年多就停刊了。做爲台灣首批前往大陸發展的出版社，藝術家的成功經驗看來是比較多的。何政廣認爲，無論與哪裡的單位合作，深入了解對方的運作模式是必要的，再從其中找出合適彼此的作法，才是對雙方有利的方式。

在圖書出版方面，最爲知名的合作案就是「世界名畫家」全集的簡體字授權，該全集講述世界名畫家的生平與畫作，儼然是美術教育不可或缺的基本入門讀物，目前已出版了一百多冊，大陸河北教育出版社早與藝術家簽定簡體字版權在大陸出版，甚至連未出版的繁體字版，也已簽約。另一個例子則是與北京故宮的合作案，「你應該知道的二〇〇件故宮收藏」系列記錄北京故宮獨有的珍藏品，經由北京故宮紫禁城出版社授權給藝術家，繁體字版較簡體字提早出版。何政廣自己的著作《歐美現代美術》，授權至湖南美術出版社，出版爲《寫給大家的歐美現代美術史》，亦有很好的銷量。

除了持續與世界知名藝術雜誌合作，像是日本重量級美術雜誌《美術手帖》、美國具有百年歷史的*Art News*之外，藝術家還經常接受國外美術館的委託製作中文版導覽。前美國駐台北新聞處處長唐能理（Neal Donnelly）駐台期間蒐集了兩百多尊台灣神像，當時他一一訪查雕刻師傅，累積了許多神像的故事，華盛頓的史密森尼博物館協會（Smithsonian）舉辦此次收藏展時，就委由藝術家出版爲《台灣的神像》一書，二〇〇六年以中英文對照的方式在台灣發行，同時做爲該館的導覽書之一。何政廣還舉出其他的委託例子，像是巴黎自然史博物館的《法國國立自然史博物館導覽》、西班牙的高第博物館《高第聖家堂導覽》、巴塞隆納《畢卡索美術館導覽》，皆由藝術家擔任中文版的編輯發行工作。

藝術家出版社所經營的圖書，雖是藝術專業出版，但是讀者的設定對象，在藝術界人士之外，更注重於一般大眾，從多元的面向提供優良的藝術文化讀物。

建立藝術家的品牌

至今已出版一千多種圖書，《藝術家》雜誌每月銷量保持三萬本左右的狀況，三十多年來，《藝術家》如何能在編務工作之外，仍保有本身的活動力，並且頻繁的與其他單位合作？何政廣認為，這是一條品牌經營之路，出書時，他們首先思考自己真正關心的議題為何，時間久了，自然創造屬於「藝術家」的品牌識別，獲得讀者與專業人士的信任。藝術家建立品牌之路可從幾個方面來看，就專業出版的項目而言，一九八一年十月，籌畫三年的《美術大辭典》出版了，表示藝術家欲建立藝術出版領導地位的企圖心；藝術家推出《藝術學》學刊，半年出版一次，當時少有刊登美術論文的刊物，《藝術學》正巧彌補了這一塊空白；二〇〇四年，日本知名藝術家村上隆首次來台時，《藝術家》是唯一被指定專訪的媒體；奈良美智在二〇〇七年來台演講，《藝術家》也是藝術類雜誌中，唯一一家指定專訪的媒體。專業的肯定往往來自於過往累積的紮實功夫，由於藝術家多年來致力於美術家畫作的出版者著錄，藝術家出版品經常在展覽目錄或是國際拍賣會目錄上被引用，這顯示了《藝術家》的專業度已廣為國際藝術界認可。

最令何政廣欣慰的，還是來自於美術家及讀者的肯定。曾任職蘇富比公司，現任寶格麗台灣區董事總經理胡瑞曾向何政廣提起，當年她父親胡公魯是藝術家雜誌早期作者，在她父親過世時，她猶豫不知如何處理父親珍藏的二百多期《藝術家》雜誌，後來她一想，這是她父親最喜愛的刊物，她便將二百多期《藝術家》焚燒給父親，因為她知道這是唯一向父親表達敬意的方式；同時，也傳達了對於《藝術家》

的敬重之意。另外，旅居美國的畫家蔣健飛保存了《藝術家》從創刊號到最近期雜誌，因年歲已大，他準備將全套藏書捐給普林斯頓大學圖書館，作最有意義的安排。

藝術家出版社在二〇〇七年十月創刊大版本的《藝術收藏＋設計》雜誌。一九九〇年開始《藝術家》推出「台北繪畫市場行情表」的欄目，報導藝術市場的動態；隨著近年來藝術市場蓬勃，加強報導藝術收藏現狀，是何政廣二〇〇五年開始的構想。近年來，藝術投資、藝術基金的話題是不分藝術界內外，都相當注意的事，尤其當世界目光聚焦於中國之後，以往只收藏歐美藝術品的收藏家，紛紛轉向注意亞洲的藝術發展；《藝術收藏＋設計》的「世界大藏家」專欄就以世界知名收藏家如洛克菲勒、古根漢等人的經典收藏爲主軸。何政廣同時也注意到，隨著生活品味的提昇，「設計」與藝術、建築、生活密切相關，是一門不可忽視的學問。因此，藝術家擴充以往《藝術家》報導的欄目，創辦了台灣首見結合收藏與設計生活的刊物。

《藝術家》剛創刊時，還是部分黑白、部分彩色的一四四頁刊物，何政廣記得，席德進來交稿時，總會帶著二千元，因爲當時彩色印刷很昂貴，席德進總希望他的畫作能以彩色印刷。今天的《藝術家》雜誌是全本彩色的五〇〇頁雜誌，旗下還有《藝術收藏＋設計》刊物，每月出版三至五種圖書。《藝術家》不但自己成長，也帶動作者與讀者前進，成爲台灣藝術評論與史料的權威雜誌。正如三十週年時立起的指示路牌「藝術家巷」，藝術家標誌了藝術的入門之路，這個不曾離開老書街重慶南路的藝術座標，正走出一條屬於台灣藝術雜誌與圖書出版品牌的大道。

參考書目：

1 倪再沁，《台灣當代美術通鑑——藝術家雜誌三十年版》，台北：藝術家出版社，二〇〇五年六月。

2 洛華笙，《臺灣畫壇風雲》，台北：國立歷史博物館，一九九九年。http://www.ourartnet.com/araarts/ arts-P/arts-p001/ arts-P/arts-p001/p001-10/p001-10.htm。

原發表於二〇〇八年四月《文訊》二七〇期

劈出藝術山河的大漢天聲

漢聲雜誌社

◎蘇惠昭

《漢聲雜誌》已成為具地標性的存在。

吳美雲（右）

1944年生，籍貫廣東，台北美國學校畢業。英國研究所畢業。曾任英文版《讀者文摘》編輯。70年代創辦《漢聲雜誌》。曾獲十大傑出女青女。現任《漢聲雜誌》總編輯。

黃永松

1943年生於桃園。國立藝專畢業。70年代創辦《漢聲雜誌》，積極發掘並記錄民間藝術。曾參與「兩岸四地攝影家合拍——北京24小時」、「彼岸，看見——台灣攝影二十家 1928-2006」攝影活動；於山西省臨縣磧口鎮舉辦「山西磧口保護與發展」國際研討會。於義大利羅馬SERMONETA共同舉辦「東西方活的歷史城市」研習營。曾獲選爲第八屆台北文化獎。現任《漢聲雜誌》發行人。現任漢聲雜誌社發行人兼總策畫及藝術指導、台灣大學工學院建築與城鄉研究所教授。

《中國童玩專集》（上、下）曾將《漢聲雜誌》帶向一波高峰，同時開啓之後「叢書式雜誌」的出版方向。

《漢聲ECHO》第一期封面。

漢聲四君子合影於草創時期。左起：姚孟嘉、奚淞、黃永松、吳美雲。

《漢聲雜誌》工作團隊深入田野民間，翔實記錄下許多重要的傳統民藝。

《漢聲100》紀念專號在封面上將100期的所有工作人員名字羅列出來。

「漢聲中國童話」已成為許多讀者共同的童年記憶，亦是《漢聲雜誌》經營童書的成功範例。

「漢聲精選世界最佳兒童圖畫書」引進多種風格迴異的繪本作品。

「漢聲小百科」製作費時三年，前後83人參與，成為《漢聲雜誌》的經典代表作。

2005年，《漢聲雜誌》在北京世紀壇舉行惠山泥人特展。

《剪花娘子庫淑蘭》（右上）、《貴州臘染》（右下）、《曹雪芹紮燕風箏圖譜》（中）、《惠山泥人》（左）等專題的製作與推出，都經過反覆採訪、琢磨的過程，展現丰姿各異的書籍面貌。

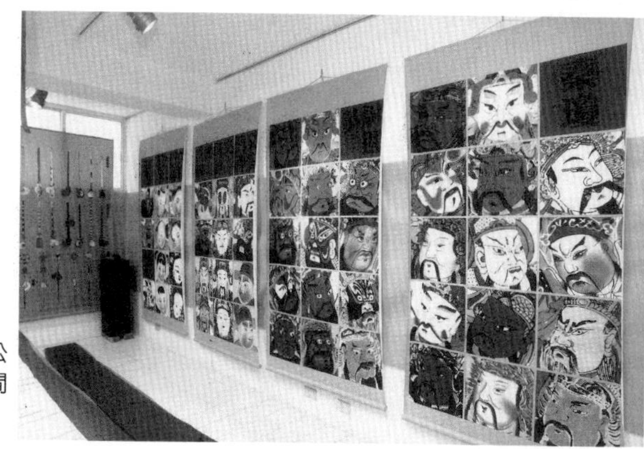

《漢聲雜誌》辦公室，充分展現出民間藝術特色。

部分照片提供／漢聲雜誌社

墾掘民間文化礦脈

關於《漢聲雜誌》，最傳神而精闢的一個形容來自於二〇〇六年五月二十二日的 *TIME* 雜誌：「他們是商場上的瘋子嗎？並不是！」

每一年 *TIME* 都會報導「The Best of Asia」，亞洲之最，《漢聲雜誌》獲選爲二〇〇六年的「亞洲之最」，在它誕生的三十六年後，如果再往前推到一九七一年創刊的是《漢聲 ECHO》英文版。

TIME 精準的把《漢聲雜誌》定位爲「行家的出版品」（Best Esoteric Publication），盛讚《漢聲雜誌》三十多年來秉持保留即將失傳的中國民間文化的使命，以主題式的調查研究與報導，爲未來人類建立文化的基因庫，可謂「中國藝術文化的聖經」。

同一年，台北市文化局將《漢聲雜誌》所在地的八德路四段七十二巷，定名爲「漢聲巷」。

許多方面，《漢聲雜誌》確實反商業之道而行，不爭取國家資源爲其一。不刊登廣告其二。打破雜誌風格必須統一的出版規則，不定期出刊，封面形式和材質根據內容設定，每期厚薄亦不一，賦與每個主題不同樣貌，此其三。

這樣的《漢聲雜誌》矢志以記錄、保存並搶救即將消失的民間藝術文化爲職志，卻成就了一個「自身就是寶貴的藝術品或手工藝品」的結果，到如今出版的二四〇種雜誌中，前一百三十期多已絕版，其中許多種已經成爲炙手可熱的收藏品，在網路上被高價拍賣。

大半的時間，發行人黃永松和總編輯吳美雲都不在漢聲巷坐鎮，而在中國大陸某一處偏村野僻考察。於是更多人誤以為《漢聲雜誌》或漢聲雜誌社已經消失。「《漢聲》仍然存在？這是真的嗎？」二〇〇八年的台北國際書展上，漢聲雜誌社在展場一角設立了一個小攤位，一位參觀民眾激動的問，歡喜到不敢置信。

漢聲雜誌社仍然存在，它的命運軌跡和曾經宣告解散，並在二〇〇八年農曆新年過後八里排練場一整個被大火摧毀的「雲門」舞集驚人的相似，三十多年來不斷締造被台灣文化史記載的光榮時刻，在國際上綻放光亮，也一樣經歷無數波折，它們共同面對一個對文化藝術不夠尊重，不夠支持的環境，時時刻刻要對抗資本主義巨大的魅影，卻一直努力耕耘，而今仍然初心不改，不退不轉。不同的是，當舞者流下汗水，尚可以享受當下的掌聲轟轟然，「保留即將失傳的民間文化」卻像一齣安靜無聲的默片，沒有盪氣迴腸的高潮和催出眼淚的哭點，但其實早在 *TIME* 確認其價值前，漢聲團隊所挖掘的民間文化礦脈已經豐厚如一座小丘，是民間文化的基因庫了。

背對主流，貼近土地與人民生活，但永遠會有一群人選擇走上這一條路，一起寫下了漢聲的故事，在光燦富麗的表象之下，他們要做深層的文化底流。

一出聲即風起雲湧

一九七一年，這一年直可稱為斷交年，從智利開始，台灣一路與科威特、喀麥隆、土耳其、伊朗、獅子山、比利時、祕魯、黎巴嫩、墨西哥、厄瓜多爾斷交，蔣中正總統因此喊出「莊敬自強，處變不驚」以安定民心，但最後仍不免黯然退出聯合國。

《漢聲雜誌》前身，英文版《漢聲 ECHO》就在這年一月誕生。

二十五歲的吳美雲創辦《漢聲 ECHO》與自身的成長經驗有關，她的母親是早期留美學生，在台灣美國學校擔任數學老師，吳美雲因此進入美國學校念書，*TIME* 則是母親引導她滋養世界觀的「課外讀物」，後來她到美國念大學，經常被誤以為日本人，不然就被當作泰國人，「有朝一日一定要以我們的觀點，把我們的文化介紹給外國人」的種籽因此埋下。

回到台灣的吳美雲原來想辦報，因為報禁，退而創辦雜誌，她透過一位電影界前輩王均宇推薦找到的美術編輯，就是國立藝專（今台灣藝術大學）畢業，當時在廣告設計闖出名號，擅長攝影，也參與電影拍攝，正準備出國的黃永松。黃永松是個怪卡，他是龍潭客家村考到台北建中的資優生，卻在大專聯考前捨理工而念美術，夢想成為藝術家，一個前衛藝術家。

吳美雲就和她的幾位好朋友邀請黃永松於一九七一年夏天參加籌備工作，開始企畫編採、印製工作，經歷秋冬二季，《漢聲 ECHO》於一九七一年一月創刊。黃永松又把藝專學弟找來幫忙，出身台北大稻埕的姚孟嘉，上海籍的奚淞當時還在藝專念書，也來打工參與採訪工作，幾個人一起編製意喻「大漢天聲」的《漢聲 ECHO》。那時台灣的出版不景氣，吳美雲打算把十萬元的資本花完作罷，因而對出版水準非常要求。另一方面，幾個人其實也都不懂做雜誌，因為不懂反而沒有包袱，在反覆參研當時作爲全球優質雜誌指標的 *TIME* 和 *LIFE*，最後確立以「報導攝影」和「田野調查」爲主軸，也就是以圖與文並重的雜誌基調，「一張動人的照片和一篇完整的撰述是等值的。」黃永松說。

他們不知道台灣的「報導文學」與「報導攝影」就是從這裡開始，也不知道這份宛如兄妹的情誼將跨越世紀，再從台灣擴散到中國大陸。

接下來就是尋找題材。吳美雲確定做寫實報導，但很多題材在當時仍是禁忌，她的在地經驗又是一片空白，所以接受黃永松「去看看鄉下老百姓生活」的建議，參與迎迓媽祖，再參訪松山慈佑宮，黃永松又帶她去欣賞平劇以及戲台下的演員訓練，這些經驗對吳美雲來說都新鮮而動人，一點一點嫁接入她的人生和心靈之後，終而化爲生命的一部分。

奚淞也因爲參與迎媽祖採訪，深深震懾於強大而素樸的台灣民間力量，生命參考座標逐漸由西向東移動，後來他赴法留學三年，回國後先到《雄獅美術》擔任編輯，一九七七年歸隊漢聲，「回到」民間與生活。吳美雲、黃永松、姚孟嘉與奚淞從此被文友們戲稱爲「漢聲四君子」，吳美雲擅長統領執行、綜合協調，「藝專幫」的黃永松、姚孟嘉、奚淞個個才高藝強卻無傲氣，繪畫攝影皆自成一家，奚淞寫的小說〈封神榜裡的哪吒〉，至今仍是華文短篇小說經典。

漢聲書庫經過兩次大淹水，《漢聲 ECHO》受創巨大，黃永松還記得創刊號內容，他們報導了大小鵬劇校的訓練故事和松山慈佑宮，以及過年習俗，接續登場的還有中國傳統服飾、故宮遷移史、大甲媽祖、玉山生態，正是在玉山頂上，吳美雲、黃永松和另外四位「第一代漢聲人」宋定西、孫鵬萬、梁正居、姚孟嘉結拜為兄弟，誓言捍衛民間文化。

靠著口碑，英文版《漢聲 ECHO》名號慢慢打響，在台灣的外國人看過之後大力推崇，也有人建議華航訂閱《漢聲 ECHO》作為機上雜誌，華航果然主動來找吳美雲商談，要買一萬本，這是一筆大生意，但漢聲幾乎沒有利潤可言，甚至賣一本賠一本。一開始漢聲就和「做生意」這件事絕緣，但為了生存，黃永松等人一度被逼著去拉廣告，卻因為學不會應酬，很快就投降了，所幸當時台灣經濟正要起飛，外商公司接連進駐台灣，他們想要尋找在地設計家為公司拍照、設計年報、撰寫型錄介紹，因為有《漢聲 ECHO》品質背書，黃永松順理成章接下許多設計案，用打工的錢補貼入不敷出的雜誌。

繁複縝密的編輯出版流程

一九七八年，《漢聲雜誌》中文版創刊這一年，台灣經濟已經起飛，進入「台灣錢淹腳目」的日子，也是同一年，「雲門舞集」的「薪傳」在嘉義首演，中美斷交，隔年發生美麗島事件。

台灣富裕起來了，但富裕的生活反卻暴露出人民淺薄的歷史文化根柢，一味的崇洋媚外，玻璃帷幕大廈一幢一幢出現，北歐大沙發一組一組進口，漢聲做了七年「推展中國民間文化」工作，紮紮實實，雜誌行銷三十五國，成為一個讓國際認識台灣的窗口，卻發現台灣的傳統迅速流失。「傳統文化好比頭顱，現代文化有如雙腳。在時代的遽變下，目前演變成傳統與現代割裂，頭腳分離的奇異局面，所以你們要做『肚腹』，把頭與腳連起來」，台灣拋棄了舊有的美好傳統，加上漢聲指導老師俞大綱這一席話，吳美雲和黃永松反而想回過頭來和自己人對話，讓台灣民眾有機會了解幾千年沉澱下來的中華文化。

俞大綱當時在館前路的怡太旅行社有一間教室，他在此爲「漢聲四君子」、爲「雲門」的林懷民，還有他的得意門生邱坤良講授莊子和李義山的詩，這裡也是藝文界的聚集之所，林懷民稱是「台灣最早的文化沙龍」。

英文版停刊，發行中文版，這是漢聲雜誌社第一個重大轉折。

《漢聲雜誌》中文版採取「計畫編輯」，一個主題以一集或數集呈現，以「把內容做到最深厚」爲目標，也極力挑戰紙張和印刷技術，發揮堪稱是漢聲靈魂的手作與實驗精神，創造出獨一無二的美學風格，推出的第一個專題是「中國攝影專輯」，然後是「中國馬」，第三、四期接連推出《中國童玩專集》（一）和（二）。《中國童玩》因爲蒐集豐富，讀者還可以根據圖說一步一步動手製作，所以老少咸宜，雜誌社還把一群手工藝達人聚集到漢聲逗熱鬧，之後再舉辦「中國童玩展」，創下四十萬人次的參觀人潮，兩期雜誌再以叢書形式重新出版，《中國童玩》叢書成爲漢聲創社七年以來第一個成功故事，雜誌社終於有了盈餘，不必再靠打工補貼，同時開啓「叢書式雜誌」、「以雜誌書帶展」的出版與經營方向。一九八一年的《中國結》又是另一套轟動中外的叢書，引爆「中國結」大風行，奠立陳夏生「中國結大師」的地位，傳統民藝老幹開花，但從工藝分析到繪圖，這一套四冊的叢書漢聲團隊整整投入了五年時間。

除了「中國童玩展」，漢聲雜誌社後來又辦過「上海月份牌展」、「福建土樓展」、「中國門神展」、「剪花娘子庫淑蘭大展」、「當裝置藝術碰上民藝大展」、「中國女工展」、「貴州蠟染展」、「惠山泥人展」，每一次都獲得極大迴響。

對漢聲雜誌社來說，每一個專題製作，以及事業的每一個重大轉折，背後都有嚴密的思考和推展過程，又或是積累到某一個程度之後的觸發，再產生新的連結，從來不是花拳繡腿，也從來沒有隨風起舞，黃永松的說法是「我們隨波，但不逐流」，投入兒童教育出版亦然。

俞大綱的「肚腹說」之外，正是沈君山帶來的一個棋手故事讓黃永松和吳美雲走上兒童教育出版之路。

「昭和棋聖」、「圍棋之神」吳清源少年時從北京赴日本習棋，他有個同學名叫木谷實，兩人棋力相當，忽然有一天，木谷實告訴吳清源，他要退出比賽，回鄉下老家去了。吳清源繼續在東京，後來收了林海峰爲徒，十年過去，十八歲的林海峰已躋入高手之林，顛峰在望之際，日本棋壇忽然冒出了好幾名年齡、棋力皆與之相當的高手，粉碎了林海峰的獨霸之路，這些人是怎麼冒出來的？原來是木谷實回鄉後，辦了圍棋學校，收八歲兒童，十年之後，他孕育出了一批棋壇的明日之星。

打造兒童圖書百科巨構

《漢聲雜誌》改版原意就是爲了對抗「暴發戶文化」，但是成人的世界污染太深，積習太重，要塑造一個理想的社會，不能等待，必須此時此刻就從孩子的教育做起，「這是我們面對社會必須盡的責任，教育是一個團隊，大家一起成長，不是單獨照顧一個孩子。」黃永松說。比起教出一個林海峰的吳清源，漢聲更想成爲回鄉辦校的木谷實。

「一切要從孩子的教育做起。」漢聲雜誌社決定投入兒童出版，也才有了《漢聲中國童話》、《漢聲小百科》、《漢聲精選世界最佳兒童圖畫書》等重量級出版品，許多年後，黃永松在台大城鄉所授課，班上的那些七年級生們，都是讀漢聲的書長大的。

《漢聲中國童話》在一九八一年十二月推出第一冊，一直到隔年十一月出齊，是典型的床邊故事。台灣家長太過成績導向，「故事書」是不被鼓勵的，漢聲編輯群卻以獨特的編輯體例，以歲時節氣爲主軸，越過春夏秋冬，一天一則故事，把所有故事貫穿起來，正好呈現往日農業社會的生活風貌，成功的把「荒於嬉」的「故事書」轉化成教育、教養與成長的階梯，父母放心購買，小孩也樂於閱讀，從金鼎獎到北市圖最受歡迎圖書，從台灣到新加坡，這套書的獲獎紀錄只能說「不及備載」。

爲了《漢聲中國童話》的插圖，漢聲另成立繪畫部，以訓練能畫出「中國風格」、「童趣」、「美」以及「與故事吻合」的插畫人才爲目標。奚淞曾爲文回憶當年，「黃永松抱著一大疊厚厚的資料畫冊，裡面夾著數不清的註記紙條，向年輕畫家解釋」，「姚孟嘉和我一面得照顧文字部，一面不斷幫助插畫家打底著色，姚孟嘉是我遇見最具慧心和耐性的人，常常坐在插畫家身邊，殷殷指導勾線、填色的方法……」

每一次接受姚孟嘉指導，「我都有一種如沐春風的感覺」。當時加入漢聲的「年輕插畫家」官月淑說。

一九八四年推出的《漢聲小百科》是漢聲的第四度重大轉變，一則它從文史哲跨入自然與科學教育領域，人文與科學俱足。一則它開啓本土自製百科全書新類型，以圖爲主文爲甫的形式，運用說明性的插圖，活潑的圖文配置，加上漫畫式人物引導，把自然科學知識變得溫暖可親，在這之前本土自製百科只有十四冊的《中華兒童大百科》。漢聲雜誌社積累了十多年的人類學家式的田野調查、攝影與繪圖經驗，再融和四法十六則的「考察工藝法則」（註：「四法」爲體、用、造、化。「十六則」從「四法」衍生：形狀、材質、色彩、裝飾。何人使用、在何地用、何事而用、用法爲何。材料、工具、工序、要訣。時間、地區、人、演變過成。每一篇採訪報導都必須把十六則載入，不能遺漏其一），《漢聲小百科》正是在這樣的基礎上誕生，製作費時三年，前後有八十三位工作人員參與，第一年收集資料，第二年開始分題、落版、打稿、拼版，之後才繪圖，也就是說，在資料、編輯、企畫一切準備就緒，最後再用視覺手法呈現。

然而世界何其寬廣，台灣的孩子不能只看台灣，只理解中國，還必須打開心胸，往四面八方探索，拓展視野，漢聲因此引進《漢聲精選世界最佳兒童圖畫書》，這一套面向多元、風格迥異的繪本，包括經典級的十四隻老鼠系列、《威利在哪裡》系列、《野獸國》等等，曾經是無數人童年時光最幸福的記憶。

投入兒童教育出版的漢聲雜誌社在十年中壯大成爲超級大出版社，當初連廣告都不會拉的文化人竟然種出了一棵搖錢樹，但這絕不是無心插柳，而是努力的方向與社會需求正好契合，在對的時候做對的事，也做到最好，因緣俱足。顛峰的時刻，漢聲雜誌社擁有一千名員工，北中南都設有辦公室，凡人潮聚集處必有「漢聲媽媽」設攤賣書；從都會到鄉鎮，「漢聲媽媽」也深入家庭，爲家長深度解析產品，但《漢聲雜誌》仍然是漢聲雜誌社的主軸，或說不動的根柢，《漢聲中國童話》、《漢聲小百科》的成功等於反過來滋養了《漢聲雜誌》往更深處、更遠處走。

但所謂「繁華落盡」，黃永松和吳美雲也最能體會。大套書時代結束了，紙本閱讀式微了，「時代變了，漢聲也必須隨著文化的趨勢往前走」，從二〇〇〇到二〇〇五年，漢聲以整整五年的時間，輔導員工轉業，付出的資遣費差不多散盡十多年來所賺得的，「我們歸零，一點問題都沒有。」黃永松盤坐在「漢聲巷」的長椅上，自在從容，幽淡如菊。

人才湧聚在文化母土上

「民間藝術」一直是《漢聲雜誌》調查的主軸，它有四種風格：「粗、野、俗、簡。」四個條件：本土的、傳統的、基層俗民的、活生生的。「『粗』是粗獷，不是粗糙，是有質感的，可以看出本質。『野』，不是狂野，而是可以看到真實，原本生命力的真實。『俗』是大眾，是俗民的心聲，而不是某一層次的小眾文化。『簡』是簡練，不是簡單，不是複雜重複。」漢聲的團隊在鄉野農村一邊工作一邊體驗「粗、野、俗、簡」。

民間藝術來自土地與生活，卻孕育了所有的藝術，呈現真與善與美，黃永松因為漢聲而放棄出國留學，但透過漢聲，他修成藝術的正果，「我們擁有自己的看法，用看法決定操作方式，這是觀念藝術；下鄉和老太太聊天，陪老頭子喝酒，爬上爬下拍照，這是行為藝術；最後把所收集到的組合起來，做負責任的設計，這是裝置藝術。」

爲什麼如此迫切要去做傳統民間文化的整理工作呢？「傳統和現代是斷裂的，現代化走得太快，這中間的裂痕是可以工作的空間，於是我們去把傳統民間文化整理起來，做的是『雪中送炭』，不是『錦上添花』，也是《漢聲雜誌》的基本精神。」黃永松解釋。

還有一個最樸實的理由：「這是我們喜歡做的事。」

漢聲雜誌社總是能夠找到具有相同精神的人一起打拚。在台灣，漢聲團隊從「小題大作，細處求全」出發，製作了中國童玩專輯、米食專輯、古蹟專輯，跟隨大甲媽祖進香團走了八天八夜，發動搶救龍潭聖蹟亭（黃永松的故鄉），也是第一個發現洪通的文化單位，第一本討論有機農業的雜誌，每年十二月出版的生肖主題《大過龍年》、《大過鼠年》等如今已完成一個輪迴，讀者可以從特別設計的書上撕下門神年畫、剪紙作品張貼，喚回漸去漸遠的中國傳統年味。

一九八八年開放大陸探親後，黃永松、吳美雲立即隨著老兵回鄉探親，第一件事就是爲台灣三大移民泉州、漳洲、客家人進行返鄉尋根調查。文化上，台灣是中國大陸的縮影，各省人馬聚集，空間小，文化容納，這讓漢聲團隊在採集調查上有其方便之處，「但是談到真東西，還是必須回到文化母土」。初返大陸，黃永松所面對的是一個民間藝術急速凋零的「文化母土」，無人開採，任其荒廢的「民俗文化活化石」潛藏於偏村僻野，但同時他也看到了一個可以大大著力的空間，漢聲團隊於是結合當地有心人士一起幹活，讓漢聲編輯的準備工夫以及採訪能力「落地生根」。

到了一九九一年，透過以「老北京四合院」爲題的《民間文化剪貼》專集，漢聲首度提出採集並保存民間文化的「天羅地網」論，把民間文化歸納成五種、十類、五十六項，食衣住行育樂等傳統生活智慧及表現全部在採集之列，確立以建立「中華傳統民間文化基因庫」的目標。

一九九六年是一個必須停留下來的時刻，這一年，《影像雜誌》推出「向漢聲雜誌致敬專刊」，一本雜誌向另一本雜誌致敬，唯《漢聲》具有這樣的高度與分量；也是這一年，姚孟嘉因心肌梗塞猝逝，再也無法守護民間文化，守護漢聲。

深埋種籽抽長為大樹

一直到二〇〇八年，三十八年過去了。

三十八年來，每一個最後呈現的專題都經過漫長的尋找、琢磨、修整和再現。以《剪花娘子庫淑蘭》爲例，漢聲培養庫淑蘭創作的時間就是六年，以六年的時間伴著大娘創作並記錄，她才剪出一個完整的世界，也才得以成書。

《惠山泥人》則做了八年，《曹雪芹紮燕風箏圖譜》更久，花了九年功夫，獲選爲二〇〇六年「全中國最美麗的書」。

《夾纈》是另一個故事。古代有一種「夾纈」是今天已經失傳的染布法，從植物中萃取藍色的染料，再將布固定在刻有花紋的木板之間進行染色，就在浙江雁蕩山村落的一家染坊，引起海內外專家學者和關心的朋友注意，紛紛來考察訪問，發現它所使用的正是傳聞的「夾纈」，驚喜之餘，黃永松一行人就在當地駐紮四天，把染色過程完整記錄下來，之後染坊主人卻無奈告知，因爲乏人問津，染坊關門在即。黃永松當下便做了決定：認購一千條，以保證染坊繼續經營，並在其後推出的《夾纈》專輯裡，史無前例的呼籲讀者認購。

如今那家染坊還在經營，沒有消失。

受到李亦園教授「研究考古，不擁有古物」的啓發，漢聲團隊向來信守「我們只帶走照相，只留下腳印」的採訪原則，穿街走巷，走遍古老村落，絕對不向當地購買古物，但爲了救亡圖存，夾纈成了美好的例外。

一九九七年，漢聲雜誌社推出非賣品《漢聲100》紀念專號，收錄之前九十九期雜誌的目錄、序文、評論以及索引；最引人矚目的是封面設計，由第一行到最後一行，由小級字到大級字，全部都是名字、名字、名字，漢聲雜誌社第一期到一百期工作人員的名字。最上面一排，字體最小的名字正是「漢聲四君子」黃永松、吳美雲、姚孟嘉、奚淞。

台灣出版界著名的「漢聲幫」就藏在這一長串的名字當中。「漢聲幫」代表創意、專業、精確和負責。《漢聲小百科》的莊展鵬、黃盛璘後來到遠流製作台灣深度旅遊手冊，成爲深度旅遊推手；賴惠鳳曾任東方出版社總編輯，劉宗慧成爲專業的插畫作家，曹麗娟寫的小說《童女之舞》得了文學首獎。報導文學家林雲閣、攝影家梁正居、林柏樑、阮義忠、郭娟秋，都接受過漢聲的洗禮；顏素慧、官月淑、王明雪、張瑩瑩都是現役出版大將。

「台灣繪本之父」郝廣才的第一個工作也是在漢聲雜誌社。當時法律系畢業的他已準備要赴美念書，出國前有三、四個月空檔，希望找一份暫時的工作，法律事務所必須簽約兩年所以不可能，郝廣才喜歡繪畫，對文字也有熱情，便應徵到漢聲擔任編輯，在漢聲他接觸了國外一流的繪本，充分認知到國內繪本與國際的巨大的落差，這個「巨大的落差」把郝廣才留在出版，到遠流製作《漫畫台灣歷史故事》，再創辦格林文化，將台灣繪本畫家推上國際，成爲「台灣繪本之父」。

漢聲雜誌社像種樹的人，把文化的種籽撒向社會。

朝傳統文化的蘊藏處走

二〇〇〇年，黃永松應「全球平面設計會議」（Icograda millennium congress）之邀，參加在韓國首爾舉行的「oullim 2000 seoul」大會，並以漢聲雜誌美術編輯身分發表「回到設計的原點，看母親的藝術」演說，這是全世界最重要的平面設計大會，相當於平面設計的奧林匹克。

演講結束，一位印度學者跑上台與黃永松握手，眼眶紅紅的說：「黃先生，我聽了你的演講，感動地流淚，你是亞洲人的光榮。」接著又圍上一群人，是大陸的代表隊，他們一個一個和黃永松握手，大讚黃永松是「中國人的光榮」。下台以後，台灣代表隊說的是：「老黃，你是台灣的光榮。」

漢聲雜誌社的榮耀是跨越地域，亦是跨出版的，有兩件事至關緊要：其一，它在第一時間便回到文化母土工作，成立北京漢聲文化；其二，出資在南京東南大學成立中國民間藝術研究所，在清華大學建築學院成立清華漢聲傳統建築研究所，把傳承民間文化藝術的棒子交給年輕人。漢聲從來就是學術與民間文化之間的橋樑，以「惠山泥人」爲例，兩位無錫老藝師便曾透過漢聲之邀來到南京開課，學生得以邊學習邊做紀錄。如今已被紐約WMF組織評爲「人類偉大紀念物」的山西磧口，則是漢聲團隊與清華傳統建築學所學生到山西呂梁臨縣考查時所發現，這座保存完好的古碼頭在漢聲有計畫的推動下，開辦論壇，躍上國際傳媒，成爲世界性的議題。

山西麵食三書《上班快餐族》、《綠色健康族》、《家庭快樂餐》則是北京漢聲文化與山西烹飪協會的另一項嘗試，以繽紛熱鬧的圖片、漫畫、插圖和手寫體呈現，知識、趣味與實用兼具，它獲得了二〇〇六年西班牙國際飲食圖書設計大獎，由黃永松設計的封面就像一塊製作麵食的木頭砧板，書封一個簡體字的「面」字，書封底一個「麥」字，合起來正是正體字的「麵」。左上角打穿的兩個圓孔看似由書封上的一根湯杓柄延伸出來，這是方便讀者把書掛在自家廚房，隨手取用。

已經過世的民俗學家郭立誠一直是漢聲創刊以來的精神支柱，三十多年前，她爲漢聲八德路巷底辦公室寫了一副對聯曰「村店出好酒，陋巷有高才」，橫批「捨我其誰」，一直到今天，每逢春節，黃永松都會把這副對聯重寫一遍，把它貼在入門最顯眼之處，寓意著漢聲「不忘初心」以及「不退轉」，民間文化藝術從未消失，只是逐漸凋零，漢聲的工作也永遠沒有盡頭。

從台灣到中國大陸，黃永松這樣定義三十八年來的漢聲雜誌社：「我們一直沒有改變，我們雖然是出版單位，但從來不在意我們是出版業、是圖書業，我們在意的是作爲文化的一個行業，哪裡有題目，哪裡可以貢獻力量，我們就往哪裡走，我們不在『出版』的框框裡思考。」

他們是生意的瘋子嗎？並不是！

原發表於二〇〇八年五月《文訊》二七一期

天未晞，曉星點點

晨星出版公司

◎石德華

位於台中的晨星出版公司，展現出不同於台北的文化地域色彩。

陳銘民

1955年出生於南投，東海大學經濟系畢業。1980年成立晨星出版社，1997年開始先後創立太雅、大田、好讀出版社，現爲晨星事業群總發行人。

自然書寫已成為台灣重要的文學類型，晨星在其中扮演著關鍵性的位置。由左至右，由上至下為：《消失中的亞熱帶》、《守望的魚》、《自然禱告者》、《討海人》、《人與自然的對決》。

2001年出版賞鷹圖鑑的新書發表會。

太雅生活館的旅遊書強調工具實用性，已自成品牌。

由左至右賴國洲、劉克襄、陳銘民合影。

《心靈雞湯》曾經創造了奇蹟般的暢銷傳奇，是勵志類書籍的成功之作。

除了自然文學與生態書寫，圖鑑類著作亦是晨星重要的發展項目。

2007年12月知名數學詩人曹開著作出版，為紀念曹開特舉辦新書發表會。左起：王宗仁、曹開夫人曹羅喜女士、彰師大副校長林明德、作家康原、彰化縣文化局副局長曾能汀。

由大田出版的《納尼亞傳奇》，迎上奇幻風潮，獲大小朋友的歡迎。

好讀出版朝知識性發展，《紅樓夢》為代表作之一。

晨星策畫出版一系列以台灣民俗為主軸的書籍，展現深耕文化的心力。

部分照片提供／晨星出版公司

尋常校園，學生分組報告的主題是「原住民作家介紹」。瓦歷斯・諾幹、莫那能、夏曼・藍波安、霍斯陸曼・伐伐、利格拉樂・阿𡠄等等，作家的心靈與故事全在教室裡低迴細蹀。我規定了幾個報告小主題，其中之一是「著作介紹」，於是有一個名稱不斷於小小的教室空間重複響起，彷若在山谷撞過來又盪過去的笛聲。那一節課如果幻化作一片天空，那個不斷出現的名稱必然就像一顆接一顆亮起的星子。提到原住民作家們的著作，必定得提的一個出版社名稱——晨星。

晨星出版社，中台灣最亮眼的出版社。

敏銳度與實踐力

二〇〇七年歲末，例行的年度出版會議，晨星出版社社長陳銘民對自己的編輯群提出一個新觀點：「從前的編輯可以只顧編書不管行銷，現在的編輯必須具備市場敏銳度，要以自己的專業創造行銷。」他理論基礎的最底調是：「一個人都可以做得到的事，編輯部加行銷部這麼多人員，怎麼可能做不到？」

那「一個人」，是他自己。

一九七九年從東海大學經濟系畢業的陳銘民，在換了兩個工作之後的待業期間，有一天，與女友遊逛台中逢甲夜市，不過就是攜手漫步的一對有情人眼中，漾著甜意的熒熒的凡間燈火罷了，但是年輕的陳銘民卻能在燈火闌珊處注意到一處販賣五折書的書攤，顧客多、生意大好，陳銘民走近書攤隨意翻書，看到書末版權頁上的出版社地址，當下他心生一念：「如果這樣也能賺錢，何不自己也批書來賣？」

在折扣間取得利潤，就是這一行的賺錢方法，接下來最待克服的問題是：「怎麼做會賣得多？」

劉基《郁離子》寓言有一篇〈狙公〉的故事，猴子們一代一代摘果子供奉給狙公還被他殘虐對待，他們因循經年安之若素，從不知思索與改變，直到有一隻聰明的小猴子發出石破天驚的一問：「爲什麼我們不能擁有自己摘的果子？我們何不一起推翻狙公？」一語驚醒夢中人，猴子們一夕清醒，旋即將此大哉問化爲實際的行動力，終於成功推翻狙公，爭取到尊嚴合理的生活。

一切全源由於那小猴子善於觀察思考提出「爲什麼」，以及富於建設性的「何不」？

懂得運用問號，並且將問號化爲不斷行進的逗號，陳銘民腦中跳出第一隻聰明的小猴子。

學生是書籍的很大購買群，那麼，「何不在學校福利社辦書展？」

他火速展現行動力，租下台中東峰國中福利社辦三天書展，下了個人生命史上第一張訂書單，他進了兩本書：《朱自清全集》與《徐志摩全集》。辦書展只賣兩本書？當年福利社老闆只差沒笑破肚皮，但陳銘民已開始他第二個要克服的問題：「被動等學生來翻書太沒效率」，「何不主動將書單送到各班級」？於是他用白紙畫格子，自繪訂購單，「自己挨班發送統計多費時耗力」，「何不每班有專人負責，給予合理的酬勞」？他開始辨識來福利社學生繡在制服上學號的顏色及數字，去找尋各年級每一班的代理人，負責傳書籍、寫訂單、做統計。三天後，訂單全回籠，他賣了一萬八千多元，實賺九千多元。

以型錄在校園銷書的模式是成功的，於是由一校而套用到多校，爲了節省成本，陳銘民用複寫紙親手畫訂單，用印刷廠的廢紙包書、連郵票都設法再利用。用五折價批書賣書已經大有賺頭，得悉印書成本只消書定價的二成半，他再度起了新想法，「何不自己印書？」「該印怎樣的書？」

集湊了一千一百三十元，一九八〇年陳銘民在台中市忠明南路租一間僅容一床一桌的屋子，成立了一人出版社，取名「晨星」。

夢想如星，有夢想的人才能從事出版業，晨星是天空中最明亮最持久的一顆星。後來晨星出版社的ＣＩＳ標誌就設計成：一個人飛天摘星。採取文章集錦方式，晨星出版社的第一本書，問世。從此訂單源源不絕，當年晨星的訂書數量曾大到郵局得派專車來出版社載書。

八〇年代許多高中生都曾在教室裡看過或訂購過晨星出版的書，晨星出版社優秀編輯徐惠雅，至今猶能記憶當年就讀彰化女中的時候，所傳閱的晨星書單，以及晨星所出版的青少年合集。

陳銘民說：「我並沒有出版的學習，我是先學會賣書，從賣書過程，直接接觸讀者，感受讀者喜歡怎樣的書，需要怎樣的書，就動起出書的念頭。」事實上，陳銘民說自己並無長遠計畫，只是做過的事必留下經驗，他不斷累積經驗，經驗是他此生最大的資產。

近三十年歲月，從一校擴至各校，從印製第一本書到琳瑯滿目的書系，從中部出發至全國各地，從忠明南路單間小屋到台中工業區一幢巨闊的建築，陳銘民從實現第一個發想到完成夢想的版圖。

見證了敏銳度與實踐力，這一段出版社成立的故事，我們總是看見一隻接著一隻的小猴子不斷從陳銘民的腦子跳出來。

事業是個人風格的延伸

觀察發現、精準評估優劣，這是「識」的範疇，企業學的「市場敏銳度」。「何不自己來」，這是「膽」的成分，所有夢想若要成真必備的行動力。建立校園行銷策略，這是人力資源的妥切運用，成功獨到的行銷理念。一人公司開始，凡事最先仰仗的是自己，這是很成熟的處事哲學。

從逢甲夜市裡與書攤的一照眼，心念既定，從此所有思維無不環繞著「書」打轉，才能不斷對產品有想法，這是創意的來源。將這些個人風格延伸擴大到事業體，造就出晨星出版社的幾項特色：

特色一：編輯是行銷創意源頭

陳銘民清楚的告訴編輯們，行銷活動不能完全仰賴行銷部，還得靠自己的新觀念，「爲了這本書我能做什麼？」每做一本書，這句話就要不斷在腦中打轉，才能爲書量身打造許多創新想法。

因由近年來大型通路包括金石堂、誠品、何嘉仁等知名連鎖書店，相繼採用銷後結的方式，對出版社的成本效益大不利，陳銘民重提特殊通路行銷的可行性，也就是所謂「特殊主題行銷於特殊族群」，編輯一定得滿腦子自己手邊的書，無時無刻不爲之「打轉」的去設計宣傳文稿及深度參與行銷。一如晨星初起的「校園行銷」模式套用到不同族群，以電子ＥＤＭ取代傳統ＤＭ的不同而已，我們於此仍感受得到陳銘民因應問題的銳度一如當年。他腦中一隻隻聰明的小猴子從未消失過。

特色二：出書速度快、狠、準

在陳社長眼中，「好書不能等」，他認爲做書一定要掌握時效，講究效率。

比如自然圖鑑是難度最高、最費工夫的製作，從籌畫到完成，別的出版社平均三、四年出一本，一年出版二、三本；晨星則是一年半至二年出一本，一年出版八本。出書量大、出書速度快，也是晨星出版社的特色。

特色三：出版社集團化，人力資源整合

出版社、經銷商、各大通路，三者連鎖爲書籍上架出售的物流結構，爲了尋求全方位的服務，與更高的製作水準，晨星於一九九〇年成立「知己圖書股份有限公司」，擁有自己的經銷商，完全不必承擔經銷商會倒閉的風險。一九九六年，「知文印刷設計公司」相繼成立，出版社、製作公司、發行公司形成獨自發光又相互繫引的星群，使得選書、印書、銷書一體成型，甚至他們還擁有自己的倉庫，陳社長「何不自己來」的理念一以貫之，實踐得具體又徹底。

特色四：創意先驅引領書市風潮

在編輯們的心中，陳社長是個有魄力、主導性強、雷厲風行的領導者，他的機警靈活與市場敏銳度是天生的，在父兄也不能傳子弟，編輯們從來就唯有望洋興嘆。

無論陳銘民本身或是他的出版事業，由這些面向去定位，人人都看得見他的天生商場，但稍稍換轉個角度，景深與焦距就會有不同，這個面向，要從晨星出版社的第四特色去談，那就是，晨星在出版界所扮演的先驅角色。

原住民文學出版的先驅

晨星文學館、夢公園、勁草叢書、台灣歷史館、台灣民俗藝術、台灣民俗館、健康管理、台灣生態館、一分鐘管理、健康與飲食、投資管理……，晨星書系兼顧及一個人的身與心，全方位圍繞著生活，並且早早就俯身耕耘本土，不過，就創意先驅影響深遠而言，非原住民文學系列及自然公園系列莫屬。

魚
僅管在漁夫的網裡，
仍然懷著
海水的味道

——穆爾・巴爾古提

台灣社會充滿許多流離的哀歌，其中有一支來自廣大的原住民。尋常校園的國文課會出現「原住民作家介紹」的分組報告、電視上有原民的專有頻道、原住民紛紛找回自己的姓名，原民文化、語言重新被尊重……，這些新近勃發的現象，正昭昭明告著，曾經有很長的一段歲月，台灣原住民受到嚴重的忽略與歧視，就在那台灣對「原住民」的稱呼，仍止於用「番仔」，原住民文化寂蕪荒涼的，充滿諸多禁錮的一九八六年，創立才第二年的晨星出版社即創立了原住民書系。

陳銘民說影響他出版這套書有兩個人，一個是吳錦發。吳錦發的祖母是原住民，每次見面聊天時，吳錦發總會滔滔不絕述說一些台灣原住民故事，陳銘民深深被那些動人的傳說故事吸引，他自己也曾跟著吳錦發去部落訪耆老。他央請吳錦發幫忙集結原住民已經發表過的作品，出版小說選《悲情的山林》、散文《願嫁山地郎》，然後再找當時已經有比較多作品的「田雅各」與「莫那能」出專書，就這樣開始了原住民書系。

第二個影響人是莫那能，他讓陳銘民近身感受原住民作家生活條件的匱乏。陳銘民記得當時要出版莫那能的《美麗的稻穗》，因爲視網膜的問題，莫那能的視力退化到幾近失明，必須用盲人點字機來打字，但是因爲經濟情況不好，莫那能只能用人工點字來寫作。看到這種情況，陳銘民和建設公司的老闆王定國先生共同出資一萬四千元，爲莫那能買了第一台盲人點字機。

接著晨星出版田雅各的《最後的獵人》。田雅各的文字充滿了對自然最原始的感覺，讓陳銘民更加喜歡出版原住民的作品。

原住民的作品非常小眾，也因爲稀少，反而深受當時《聯合報》、《中國時報》兩大報的青睞，每次原住民書系出新書，兩大報就會大幅報導，也因此得到了良性循環，很多會寫作的原住民朋友，感受到自己的文化被重視，也增加了寫作的信心，原住民文學作品從一片蠻荒去開拓，到現在已經蔚然成大森林。

只靠出版尚不能普遍解決原住民作家的生活狀況，但讓陳銘民備感欣慰的是，透過這過程，引起台灣社會尤其是政治人物對原住民有更深一層的認識，影響所及，之後的「原住民稱呼定名」以及有關原住民的法規與福利便相繼因應誕生。

對於出版原住民的書，陳銘民懷有更高的自我期許。他明白要保持台灣的原住民文化，就只能靠這一代，因爲台灣原住民是沒有文字的，僅靠口語相傳保存文化智慧，但是社會越開放融合，弱勢族群會漸漸漢化，原住民文化勢必漸漸消失。而與他同一代的原住民有受教育，具備文字記載能力，又擁有使用原住民母語和上一輩溝通的能力，這是唯一負起歷史使命的契機。於是晨星出版原住民的神話傳說時，若碰到有母語能力的作家，就出雙語版本，希望也將原民語言用羅馬拼音的方式記載下來。

陳銘民說：「出這一類型的書，絕不是站在營利角度去思考，這是出版人應該有的小小理想，希望我們的播種，能夠引起社會注重原住民文化及傳統，進而有保存保護的想法或做法出現。」

檢驗今日，台灣社會不但還原住民文化應有之位置，甚且原住民作家的文章被選進各版的國文教科書中，連原住民母語考試也出現了。假如出版會寫入歷史，晨星爲保存原住民珍貴文化所做的努力，先啓程早出發，引領出一片風潮，用正確帶出更多的正確，是實至名歸的創意先驅。

掀起自然書寫的風潮

當今「自然書寫」已儼然自成一種獨特而鮮明的書寫文類，這或許也得歸功於晨星早在一九八七年繼「原住民書系」之後，所創立的「自然公園」書系。江兒編的《森林書屋》打頭陣，接著劉克襄的《消失中的亞熱帶》、洪素麗的《守望的魚》、王家祥的《自然禱告者》、陳玉峰的《人與自然的對決》……，陸續成書，此書系發掘不少本土的自然寫作者，他們至今仍在記錄台灣的珍貴與美麗。這幾年，以海洋文學書寫聞名的廖鴻基，他的第一本著作《討海人》，也因陳銘民的慧眼才得以出版。當年《討海人》在副刊刊登，令陳銘民印象深刻，趁廖鴻基到台中演講的機會，陳銘民特地接廖鴻基到出版社，建議他書寫系列性海洋作品，至於現實面的問題，陳銘民聯繫稿費較高的《自由時報》，系列刊登廖鴻基海洋作品，以版稅與稿費讓廖鴻基無後顧之憂，將一支筆，交付給晶藍大海。

陳銘民一向喜用美好清新的觀點看台灣，但他知道一般人對大自然是無感的，他認為若能透過具有自然生態專業知識背景的作家群，以深入的觀察，以及生動活潑的文字與圖象，將人與自然的互動，人與土地親密的關係充分表達，或許能讓讀者透過閱讀，得以重新認識美麗的大自然。

「原住民文學」、「自然文學」書系，市場屬小眾，絕對會面臨出書成本回收不易的行銷困境，然而，市場得不到迴響的，還可以從另一個地方得到，那個地方叫──價值，一雙前瞻的眼，通常懂得跳過商業利益，著眼永恆的價值。劉克襄於《消失中的亞熱帶》序文的一段話說得最切中：

晨星出版社以其一向關心本土文學的立場，繼發掘代表本土文化的原住民文庫之後，又推出自然公園書系，寄望能為台灣的自然保育貢獻一份心力，讓更多的人了解台灣，發現生命，珍惜土地、尊重自然、深愛我們生活的家園；也能為此種逐漸成形的自然文化資產留下重要的里程碑與見證。

心靈雞湯寫下晨星傳奇

陳銘民是個很有想法的出版人。他說：「出一百本書，成功的大概只有十本，出版是失敗率最高的行業，不是真正的興趣，做不了出版。」「一輩子的出書標準都是『叫好』與『叫座』這兩件事，我最感頭痛的就是書的『好』與『銷量』往往不能成正比。」

「出版歲月最感困難的事就是遇到極主觀不講理的作者，曾有編輯被這樣的作者用三字經罵哭了，但是仍邊哭邊說：『可是他的作品真的很好』，隔天，我就帶著禮物去向作者陪罪。」「不為五斗米折腰，肯爲一本好書低頭，是我最自豪的一件事。」

至於創下勵志類書新閱讀風貌，並寫下晨星傳奇的《心靈雞湯》，陳銘民說：「出版與人生相同，機會是當下的把握。」

一九九五年，晨星出版收集各式真情小故事的《心靈雞湯》，第一版就擴大印量爲二萬本，此書締造晨星銷售量的奇蹟，在台灣幾乎人人在讀，且被中學生喻爲「最容易寫心得感想的一本書」，雞湯書系目前仍持續在出書，以事實證明了「只要有愛與勇氣，沒有什麼不可能的事情」。

「累積許多條件才能造就成功的書」，但當時台灣社會經濟一片大好，少有人注重心靈的問題，這本書曾遭三十幾家出版社拒絕，而當年晨星的編輯一推薦，立即獲陳社長審書通過，陳銘民說：「我一向喜歡激勵人心的小故事。」

但是，「哪一本書會讓你覺得，幸好今生我從事的是出版行業？」

「《台灣之子》。」陳銘民毫不遲疑的回答。操作此書，每一細節陳銘民都深度參與，展現嚴密的思考力，令他的自我感覺十分成熟飽滿。書名是陳銘民的主意，一直到現在他仍認爲此書名無可取代，「意涵及亮度都是我心目中的極佳。」一九九九年，陳水扁與陳銘民一照面就指定晨星出版社負責出書。二〇〇〇年，陳水扁當選總統，《台灣之子》創下出版史上最暢銷的政治人物傳記紀錄。在如此多變動易顛覆的二〇〇八年，陳銘民少談《台灣之子》，卻令人依悉感覺，他眷戀的不是人與事，是那個有夢一同，希望共逐的年代。

由一顆星辰到一片美麗的星圖

世界一直在變，通路市場也在變，陳銘民察覺唯有集團化運作，才能應付新的出版環境，「知己圖書股份有限公司」及「知文印刷設計公司」的成立是集團化事業縱向的發展，晨星橫向又創造了環繞於周邊，相互繫引又獨自熠熠發光的星群。

一九九七年，陳銘民成立太雅生活館出版社，以旅遊、時尚、居家生活、飲食文化、寵物、生活技能書籍爲主，工具性強爲其出版特色，偏重旅遊書，出書占比約七〇%，是華文市場最大的旅遊叢書品牌。

同年，大田出版社也成立了。大田，美好之田，英文Titan，取自希臘神話，意指「知識的巨人」，早期出版內容以三塊田區分，即「智慧田」：以純文學、文學評論為主；「美麗田」：著重生活美學、品味、勵志等大眾書寫；「許諾田」：溫馨小故事、浪漫愛情小品，屬於內在的心靈花園。之後又有燦爛圖文書的「視覺系」、日文文學品牌的「日文系」，以及包含暢銷可期的《納尼亞傳奇》的「世界文學」書系。

而二〇〇一年成立好讀出版社，從出版第一本書《伊索寓言的智慧》以來，好讀出版就朝讓知識系統與簡易化的方向前進，如今已成為台灣具知名度的知識入門書品牌之一。擁有「詩療法」、「名言堂」、「中華文明大系」、「美學館」、「發現文明」、「商戰智慧」、「經典智慧」等書系。

這些相關事業體，行政財務茲事採統籌管理，除此之外，「只要求主題好不好、書名好不好、封面好不好」，陳銘民以尊重專業的態度予以授權，讓每顆星互有吸力，又能亮出自己的璀璨光彩，再去創造屬於自己的閃亮星群。他說：「好的老闆會希望屬下比自己強。」

文人作家或編輯自組出版社的年代已然結束，出版社面臨「出版事業全球化」、「通路恐龍化」、「人人可出版的部落格化」等新問題，唯有如此橫向縱向的整體經營，才能因應層出不窮的考驗。善於解決問題的人不難找，陳銘民比較特別的是，腦筋總能跑在問題的前頭。

獨亮在中台灣的天空

全世界都一樣，最精英的人才、最富經驗的編輯、最創意的設計、最集中的作家群、最好的技術、最好的出版環境，都會匯集在首善之都，比如台北。晨星出版社根基中台灣，是自然而然的根植茁壯，只因爲陳銘民說：「我喜歡生活在中台灣。」

台中相繼結束幾家輝煌一時的出版社後，唯晨星獨獨亮在中台灣的天空，在陳銘民心目中，出版事業不同於其他行業，利潤之外始終要負有社會責任與教育責任。晨星出版社於是扮演對台中逢甲大學、靜宜大學提供論文叢書出版的技術執行角色，也曾大力協助靜宜大學、彰化師範大學舉辦過主題式書展。

國立彰化師範大學副校長林明德一直努力啓動「彰化學」，使學術通俗化，讓彰化的人文歷史走出彰化，迎向國際。向民間企業尋求經費奧援，由學者專家撰寫出書，目前已出版七本彰化學，主題包含蕭蕭所寫的詩論《土地哲學與彰化詩學》、台灣知名本土作家康原撰寫的《人間典範全興總裁》人物傳記、《給小數點台灣——曹開數學詩》以及《鄉間子弟鄉間老——吳晟新詩評論》等。這套「彰化學」叢書，將半線古城的風華永恆留存，預計五年內完成六十冊成套叢書。

這套書僅屬中台灣人文盛事，絕不會有市場利潤，晨星出版社卻願擔當起當然的出版責任。晨星一定會和全世界接軌，但他們也不忘照亮初升的那座山頭。

陳銘民一日突然發現兒子總是整天捧著一本書在看，引發他的好奇心，到底是什麼樣的書籍會讓他的小孩一讀再讀。問小朋友爲何看得如此認真，他說：「現在美國的中小學生陷入瘋狂讀一本叫做*WARRIORS*的書，我一定要認真看，不然沒辦法跟同學討論，這套書我已經看七次了。」

以陳銘民的出版經驗直覺告訴自己，會讓小朋友一讀再讀的書籍，這本書一定有它獨特的魅力所在。隨即他將這套書經過編輯審閱後簽下中文版權，並於二〇〇八年十月陸續出版。

如果每一世代的小孩心目中都有一套經典故事，那《貓戰士》無疑要成爲現在八、九年級小朋友經典故事，並讓每個小孩都能琅琅上口《貓戰士》的故事情節，陳銘民是以這樣宏觀的想法去拓展晨星出版新的兒童文學市場。

可期待的星空未來

陳銘民並不習慣確切的訴說未來，他認爲一切都在變化中，人一定要讓自己跟得上變化的腳步，晨星一路走來，他不都是隨做隨想而學得許多做事的經驗？他強調「累積」在生命中是重要的，成功應是不斷累積，不斷修正的過程。三十年歲月，從一人公司開始，很容易就看得見，晨星特別富厚的「累積」。

對於當前書籍銷售量銳減，陳銘民並不擔心閱讀人口萎縮，「不是減少，是閱讀方式改變罷了。」他一點都不介意小眾、分眾文化會使市場越來越小，他反而認爲分眾族群會越來越集體化，所以，晨星出版社開始專爲分眾出版他們感興趣的書。比如晨星在四月份出版一本《蝴蝶食草圖鑑》，傳統大眾的書局可能賣不到一百本，但是他卻認爲喜歡蝴蝶的人一定會買。而事實證明最主要的銷售的確也在喜歡蝴蝶的讀者身上，光作者和蝴蝶保育學會即銷售了上千本。

「樂觀的人才會看見許多樂觀的機會，我認爲自己是個永遠樂觀的人。」陳銘民不只是個會去非洲賣鞋的人，他真的非常適合活在取決競爭力的二十一世紀。

對未來他只這樣說：「我是一個隨性的人，也是一個積極的人，我不敢說能夠走在時代的尖端，但時代的腳步，我們一定跟得上，網路文化改變了人們的思考、溝通、購買、閱讀的習慣，新世紀的網路數位化出版，我們晨星也一定不會缺席。」

晨星的文案這樣定義自己：

曉明之星，堅決而執著地守候天明。

原發表於二○○八年六月《文訊》二七二期

國家圖書館出版品預行編目資料

台灣人文出版社 30 家 / 封德屏主編. -- 初版. - 臺北市：文訊雜誌社，民 97.12
面； 公分. --（文訊叢刊；30）

ISBN 978-986-83928-6-1（平裝）

1. 出版業 2. 臺灣

487.7933 98000218

文訊叢刊 30

台灣人文出版社 *30* 家

主　　編◆封德屏
執行編輯◆杜秀卿・蔡昀臻
校　　對◆邱怡瑄・丁秋文
發　　行◆財團法人台灣文學發展基金會
出 版 者◆文訊雜誌社
地址／台北市中山南路11號B2
電話／02-23433142　傳真／02-23946103
郵政劃撥／12106756 文訊雜誌社
封面設計◆翁翁・不倒翁視覺創意
印　　刷◆松霖彩色印刷公司
初　　版◆2008年（民97）12月
二　　刷◆2018年（民107）7月
總 經 銷◆聯合發行股份有限公司
電話／02-29178022

定價 450 元
ISBN 978-986-83928-6-1

共享文學高貴的心靈

文訊書系

1. 走訪文學僧／林麗如著／定價 500 元

前輩作家走過輝煌的年代，用心血耕耘文藝的園地，展現出內在的風華，映照著智慧的內涵。年輕的採訪者，記錄下他們的文學歷程，讓我們盡情徜徉在多采多姿的文學世界中。

48 位作家：蓉子、鄭清文、商禽、司馬中原、張默、廖清秀、丹扉、王令嫻、何偉康、姜穆、楊子、羅門、舒暢、張騰蛟、楊昌年、張漱菡、段彩華、大荒、林鍾隆、李牧、麥穗、王璞、碧果、薇薇夫人、辛鬱、傅林統、朱學恕、張放、謝鵬雄、吳漫沙、桑品載、梁丹丰、瘂弦、馬森、馬景賢、方祖燊、尉天驄、逯耀東、白先勇、陳映真、趙淑敏、石永貴、邵僩、林文月、林柏燕、鄭愁予、東方白、陳若曦

2. 文學好因緣／封德屏主編／定價 360 元

在文學旅途上，這些前輩作家都已跋涉四、五十年的漫漫長路，他們執筆自述與文學的因緣、創作歷程，就像描寫一段與最鍾愛情人的戀情，辛酸、甜蜜盡在其中，讓人不得不爲他們執著的熱情深深感動。

44 位作家：魏紹徵、蕭傳文、王逢吉、劉枋、王聿均、郭嗣汾、王書川、墨人、陸震廷、詹冰、畢璞、李冰、楚卿、嚴友梅、張彥勳、王明書、廖清秀、田原、歸人、蓉子、童真、小民、臧冠華、郭晉秀、大荒、宋穎豪、林鍾隆、張漱菡、貢敏、金劍、段彩華、鄭清文、趙雲、林文月、邵僩、趙淑敏、梁丹丰、趙天儀、徐薏藍、康芸薇、姚姮、岩上、張健、羅英

3. 文化新視野／李瑞騰主編／定價 280 元

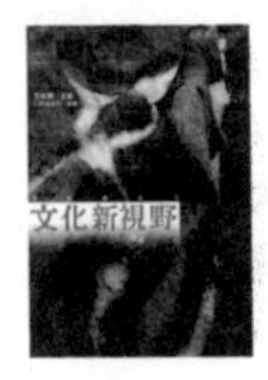

文化可說是立國的根本，從中央到地方，從政府到民間，如何面對我們的文化，已成爲這一代人的共同事業。本書收錄 54 位對國內外文化和文學有專業素養的學者專家之文章，他們從不同層面、不同角度切入，提出對文化的期待、批評和建言，期能帶出新視野，不僅發人深省，更展現知識分子對文化以至整個社會的關懷。

4. 文訊 25 週年總目／文訊雜誌社主編／定價 300 元

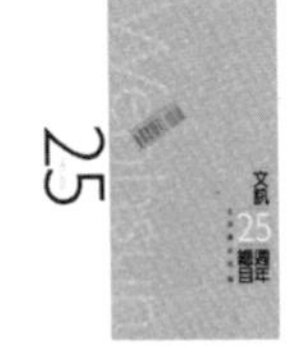

《文訊》自 1983 年 7 月發行創刊號始，至 2008 年 6 月已屆滿 25 年，計發行 272 期。本書展現《文訊》25 年來深耕台灣文學的成果，並謹以此向台灣文學的創作者、工作者及讀者，致上無限敬意及謝意。循著他們努力的足跡及豐碩的成果，《文訊》得以映照出文學的光輝。

單本 9 折，二本合購 8 折，三本（含）以上合購 75 折

劃撥帳號：12106756 文訊雜誌社　　洽詢專線：02-23433142